21 世纪全国高职高专机电类规划教材

# 模具设计与制造

谢昱北　主编

北京大学出版社
PEKING UNIVERSITY PRESS

## 内 容 简 介

本书对冲压模具、塑料模具的设计与制造进行了讲解。较为详细地描述了冲裁工艺和模具设计的基本要素；扼要描述了弯曲、拉深等其他成形工艺的特点和模具结构；简明实用地介绍了塑料的特性，并以注射成型工艺为例详细描述了塑料成型工艺和模具设计的要领。最后对模具制造和装配过程进行了简要的介绍。本书对部分模具设计过程给出实例以供参考，并附有思考题。

本书可作为高职、高专及成人院校机械设计与制造专业教学用书，也可供从事产品设计、技术开发的工程设计人员参考。

图书在版编目（CIP）数据

模具设计与制造/谢昱北主编．—北京：北京大学出版社，2005.8
（21 世纪全国高职高专机电类规划教材）
ISBN 978-7-301-08844-9
Ⅰ．模…　Ⅱ．谢…　Ⅲ．①模具—设计—高等学校—教材②模具—制造—高等学校—教材　Ⅳ．TG76

中国版本图书馆 CIP 数据核字（2005）第 031074 号

| | |
|---|---|
| 书　　　　名： | 模具设计与制造 |
| 著作责任者： | 谢昱北　主编 |
| 责 任 编 辑： | 吕冬明 |
| 标 准 书 号： | ISBN 978-7-301-08844-9/TH・0006 |
| 出　版　者： | 北京大学出版社 |
| 地　　　　址： | 北京市海淀区成府路 205 号　100871 |
| 电　　　　话： | 邮购部 62752015　发行部 62750672　编辑部 62765013 |
| 网　　　　址： | http://cbs.pku.edu.cn |
| 电子信箱： | xxjs@pup.pku.edu.cn |
| 印　刷　者： | 三河市博文印刷厂 |
| 发　行　者： | 北京大学出版社 |
| 经　销　者： | 新华书店 |
| | 787 毫米×980 毫米　16 开本　17.5 印张　380 千字 |
| | 2005 年 8 月第 1 版　2012 年 11 月第 6 次印刷 |
| 定　　　　价： | 28.00 元 |

# 前　　言

本书是高职高专机电专业的机械设计与制造专业教材。根据高职教育的特点与基本要求，本书较为详细地描述了冲裁工艺和模具设计的基本要素；扼要描述了弯曲、拉深等其他成形工艺的特点和模具结构；简明实用地介绍了塑料的特性，并以注射成型工艺为例详细描述了塑料成型工艺和模具设计的要领。最后对模具制造和装配过程进行了简要的介绍。为了使模具设计内容完整而统一，在介绍模具设计时，以生产实践中常用的材料和成形手段作为主线展开，用生产中典型的实例，详尽地叙述了常用模具的典型知识、设计方法及成形设备的选用。本书以模具设计为主，并简要介绍了模具制造和装配工艺。机械制造工艺的其他相关内容可以从《机械制造基础》或类似课程得到。本书对部分模具设计过程给出实例以供参考，并附有思考题。

全书分为8章。第1章介绍冷冲压成形工艺、材料及成形设备；第2章介绍冲裁工艺与模具设计；第3章介绍拉深和弯曲工艺与模具结构；第4章介绍其他常用冲压成形工艺与模具结构；第5章介绍塑料成型工艺的基本方法、高分子材料及成型设备；第6章介绍塑料注射成型工艺与模具设计；第7章介绍模具制造工艺过程；第8章介绍模具装配工艺过程。

本书由谢昱北主编并负责统稿。另外，许翼、郭康平、鲍丽勇、李笑迪、陈宇等也参加了本书的编写。

本书可作为高职、高专及成人院校机械制造非模具专业教学用书，也可供从事产品设计、技术开发的工程设计人员参考。

本书作为一种教材，广泛吸取了国内众多专家学者的研究成果，编写的主要参考书目附后，未及一一注明，在此谨表谢意，并请谅解。由于成书时间仓促，同时限于水平，本书存在着种种不足和缺点，恳切希望得到大家的批评指正。

编　者<br>2005 年 4 月

# 目 录

## 第1章 冲压模具设计基础 ............1
### 1.1 冲压成形特点和基本工序 ............1
1.1.1 冲压成形特点 ............1
1.1.2 冲压成形的基本工序 ............1
### 1.2 冲压成形的基本理论 ............3
1.2.1 塑性力学基础 ............3
1.2.2 金属塑性变形的基本规律 ............6
### 1.3 冲压材料的选用 ............8
1.3.1 常用冲压材料的基本要求 ............8
1.3.2 常用冲压材料 ............9
### 1.4 冲模材料的选用 ............11
1.4.1 冲模材料的要求和选用原则 ............11
1.4.2 冲模常见材料及热处理要求 ............12
### 1.5 冲压常用设备 ............14
1.5.1 压力机的分类和型号 ............14
1.5.2 常用机械压力机的典型结构 ............16
1.5.3 曲柄压力机 ............18
1.5.4 冲压设备的选择 ............21
### 1.6 思考题 ............23

## 第2章 冲裁工艺与模具设计 ............24
### 2.1 冲裁工艺 ............24
2.1.1 冲裁过程及断面特征 ............24
2.1.2 冲裁间隙 ............26
2.1.3 冲裁件的工艺性 ............30
2.1.4 冲裁件的排样 ............34
2.1.5 凸、凹模刃口尺寸的计算 ............41
2.1.6 冲裁力及相关计算 ............47

2.2 冲裁模的基本类型与结构 ............................................................. 52
   2.2.1 冲裁模的组成 ................................................................. 52
   2.2.2 单工序冲裁模 ................................................................. 53
   2.2.3 级进冲模 ....................................................................... 57
   2.2.4 复合冲模 ....................................................................... 60
2.3 冲模零部件的结构设计 ................................................................. 62
   2.3.1 凸模的结构设计 .............................................................. 62
   2.3.2 凹模的结构设计 .............................................................. 66
   2.3.3 定位零件 ....................................................................... 70
   2.3.4 卸料装置 ....................................................................... 76
   2.3.5 固定零件 ....................................................................... 78
2.4 冲模的设计步骤及实例 ................................................................. 81
   2.4.1 冲模的设计步骤 .............................................................. 81
   2.4.2 冲裁模设计实例 .............................................................. 84
2.5 思考题 ........................................................................................ 90

# 第3章 拉深、弯曲工艺及模具 .................................................... 92
3.1 弯曲成形工艺与模具 ................................................................. 92
   3.1.1 弯曲的类型 .................................................................... 92
   3.1.2 弯曲变形过程分析 .......................................................... 93
   3.1.3 典型弯曲模结构 .............................................................. 95
3.2 拉深成形工艺与模具 ................................................................. 103
   3.2.1 拉深工艺概述 ................................................................. 103
   3.2.2 拉深件的工艺性 .............................................................. 104
   3.2.3 拉深变形过程分析 .......................................................... 105
   3.2.4 拉深件的主要工艺问题 ................................................... 109
   3.2.5 典型拉深模结构 .............................................................. 110
3.3 思考题 ........................................................................................ 116

# 第4章 其他冷冲压工艺及模具 .................................................... 117
4.1 胀形 ........................................................................................... 117
   4.1.1 胀形变形的特点 .............................................................. 117
   4.1.2 平板坯料的起伏成型 ...................................................... 117
   4.1.3 空心坯料的胀形 .............................................................. 120
   4.1.4 胀形模设计要点 .............................................................. 123

  4.1.5 胀形模设计实例 .................................................. 123
 4.2 缩口 .................................................................... 125
  4.2.1 缩口变形程度 .................................................. 126
  4.2.2 缩口工艺计算 .................................................. 127
  4.2.3 缩口模设计实例 .................................................. 128
 4.3 翻边 .................................................................... 130
  4.3.1 内孔翻边 ........................................................ 130
  4.3.2 外缘翻边 ........................................................ 133
  4.3.3 翻边模结构 ...................................................... 135
 4.4 思考题 .................................................................. 137

# 第5章 塑料模具设计基础 ............................................. 138
 5.1 塑料概述 ............................................................... 138
  5.1.1 塑料的组成、分类与应用 ..................................... 138
  5.1.2 常用塑料的性能和用途 ........................................ 141
 5.2 塑料的成型工艺 ........................................................ 146
  5.2.1 注射成型工艺 .................................................. 146
  5.2.2 挤出成型工艺 .................................................. 151
  5.2.3 压缩成型工艺 .................................................. 153
  5.2.4 压注成型工艺 .................................................. 156
 5.3 塑料的成型工艺特性 ................................................... 158
 5.4 塑料制品的结构工艺性 ................................................. 161
  5.4.1 塑料制品的几何结构设计 ..................................... 161
  5.4.2 塑料制品的尺寸、精度和表面粗糙度 ........................ 169
  5.4.3 塑料制品螺纹与齿轮设计 ..................................... 170
  5.4.4 塑料制品金属嵌件设计 ........................................ 173
 5.5 塑料成型设备 .......................................................... 174
  5.5.1 塑料注射机 ...................................................... 174
  5.5.2 其他塑料成型设备 .............................................. 178
 5.6 思考题 .................................................................. 178

# 第6章 注射模具设计 ................................................. 180
 6.1 注射模概述 ............................................................ 180
  6.1.1 注射模的分类及典型结构 ..................................... 180
  6.1.2 单分型面注射模的组成和工作过程 ........................... 184

6.1.3 注射模具设计步骤 ………………………………………………………… 186
6.2 塑件在模具中的位置 …………………………………………………………… 190
  6.2.1 型腔数量和排列方式 ………………………………………………………… 190
  6.2.2 分型面的概念和设计 ………………………………………………………… 192
6.3 成型零部件的设计 ……………………………………………………………… 194
  6.3.1 成型零部件的结构设计 ……………………………………………………… 194
  6.3.2 成型零部件工作尺寸的计算 ………………………………………………… 201
  6.3.3 模具型腔侧壁和底板厚度的设计 …………………………………………… 204
6.4 浇注系统设计 …………………………………………………………………… 205
  6.4.1 浇注系统的组成及设计原则 ………………………………………………… 205
  6.4.2 主流道和分流道设计 ………………………………………………………… 208
  6.4.3 浇口设计 ……………………………………………………………………… 211
  6.4.4 冷料穴和拉料杆设计 ………………………………………………………… 219
  6.4.5 热流道浇注系统 ……………………………………………………………… 220
  6.4.6 排气系统设计 ………………………………………………………………… 221
6.5 推出机构设计 …………………………………………………………………… 222
  6.5.1 推出力的计算 ………………………………………………………………… 222
  6.5.2 推出机构的分类和设计要求 ………………………………………………… 223
  6.5.3 简单推出机构 ………………………………………………………………… 224
  6.5.4 推出机构的导向与复位 ……………………………………………………… 228
6.6 侧向分型与抽芯机构设计 ……………………………………………………… 229
  6.6.1 概述 …………………………………………………………………………… 229
  6.6.2 斜导柱侧向抽芯机构 ………………………………………………………… 230
  6.6.3 楔滑块侧向抽芯机构 ………………………………………………………… 235
6.7 加热与冷却系统设计 …………………………………………………………… 236
  6.7.1 概述 …………………………………………………………………………… 236
  6.7.2 冷却系统设计 ………………………………………………………………… 236
  6.7.3 加热系统设计 ………………………………………………………………… 239
6.8 结构零件的设计 ………………………………………………………………… 240
  6.8.1 合模导向装置的设计 ………………………………………………………… 240
  6.8.2 支承零件的设计 ……………………………………………………………… 244
  6.8.3 模具零件的标准化 …………………………………………………………… 246
6.9 思考题 …………………………………………………………………………… 247

# 第 7 章　模具制造工艺 ... 249

## 7.1　模具的生产过程及特点 ... 249
### 7.1.1　模具的生产过程 ... 249
### 7.1.2　模具的生产及工艺特点 ... 252

## 7.2　模具制造工艺 ... 254
### 7.2.1　模具制造机床与工装 ... 254

## 7.3　思考题 ... 255

# 第 8 章　模具装配工艺 ... 256

## 8.1　模具装配与装配方法 ... 256
### 8.1.1　模具装配及其技术要求 ... 256
### 8.1.2　模具装配方法 ... 257

## 8.2　模具零件的连接方法 ... 260

## 8.3　模具间隙的控制方法 ... 262

## 8.4　模具装配实例 ... 263
### 8.4.1　冲裁模实例 ... 263
### 8.4.2　注射模实例 ... 264

## 8.5　思考题 ... 266

# 参考文献 ... 267

# 第 1 章 冲压模具设计基础

## 1.1 冲压成形特点和基本工序

**冲压成形**是指利用模具在压力机上对板料金属（或非金属）加压，使其产生分离或塑性变形，从而得到具有一定形状、尺寸和性能要求的零件的加工方法，它属于塑性成形的加工方法。由于该加工方法是在常温下进行，可称为**冷冲压**；又因其加工对象多为板料，也称为**板料冲压**。冲压所使用的成形工具为**冷冲压模**，简称**冲模**。一般一个冲压零件需要用几副模具才能加工成形，所以冲模设计是实现冷冲压工艺的核心。

### 1.1.1 冲压成形特点

冲压成形作为一种加工工艺，特别适合大批量生产，与其他工艺方法相比有如下优点：
(1) 可以得到形状复杂、用其他加工方法难以得到的零件；
(2) 尺寸精度主要由模具保证，加工出的零件质量稳定，一致性好；
(3) 利用金属材料的塑性变形而产生的冷作硬化效应，可以提高零件的强度和刚度；
(4) 材料的利用率高，属于少、无切屑加工；
(5) 加工操作和设备比较简单，生产效率高，零件成本低。

但冲压加工中所用的模具结构一般比较复杂，生产周期较长、成本较高，在单件、小批量生产中受到一定限制。近年来由于简单冲模、组合冲模、锌基合金冲模的发展，促进了采用冲压工艺的单件、小批量零件生产的发展。

### 1.1.2 冲压成形的基本工序

冲压加工的零件种类繁多，对零件的形状、尺寸、精度的要求也各有不同，从而冲压成形的方法是多种多样的。但是根据材料的变形特点可分为分离工序和成形工序最基本的两大类。

**分离工序**是指在冲压成形时，变形材料内部的应力超过强度极限 $\sigma_b$，使材料发生断裂而产生分离，此时板料按一定的轮廓线分离而获得一定的形状、尺寸和切断面质量的冲压件。**成形工序**是指在冲压成形时，变形材料内部应力超过屈服极限 $\sigma_s$，但未达到强度极限 $\sigma_b$，使材料产生塑性变形，同时获得一定形状和尺寸的零件。常用的分离和成形工序参见表 1.1。

表 1.1 冲压成形基本工序

| 工序名称 | | 简 图 | 特 点 |
|---|---|---|---|
| 分离工序 | 冲裁 落料 | | 用冲模沿封闭轮廓线冲裁板料，冲下的部分为所需零件，其余部分为废料 |
| | 冲裁 冲孔 | | 用冲模沿封闭轮廓线冲裁板料，冲下的部分为废料，封闭曲线以外的部分为所需零件 |
| | 切断 | | 用剪刀或冲模将板料沿敞开轮廓线切断，多用于加工形状简单的平板零件 |
| | 切口 | | 在板料上将部分材料沿不封闭的曲线冲出缺口，切开部分发生弯曲 |
| | 切边 | | 将已成形零件边缘的多余材料修切整齐或切成一定的形状 |
| | 剖切 | | 将冲压加工的半成品零件切开成为两个或多个零件，多用于零件的成双或成组冲压成形之后 |
| 成形工序 | 弯曲 | | 将板材沿直线弯折成各种形状，可以加工形状复杂的零件 |
| | 卷圆 | | 将板材的端部卷成接近封闭的圆头，用于加工类似铰链的零件 |

（续表）

| 工序名称 | | 简 图 | 特 点 |
|---|---|---|---|
| 成形工序 | 拉深 | 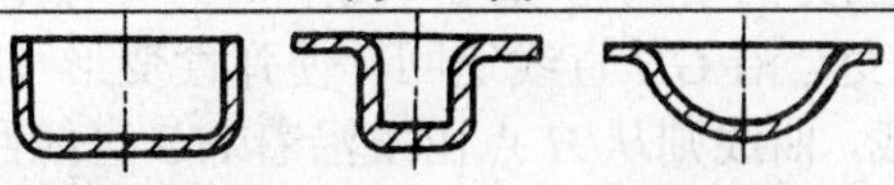 | 将板材毛坯制成各种开口空心制件，可用于加工汽车车身覆盖件 |
| | 翻孔 | 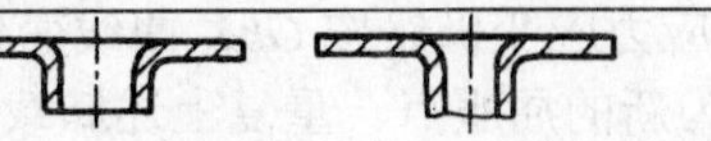 | 在预先冲好制件的板材半成品上冲出竖立的边缘 |
| | 翻边 | 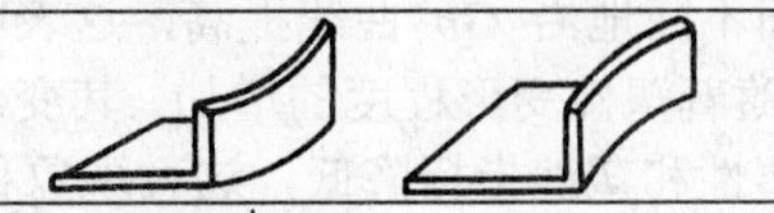 | 将板材半成品的边缘按曲线或圆弧翻出竖立成一定角度的直边 |
| | 缩口 | 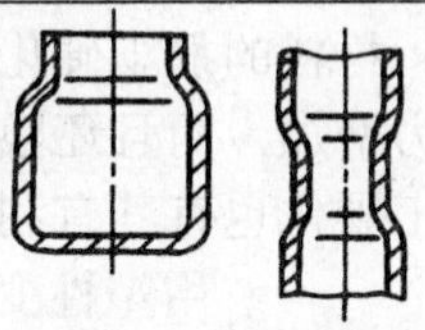 | 在空心毛坯或管装毛坯的某个部位上使其径向尺寸减少 |
| | 胀形 | 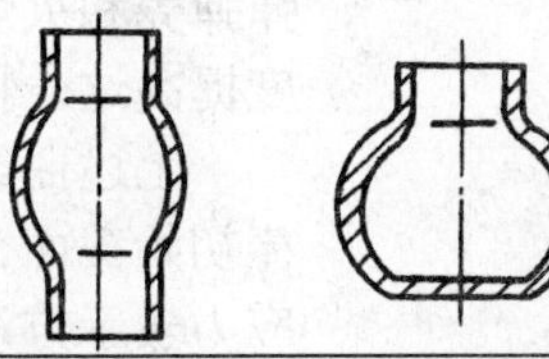 | 在双向拉应力作用下的变形，可以成形各种空间曲面形状的零件 |
| | 起伏 | 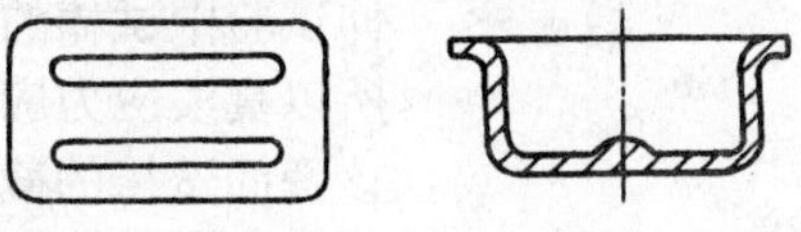 | 在板料毛坯或零件的表面上用局部成形的方法加工出各种形状的凸起与凹陷 |

## 1.2 冲压成形的基本理论

在冲压件的成形过程中，板料实际上发生的是塑性变形过程。**塑性**是指固体材料在外力作用下发生永久变形而不破坏其完整性的能力。材料的塑性是塑性加工的基础。本节对冲压成形的相关理论做简要描述。

### 1.2.1 塑性力学基础

**1. 应力-应变曲线和加工硬化现象**

图1.1是低碳钢拉伸试验得到的应力-应变曲线。材料在应力达到屈服极限$\sigma_s$后开始

塑性变形，之前应力不太增大也能产生较大的变形。图中出现的平台现象称为**屈服**，经过这一屈服平台后，应变又开始随着应力的增大而增大（图中 $cGb$ 段曲线）。如果在变形的中途（如 $G$ 点处）卸载，应力和应变会沿 $GH$ 直线返回，使弹性变形（$HJ$）回复而保留其塑性变形（$OH$）。若对试件重新加载，曲线则从 $H$ 点出发沿着 $HG$ 直线回升进行弹性变形，直到 $G$ 点又重新开始屈服，以后的应力应变仍然按 $GbK$ 曲线变化。于是 $G$ 点处应力是试件重新加载时的屈服应力，$G$ 点成为新的屈服点。重复上述卸载和加载过程，重新加载时的屈服应力会由于变形的逐次增大而不断地沿 $Gb$ 曲线提高，这表明材料在逐渐硬化（$\sigma_b$ 为抗拉强度极限）。金属变形过程中随着塑性变形程度的增加，其变形抗力（即每一瞬间的屈服强度 $\sigma_s$）增加，硬度提高，而塑性和塑性指标降低，这种现象称为**加工硬化**，该变形过程由于在常温下进行，所以又称**冷作硬化**。材料的加工硬化对塑性变形的影响很大，材料在发生加工硬化以后，不仅使所需的变形力增加，而且还限制了材料的进一步变形。甚至要在后续成形工序前增加退火工序。但加工硬化也有其有利的一面，例如汽车冲压件利用塑性变形来提高其强度和刚度，枪弹弹壳和火炮药筒利用冲压后材料强度提高这一特性使弹壳顺利抽出等。

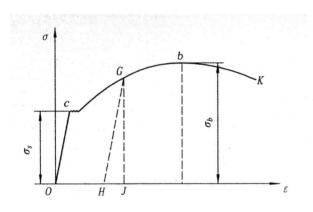

图 1.1 低碳钢拉深应力－应变曲线

上述曲线的应力是用载荷 $F$ 与试棒初始截面 $A_0$ 的比值来表示的。这种应力表示方法有其不合理性，因为拉伸试验中试棒的截面积在不断减小，所以真实应力应该是该瞬间的载荷与该瞬间试棒的截面积之比，这个应力称为**真实应力**，而前者称为**名义应力**。在塑性加工中由于塑性变形量很大，都应用真实应力来表示。同一载荷下材料的真实应力是大于名义应力的。

用应变和真实应力制成的真实应力－应变曲线，又称加工硬化曲线，表示材料变形抗力与变形程度的关系曲线。冲压生产中应力－应变曲线常用指数曲线，表示如下：

$$\sigma = C\varepsilon^n \tag{1.1}$$

式中：$C$——与材料性能有关的系数，MPa；

$n$——硬化指数。

不同的 $C$ 和 $n$ 值的硬化曲线如图 1.2 所示。$C$ 和 $n$ 的数值取决于材料的种类和性能，其数值见表 1.2 所示，也可通过拉伸试验获得。$n$ 值是表示材料在变形时硬化性能的重要指标，$n$ 值越大，表示变形过程中，材料的变形抗力随变形程度的增加而迅速增长，同时不易出现局部的集中变形和破坏,有利于增大伸长类零件成形时的变形极限,所以 $n$ 值对板料的成形性能有着重要影响。

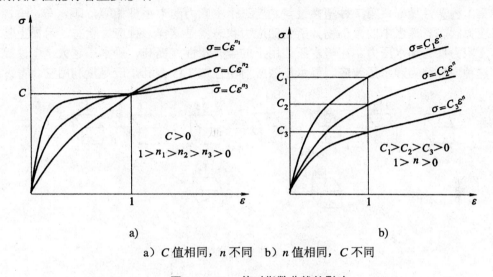

a) $C$ 值相同, $n$ 不同　b) $n$ 值相同, $C$ 不同

图 1.2　$C$、$n$ 值对指数曲线的影响

表 1.2　各种材料的 $C$ 和 $n$ 值 (MPa)

| 材　　料 | $C$ | $n$ |
| --- | --- | --- |
| 软钢 | 710～750 | 0.19～0.22 |
| 黄铜 H62 | 990 | 0.46 |
| 磷青铜 | 1 100 | 0.22 |
| 磷青铜（低温退火） | 890 | 0.52 |
| 纯铜 | 420～460 | 0.27～0.34 |
| 硬铝合金 | 320～380 | 0.12～0.13 |
| 纯铝 | 160～210 | 0.25～0.27 |

注：图中数据均由退火材料在室温和低变形速度试验得到。

2. 点的应力状态

金属在塑性变形时应力状态非常复杂,通常是在变形物体中取出一个微小正六面体(即所谓单元体),用该单元体上相互垂直的三个面上的九个应力分量来表示其所受的应力,这种图称为**应力状态图**。已知该九个应力分量,则过此点任意切面上的应力都可求得。所受应力包括正应力、剪应力两种。如果六面体上只有正应力而无切应力,则此应力状态图称为**主应力图**,三个正应力为主应力,并规定拉应力取正,压应力取负,且 $\sigma_1 > \sigma_2 > \sigma_3$。根据主应力方向及组合的不同，主应力图共有 9 种，如图 1.3 所示。应力状态对塑性的影响很大，主应力图中压应力个数越多、数值越大，则塑性越好。例如，如图 1.3 所示的主应力图中第 1 种塑性最好，第 7 种塑性最差。若三个主应力的大小都相等，即 $\sigma_1 = \sigma_2 = \sigma_3$，称为**球应力状态**。深水中的微小物体所处的应力状态就是这样一种应力状态，习惯上常将三向等压应力称为**静水压力**。在静水压作用下的金属塑性将提高，静水压越大，塑性提高越多，这种现象称为**静水压效应**。静水压效应对塑性加工很有利，应尽量利用它。

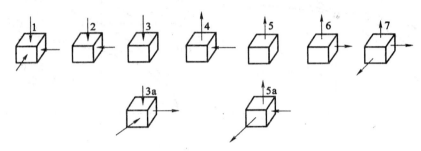

图 1.3  9 种主应力状态

### 1.2.2  金属塑性变形的基本规律

**1. 金属屈服条件**

材料受单向拉伸时，单向拉伸应力达到材料的屈服极限，该质点即行屈服；多向应力状态时，当各应力分量之间符合一定的关系时，质点进入塑性状态。这种关系叫做**屈服条件**，或**屈服准则**，也称**塑性条件**或**塑性方程**。满足屈服条件表明材料处于塑性状态。

目前在工程上常用的屈服条件可表示如下：

$$\sigma_1 - \sigma_3 = \beta \sigma_s \tag{1.2}$$

式中：$\sigma_1$、$\sigma_3$、$\sigma_s$——最大主应力、最小主应力和屈服应力；
　　　$\beta$——应力状态系数，其值在 1~1.155 之间。

当 $\sigma_2 = (\sigma_1 + \sigma_3)/2$ 时，$\beta = 1.155$；当 $\sigma_2 = \sigma_1$ 或 $\sigma_2 = \sigma_3$ 时，$\beta = 1$。一般近似取 $\beta = 1.1$。

**2. 应力应变关系**

弹性变形阶段应力与应变之间的关系是线性的、可逆的，与加载历史无关；而塑性变形阶段的应力与应变之间的关系则是非线性的、不可逆的，与加载历史有关。所以，应变不仅与应力大小有关，而且还与加载历史有着密切的关系。

目前常用的塑性变形时应力与应变关系主要有两类：一类简称**增量理论**，它着眼于每一加载瞬间，认为应力状态确定的不是塑性应变分量的全量而是它的瞬时增量；另一类简称**全量理论**，它认为在简单加载（即在塑性变形发展的过程中，只加载，不卸载，各应力分量一直按同一比例系数增长，又称**比例加载**）条件下，应力状态可确定塑性应变分量。为了便于理解和比较，在此仅介绍全量理论。

全量理论认为在简单加载条件下，塑性变形的每一瞬间，主应变差与主应力差成比例。其公式如下：

$$\frac{\varepsilon_1 - \varepsilon_2}{\sigma_1 - \sigma_2} = \frac{\varepsilon_2 - \varepsilon_3}{\sigma_2 - \sigma_3} = \frac{\varepsilon_3 - \varepsilon_1}{\sigma_3 - \sigma_1} = \psi \tag{1.3}$$

式中：$\sigma_1$、$\sigma_2$、$\sigma_3$——主应力；

$\varepsilon_1$、$\varepsilon_2$、$\varepsilon_3$——主应变；

$\psi$——非负比例系数，是一个与材料性质和变形程度有关的函数，而与变形体所处的应力状态无关。

了解塑性变形时应力应变关系有助于分析冲压成形时板材的应力与应变。通过对塑性变形时应力应变关系的分析，可得出以下结论：

（1）应力分量与应变分量符号不一定一致，即拉应力不一定对应拉应变，压应力不一定对应压应变；

（2）某方向应力为零其应变不一定为零；

（3）在任何一种应力状态下，应力分量的大小次序与应变分量的大小次序是相对应的，即 $\sigma_1 > \sigma_2 > \sigma_3$，则有 $\varepsilon_1 > \varepsilon_2 > \varepsilon_3$；

（4）若有两个应力分量相等，则对应的应变分量也相等，即若 $\sigma_1 = \sigma_2$，则有 $\varepsilon_1 = \varepsilon_2$。

**3. 反载软化现象**

如果卸载后反向加载，由拉伸改为压缩，应力与应变的关系又会产生什么样的变化呢？试验表明，反向加载时，材料的屈服应力（$\sigma'_s$）较拉伸时的屈服应力（$\sigma_s$）有所降低，如图 1.4 所示，出现所谓反载软化现象。反向加载时屈服应力的降低量，视材料的种类及正向加载的变形程度不同而异。关于反载软化现象，有人认为可能是因为正向加载时材料中的残余应力引起的。反向加载，材料屈服后，应力应变之间基本上按照加载时的曲线规律变化。

**4. 最小阻力定律**

在塑性变形中，内部各质点产生了位移，通常称为**金属的流动**。当金属质点有向几个方向移动的可能时，它向阻力最小的方向移动。换句话说，在冲压加工中，板料在变形过程中总是沿着阻力最小的方向发展，这就是塑性变形中的**最小阻力定律**。例如，将一块方形板料拉深成圆筒形制件，当凸模将板料拉入凹模时，距凸模中心愈远的地方（即方形料的对角线处），流动阻力愈大，愈不易向凹模洞口流动，拉深变形后，凸缘形成弧状而不是直线边，如图 1.5 所示。最小阻力定律说明了在冲压生产中金属板料流动的趋势，控制金属流动就可控制变形的趋向性。影响金属流动的因素主要是材料本身的特性和应力状态，而应力状态与冲压工序的性质、工艺参数和模具结构参数（如凸模、凹模工作部分的圆角半径，摩擦和间隙等）有关。

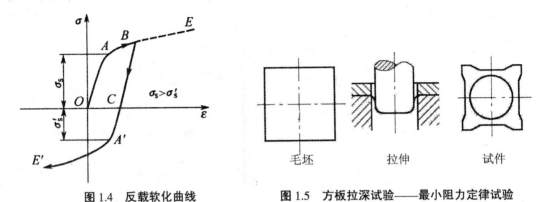

图 1.4　反载软化曲线　　　　图 1.5　方板拉深试验——最小阻力定律试验

冲压成形需要正确控制金属流动，方法有开流和限流。**开流**就是在需要金属流动的地方减少阻力，使其顺利流动，达到成形目的。当某处需要金属流入而不能流入时，该局部就会发生变薄，甚至板料断裂。**限流**就是在不需要金属流动的地方增大阻力，限制金属流入。当某处不需要金属流入而流入金属时，多余的金属就会使该处产生起皱。具体控制金属流动的措施，有改变凸模与凹模工作部分的圆角半径以及改变摩擦、间隙、应力性质等。加大圆角半径和间隙，减小摩擦，均能起到开流作用；反之则起限流作用。

**5. 体积不变定律**

实践证明：金属塑性变形时，发生形状的变化，而体积变化很小，一般可以忽略不计称为**体积不变定律**。即可以认为：

$$\varepsilon_1 + \varepsilon_2 + \varepsilon_3 = 0 \tag{1.4}$$

因而，塑性变形时只可能存在三向应力状态和平面应力状态，而不能存在单向应力状态，同时在平面应力状态下，不为零的两个主应力大小相等，方向相反。

# 1.3　冲压材料的选用

## 1.3.1　常用冲压材料的基本要求

冲压工艺适用于多种金属材料及非金属材料。在金属材料中有钢、铜、铝、镁、镍、钛、各种贵重金属及各种合金。非金属材料包括各种纸板、纤维板、塑料板、皮革、胶合板等。

由于两类工序（分离工序和成形工序）的变形机理不同，其适用的材料也有所不同；不同的材料有不同的特性，材料特性在不同工序中的作用也不相同。一般说来，金属材料既适合于成形工序也适合于分离工序，而非金属材料一般仅适合于分离工序。

一般来讲，冲压所用材料不仅要满足工件的技术要求，同时也必须满足冲压工艺要求。

1. 冲压件的功能要求

冲压件必须具有一定的强度、刚度、冲击韧度等力学性能要求。此外，有的冲压件还有一些特殊的要求，例如电磁性、防腐性、传热性和耐热性等。

2. 冲压工艺的要求

（1）良好的塑性要求。成形工序中，若材料塑性良好，则允许的变形程度较大，例如弯曲件可以获得较小的弯曲半径，拉深件可获得较小的拉深系数，于是可以减少工件成形所需的工序次数，同时减少退火次数，甚至塑性良好的材料可以取消中间退火工序。分离工序中，塑性良好的材料可以获得理想的断面质量。

（2）材料应具有良好的表面状态。表面状态良好的材料，加工时不易破裂，同时不易擦伤模具，制成的零件也有良好的表面状态。同时材料应具有均匀的晶相组织。

（3）材料的厚度公差应符合国家标准。冲压模具设计好之后冲模具有一定的间隙，该间隙适应于一定厚度的材料。材料的公差过大，不仅会影响零件的质量，而且还可能产生废品和损坏模具。

（4）材料化学成分的影响。材料的化学成分对冲压工艺性能的影响也很大，如果钢中的碳、硅、锰、磷、硫等元素含量增加，就会使材料的塑性降低，脆性增加，导致材料冲压工艺性能变差。

## 1.3.2 常用冲压材料

冲压加工常用的材料包括金属材料和非金属材料两类，金属材料又分为黑色金属和有色金属两类，如表 1.3 所示。非金属材料有胶木板、橡胶、塑料板等。

表 1.3 部分常用金属板料的力学性能

| 材料名称 | 牌号 | 材料状态 | 抗剪强度 $\tau$/MPa | 抗拉强度 $\sigma_b$/MPa | 伸长率 $\delta_{10}$（%） | 屈服强度 $\sigma_s$/MPa |
|---|---|---|---|---|---|---|
| 电工用纯铁 $C<0.025$ | DT1、DT2、DT3 | 已退火 | 180 | 230 | 26 | — |
| 普通碳素钢 | Q195 | 未退火 | 260~320 | 320~400 | 28~32 | 200 |
| | Q235 | | 310~380 | 380~470 | 21~25 | 240 |
| | Q275 | | 400~500 | 500~620 | 15~19 | 280 |

（续表）

| 材料名称 | 牌号 | 材料状态 | 抗剪强度 $\tau$/MPa | 抗拉强度 $\sigma_b$/MPa | 伸长率 $\delta_{10}$（%） | 屈服强度 $\sigma_s$/MPa |
|---|---|---|---|---|---|---|
| 优质碳素结构钢 | 08F | 已退火 | 220~310 | 280~390 | 32 | 180 |
| | 08 | | 260~360 | 330~450 | 32 | 200 |
| | 10 | | 260~340 | 300~440 | 29 | 210 |
| | 20 | | 280~400 | 360~510 | 25 | 250 |
| | 30 | | 360~480 | 450~600 | 22 | 300 |
| | 45 | | 440~560 | 550~700 | 16 | 360 |
| | 60 | 已正火 | 550 | ≥700 | 13 | 410 |
| | 65Mn | 已退火 | 600 | 750 | 12 | 400 |
| 不锈钢 | 1Cr13 | 已退火 | 320~380 | 400~470 | 21 | — |
| | 1Cr18Ni9 | 经热处理 | 460~520 | 580~640 | 35 | 200 |
| | 1Cr18Ni9Ti | 经热处理火 | 430~550 | 540~700 | 40 | 200 |
| 纯铝 | 1060、1050A、1200 | 已退火 | 80 | 75~110 | 25 | 50~80 |
| | | 冷作硬化 | 100 | 120~150 | 4 | — |
| 硬铝合金 | 2A12（LY12） | 已退火 | 105~150 | 150~215 | 12 | — |
| | | 淬硬并经自然时效 | 280~310 | 400~440 | 15 | 368 |
| | | 淬硬后冷作硬化 | 280~320 | 400~460 | 10 | 340 |
| 铝锰合金 | 3A21（LF21） | 已退火 | 70~00 | 110~145 | 19 | 50 |
| | | 冷作硬化 | 100~140 | 155~200 | 13 | 130 |
| 硬铝合金 | 7A04（LC4） | 已退火 | 170 | 250 | — | — |
| | | 淬硬并经人工时效 | 350 | 500 | | 460 |
| 纯铜 | T1、T2、T3 | 软态 | 160 | 200 | 30 | 7 |
| | | 硬态 | 240 | 300 | 3 | |
| 黄铜 | H62 | 软态 | 260 | 300 | 35 | |
| | | 半硬态 | 300 | 380 | 20 | 200 |
| | H68 | 软态 | 240 | 300 | 40 | 100 |
| | | 半硬态 | 280 | 350 | 25 | — |

注：上半部分为黑色金属，下半部分为有色金属。

**1. 常用金属材料的规格**

常用金属冲压材料以板料和带料为主，棒材一般仅适用于挤压、切断、成形等工序。带钢的优点是有足够的长度，可以提高材料利用率。缺点是开卷后需要整平。带钢一般适合于大批量生产的自动送料。钢材的生产工艺有很多种，冷轧、热轧、连轧及往复轧等。一般厚度在4 mm以下的钢板用热轧或冷轧，厚度在4 mm以上用热轧。相比之下，冷轧钢板的尺寸精确，表面缺陷少，表面光亮，而且内部组织细密。因此冷轧板制品一般不能用热轧板制品代替。同一种钢板，由于轧制方法不同，其冲压性能会有很大差异。连轧钢板一般具有较大的纵横方向纤维差异,有明显的各向异性。单张往复轧制的钢板,各向均有相应程度的变形,纵横异向差别较小,冲压性能更好。板料供货状态分软硬两种,板料(带料)的力学性能会因供货状态不同而表现出很大差异。

无论是黑色金属还是有色金属,板料(带料)的尺寸及尺寸公差一般都遵循相应的国家或行业标准。设计时可参考相关资料。

2. 金属材料轧制精度、表面质量的规定

在金属材料的生产过程中,由于工艺、设备的不同,材料的精度也就不同。国标GB/T 708-1988(冷轧钢板和钢带的尺寸、外形、重量及允许偏差)对4 mm以下的黑色金属板料冷轧精度、表面质量及拉深性能作了规定。板料按表面质量可分为Ⅰ(高质量表面)、Ⅱ(较高质量表面)、Ⅲ(一般质量表面)三种。

GB/T13237-1991(优质碳素结构钢冷轧薄钢板和钢带)对钢板的拉深深度进行了规定,分为Z(最深拉深)、S(深拉深)、P(普通拉深)。

根据相应国家标准,可以在冲压工艺文件上用如下方式标柱钢板的牌号:

$$钢板\frac{A-1.0\times1000\times1500-GB/T708-1988}{20-Ⅱ-S-GB/T13237-1991}$$

上式的含义如下:20号钢,料厚1.0 mm×料宽1000 mm×料长1500 mm的钢板,轧制精度A级,表面精度Ⅱ级,拉深精度为S级。

## 1.4 冲模材料的选用

### 1.4.1 冲模材料的要求和选用原则

1. 冲压对模具材料的要求

冲压加工方法不同,其模具类型不同,于是模具零件的工作条件有所差异,对模具材料的要求于是也有所不同。表1.4给出了不同冲压模具的工作条件,以及对模具工作零件材料的性能要求。

表1.4 冲模零件的工作条件和对其材料的性能要求

| 冲模类型 | 工 作 条 件 | 模具工作零件的性能要求 |
|---|---|---|
| 冲裁模具 | 主要用于各种板类的冲切成形,其刃口在工作过程中受到强烈的摩擦和冲击 | 具有高的耐磨性、冲击韧性以及耐疲劳断裂性能 |

(续表)

| 冲模类型 | 工作条件 | 模具工作零件的性能要求 |
|---|---|---|
| 弯曲模 | 主要用于板料的弯曲成形，工作负荷不大，但有一定的摩擦 | 具有高的耐磨性和断裂抗力 |
| 拉深模 | 主要用于板料的拉深成形，工作应力不大，但凹模入口处承受强烈的摩擦 | 具有高的硬度和耐磨性，凹模工作表面粗糙度比较低 |

2. 冲模材料的选用原则

模具材料的选用，不仅关系到模具的使用寿命，而且也直接影响到模具的制造成本，因此是模具设计中的一项重要工作。在冲压过程中，模具承受冲击负荷且连续工作，使凸、凹模受到强大压力和剧烈摩擦，工作条件极其恶劣。因此选择模具材料应遵循如下原则：

（1）根据模具种类及其工作条件，选用的材料要满足使用要求，应具有较高的强度、硬度、耐磨性、耐冲击、耐疲劳性等；

（2）根据冲压材料和冲压件生产批量选用材料；

（3）满足加工要求，应具有良好的加工工艺性能，便于切削加工，淬透性好、热处理变形小；

（4）满足经济性要求。

另外，设计模具零件时材料的选用还应考虑如下因素：

（1）模具的工作条件：如模具的受力状态，工作温度，腐蚀性等；

（2）模具结构因素：如模具的大小、形状，各部件的作用，使用性质等；

（3）模具的工作性质；

（4）模具的加工手段；

（5）热处理要求。

## 1.4.2 冲模常见材料及热处理要求

模具材料的种类很多，应用也极为广泛。冲压模具所用材料主要有碳钢、合金钢、铸铁、铸钢、硬质合金、钢结硬质合金以及锌基合金、低熔点合金、环氧树脂、聚氨酯橡胶等。冲压模具中凸、凹模等工作零件所用的材料主要是模具钢，常用的模具钢包括碳素工具钢、合金工具钢、轴承钢、高速工具钢、基体钢、硬质合金和钢结硬质合金等（可参见GB/T 699－1999、GB/T 1298－1986、GB/T 1299－2000、JB/T 5826－1991、JB/T 5825－1981、JB/T 5827－1991等）。

表1.5给出了凸、凹模材料及热处理技术要求。

表1.6给出了冲模结构零件的用料及热处理要求。

表 1.5 冲模凸模和凹模的材料选用

| 模具类型 | | 适用范围 | 选用材料 | 热处理 | 硬度 HRC 凸模 | 硬度 HRC 凹模 |
|---|---|---|---|---|---|---|
| 冲裁模 | 1 | 形状简单的冲件，冲件材料厚度<3mm，带台肩的、快换式结构的凸模和凹模，形状简单的镶块 | T7A<br>T8A<br>T10A | 淬火 | 58～62 | 60～64 |
| 冲裁模 | 2 | 形状复杂的冲件，冲件材料厚度>3mm，复杂形状镶块 | 9CrSi、CrWMn、Cr12、Cr12MoV | 淬火 | 58～62 | 60～64 |
| 冲裁模 | 3 | 要求耐磨寿命高的模具 | Cr12MoV | 淬火 | 60～62 | 62～64 |
| 冲裁模 | 3 | 要求耐磨寿命高的模具 | 凸模 GCr15 | 淬火 | 60～62 | — |
| 冲裁模 | 3 | 要求耐磨寿命高的模具 | 凹模 YG15 | — | — | — |
| 冲裁模 | 4 | 冲薄材料 $t<0.2$mm | T8A | 淬火 | 56～60 | — |
| 冲裁模 | 4 | 冲薄材料 $t<0.2$mm | T8A | 调质 | — | 28～32 |
| 冲裁模 | 5 | 形状复杂或不宜进行一般热处理 | 7CrSiMnMoV | 表面淬火 | 56～60 | 56～60 |
| 弯曲模 | 1 | 一般弯曲 | T8A<br>T10A | 淬火 | 56～60 | 56～60 |
| 弯曲模 | 2 | 形状复杂，要求高耐磨寿命，特大批量的弯曲 | CrWMn<br>Cr12<br>Cr12MoV | 淬火 | 60～64 | 60～64 |
| 弯曲模 | 3 | 材料加热弯曲 | 5CrNiMo<br>5CrNiTi | 淬火 | 52～56 | 52～56 |
| 拉深模 | 1 | 一般拉深 | T8A<br>T10A | 淬火 | 58～62 | 60～64 |
| 拉深模 | 2 | 复杂、连续拉深，大批量生产条件 | CrWMn<br>Cr12<br>Cr12MoV | 淬火 | 58～62 | 60～64 |
| 拉深模 | 3 | 要求耐磨寿命高的凹模 | Cr12<br>Cr12MoV | 淬火 | — | 62～64 |
| 拉深模 | 3 | 要求耐磨寿命高的凹模 | YG15<br>YG8 | — | — | — |
| 拉深模 | 4 | 拉深不锈钢材料 | 凸模 W18Cr4V | 淬火 | 62～64 | — |
| 拉深模 | 4 | 拉深不锈钢材料 | 凹模 YG15、YG8 | — | — | — |
| 拉深模 | 5 | 材料加热拉深 | 5CrNiMo<br>5CrNiTi | 淬火 | 52～56 | 52～56 |
| 拉深模 | 6 | 大型覆盖件拉深 | HT250<br>HT300 | — | — | — |
| 拉深模 | 7 | 小批量生产简易模具 | 低熔点合金<br>锌基合金 | — | — | — |

表 1.6 冲模一般零件的材料选用及热处理要求

| 零件名称 | 材料牌号 | 热处理 | 硬度/HRC |
|---|---|---|---|
| 上、下模板 | HT200、HT250、ZG25、ZG45、Q235 | — | — |
| 模柄 | Q235 | — | — |
| 导柱、导套 | 15、20 | 渗碳淬火 | 58～62 |
| 托料板、卸料板 | Q235、45 | — | — |
| 凸模凹模固定板 | Q235、45 | — | — |
| 导尺 | 45 | 淬火 | 43～48 |
| 挡料销、垫板、 | 45 | 淬火 | 43～48 |
| 顶板、楔块和滑块 | T8A | 淬火 | 52～56 |
| 导正销、定位销 | 9M2V、T8A | 淬火 | 52～56 |
| 螺钉 | 45 | 头部淬火 | 43～48 |
| 销钉、推杆、顶杆 | 45 | 淬火 | 43～48 |
| 拉深模压边圈 | HT200、HT250 | — | — |
|  | T8A | 淬火 | 56～60 |
| 螺母、垫圈、螺塞 | Q235 | — | — |
| 定距侧刃、废料切刀 | T10A | 淬火 | 56～60 |
| 侧刃挡板 | T8A、T10A | 淬火 | 56～60 |
| 弹簧 | 65Mn、60Si2MnA | 淬火 | 40～48 |

## 1.5　冲压常用设备

冲压设备的选用是冲压工艺设计过程中的一项重要内容。冲压设备种类繁多，冲压模具设计者必须对此有所了解，同时考虑诸多因素，结合单位现有设备情况，合理地选择冲压设备。

### 1.5.1　压力机的分类和型号

我国的压力机型号是按类代号和组型代号等编制的。

**例如**　型号 JA31－160A

型号的第一个字母是类别代号，J 即是机械压力机。

型号的第二个字母表示压力机的变型设计代号。

字母后面的第一个数字表示压力机的系列，第二个数字表示压力机的组别，如"31"表示闭式曲柄压力机系列中的单点压力机组。

"－"后面的数字表示压力机的公称压力，即压力机的主要规格，如"160"表示公称压力为 1600kN 的压力机。

型号最末端的字母表示压力机经改进设计的型号，如 A、B、C……分别表示第一次、第二次、第三次……改进设计。

1. 压力机型号

介绍比较常用的压力机的类别代号和组型代号。

（1）类别代号

机械压力机（J）、液压压力机（Y）、自动压力机（Z）、剪切机（Q）、弯曲校正机（W）。

（2）组型代号

根据设备结构类型分组而定，用两位数字表示，常用设备的组型代号如下：

➤ 机械压力机：

11——偏心传动压力机（简称偏心冲床）。
21——开式固定台压力机。
23——开式可倾式压力机。
29——开式底传动压力机。
31——闭式单点压力机。
36——闭式双点压力机。
39——闭式四点压力机。
43——开式双动拉深压力机。
44——底传动双动拉深压力机。
45——闭式单点双动拉深压力机。
46——闭式双点双动拉深压力机。
47——闭式四点双动拉深压力机。
53——双盘摩擦压力机。
71——闭式多工位压力机。
75——高速冲压压力机。
84——精压机。

➤ 液压机：

20——单柱单动拉深液压机。
26——精密冲裁液压机。
28——双动薄板冲压液压机。
31——双柱万能液压机。
32——四柱万能液压机。

➤ 剪切机：

11——剪板机。
21——冲型剪切机（振动剪）。

(3) 设备主参数

机械压力机、液压机是用设备公称压力（kN）来表示的。剪切机是用可剪切的最大尺寸来表示的。如剪板机是用可剪切板料"厚度×宽度"表示的。而振动剪是用可剪切板料"厚度"表示的。

2. 组型代号名词解释

（1）**开式（C 型机身）压力机**：指床身结构为整体型，操作者可以从前、左、右接近工作台，操作空间大、可左右送料的压力机；

（2）**闭式压力机**：指床身为左右封闭的压力机，床身为框架式、或叫龙门式，操作者只能从前后两个方向接近工作台，操作空间小、只能前后送料；

（3）**单点压力机**：指压力机的滑块由一个连杆驱动，用于小吨位台面较小的压力机；

（4）**双点压力机**：指压力机的滑块由二个连杆驱动，用于大吨位左右台面较宽的压力机；

（5）**三点压力机**：压力机的滑块由三个连杆驱动，用于左、右台面特宽的多工位压力机；

（6）**四点压力机**：指滑块由四个连杆驱动的压力机，用于前后左右台面都较大的压力机；

（7）**单动压力机**：指只有一个滑块的压力机；

（8）**双动压力机（拉深压力机）**：指具有内、外两个滑块的压力机，外滑块用于压边、内滑块用于拉深；

（9）**上传动压力机**：指传动机构设在工作台面以上的压力机；

（10）**下传动压力机**：指传动机构设在工作台面以下的压力机；

（11）**单柱压力机**：指开式压力机的床身为单柱，此种压力机不能前后送料；

（12）**双柱压力机**：指开式压力机的床身为双圆柱，可以前后左、右送料；

（13）**可倾压力机**：指开式压力机床身在一定范围内向后倾斜一定角度，便于出料。

## 1.5.2　常用机械压力机的典型结构

以下简要介绍曲轴传动、偏心传动压力机和摩擦压力机的工作和应用特点。

1. 曲轴传动压力机

曲轴传动的压力机又称**曲柄压力机**，在传动系统（如图 1.6 所示）中，曲轴 7 的圆周运动通过连杆 9 带动滑块 10 做上下往复运动。

曲轴转动一周，滑块上下往复运动一次。曲轴曲拐半径构成曲柄，曲柄的 2 倍等于滑块运动的行程长度，即压力机的行程。

曲柄压力机可获得较大的行程，曲轴两端有两个轴承对称地支承着，承受负荷较均匀。因而，在机械压力机中，曲轴传动方式得到广泛的应用。

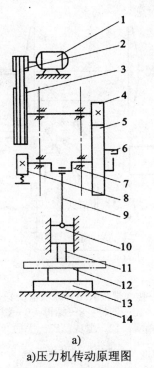 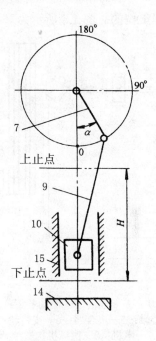

a) 压力机传动原理图　　　　　　b) 曲柄连杆机构原理图

1—电动机；2—小带轮；3—大带轮；4—小齿轮；5—大齿轮；6—离合器；7—曲轴；
8—制动器；9—连杆；10—滑块；11—上模；12—下模；13—垫板；14—工作台

图 1.6　曲柄压力机传动系统示意图

### 2. 偏心传动压力机

**偏心传动压力机**又称**偏心冲床**，其传动系统示意如图 1.7 所示。

偏心传动压力机的结构和工作原理与曲轴传动压力机基本相同，所不同的是以偏心轴代替曲轴。

偏心轴 4 的圆周运动，通过偏心套传递，经连杆 2 变为滑块 1 的上下往复运动。

滑块上下往复运动的距离称为**行程**。行程的大小可以通过调整偏心套相对主轴（偏心轴）的位置而改变。偏心冲床的行程等于偏心套外圆中心与主轴中心距离的 2 倍。

偏心冲床与曲轴压力机相比，具有行程可调整的特点，使冲压生产率提高，适宜作冲裁、弯曲和浅拉深等冲压工序。

### 3. 摩擦传动压力机

摩擦压力机是通过摩擦盘与飞轮之间相互接触摩擦传递动力，并根据连杆与螺母的相对运动原理工作的。图1.8所示为摩擦压力机传动系统示意。

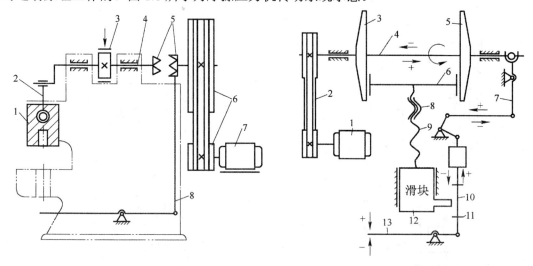

1—滑块；2—连杆；3—制动装置；
4—偏心轴；5—离合器；6—皮带轮；
7—电机；8—操纵机构

图1.7 偏心压力机传动系统示意图

1—电机；2—传送带；3、5—摩擦盘；4—轴；
6—飞轮；7、10—连杆；8—螺母；9—螺杆；
11—挡块；12—滑块；13—手柄

图1.8 摩擦压力机传动系统

滑块12的上下往复运动的速度，取决于飞轮6与摩擦盘3、5接触处到摩擦盘中心的距离及两者接触的紧密程度。正常接触时，接触处到摩擦盘3或5中心的距离越大，飞轮6转速越快，螺杆9的转速也随之增大，此时，滑块12以加速度升降，使摩擦压力机在冲压的瞬间能产生很大的压力。操作时，依靠手柄的压下程度来控制接触的松紧程度，使压力大小能控制，适应不同类型的冲压工序。同时用手柄来操作工作行程和回程。

摩擦压力机工作超负荷时，飞轮与摩擦盘之间会打滑，从而不会损坏机件，但是飞轮轮缘磨损量大，生产效率低。所以适用于中小尺寸工件的校正、压印和成形等冲压工序。

### 1.5.3 曲柄压力机

**1. 曲柄压力机的工作原理及结构**

本书主要介绍开式双柱可倾式压力机JB23-63的工作原理和结构。图1.6a为该压力机的原理图。其工作原理如下：

电动机1通过V带把运动传给大带轮3，再经过小齿轮4、大齿轮5传给曲轴7。连杆9上端装在曲轴上，下端与滑块10连接，把曲轴的旋转运动变为滑块的直线往复运动。滑块运动的最高位置称为**上止点位置**，而最低位置称为**下止点位置**。冲压模具的上模11装在滑块上，下模 12 装在垫板 13 上。因此，当板料放在上、下模之间时，滑块向下移动进行冲压，即可获得工件。

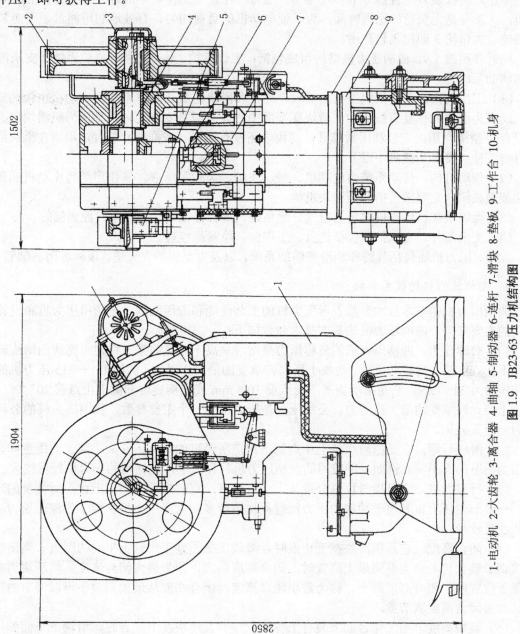

图 1.9　JB23-63 压力机结构图

1-电动机　2-大齿轮　3-离合器　4-曲轴　5-制动器　6-连杆　7-滑块　8-垫板　9-工作台　10-机身

在使用压力机时，电动机始终在不停地运转，但由于生产工艺的需要，滑块有时运动，有时停止，所以装有离合器 6 和制动器 8。压力机在整个工作周期内进行工艺操作的时间很短，大部分是无负荷的空程时间，为了使电动机的负荷均匀、有效地利用能量，因而装有飞轮。大带轮 3 即起飞轮作用。

同时参照图 1.9，曲柄压力机结构组成包括：工作机构、传动机构、操纵系统、支承部件和辅助系统等。

（1）工作机构。工作机构主要由曲轴、连杆和滑块组成。其作用是将电动机主轴的旋转运动变为滑块的往复直线运动。滑块底平面中心设有模具安装孔，大型压力机滑块底面还设有 T 型槽，用来安装和压紧模具，滑块中还设有退料（或推件）装置，用以在滑块回程时将工件或废料从模具中退下。

（2）传动机构。传动系统由电动机、带、飞轮、齿轮等组成。其作用是将电动机的运动和能量按照一定要求传给曲柄滑块机构。

（3）操纵系统。操作机构包括空气分配系统、离合器、制动器、电气控制箱等。

（4）支承部件。支承部件包括机身、工作台、拉紧螺栓等。

此外，压力机还包括气路和润滑等辅助系统，以及安全保护、气垫、顶料等附属装置。

2. 曲柄压力机的技术参数

曲柄压力机的基本技术参数表示压力机的工艺性能和应用范围，是选用压力机和设计模具的主要依据。曲柄压力机的基本技术参数如下：

（1）**公称压力**。曲柄压力机的公称压力是指滑块离下止点前某一特定距离或曲柄旋转到离下止点前某一特定角度时，滑块上所允许承受的最大作用力。例如 J31－315 压力机的公称压力为 3150 kN，它是指滑块离下止点前 10.5 mm 或曲柄旋转到离下止点前 20°时，滑块上所允许承受的最大作用力。公称压力是压力机的一个主要参数，我国压力机的公称压力已经系列化。

（2）**滑块行程**。它是指滑块从上止点到下止点所经过的距离，其大小随工艺用途和公称压力的不同而不同。例如，冲裁用的曲柄压力机行程较小，拉深用的压力机行程较大。

（3）**行程次数**。它是指滑块每分钟从上止点到下止点，然后再回到上止点所往复的次数。一般小型压力机和用于冲裁的压力机行程次数较多，大型压力机和用于拉深的压力机行程次数较少。

（4）**闭合高度**。它是指滑块在下止点时，滑块下平面到工作台上平面的距离。当闭合高度调节装置将滑块调整到最上位置时，闭合高度最大，称为**最大闭合高度**；将滑块调整到最下位置时，闭合高度最小，称为**最小闭合高度**。闭合高度从最大到最小可以调节的范围，称为**闭合高度调节量**。

（5）**装模高度**。当工作台面上装有工作垫板，并且滑块在下止点时，滑块下平面到垫板上平面的距离为装模高度。在最大闭合高度状态时的装模高度为**最大装模高度**，在最小闭合高度状态时的装模高度为**最小装模高度**。装模高度与闭合高度之差为**垫板厚度**。

（6）**连杆调节长度**。又称装模高度调节量，曲柄压力机的连杆通常做成两部分，使其长度可以调节，通过改变连杆的长度而改变压力机的闭合高度，以适合不同闭合高度模具的安装要求。

（7）工作台台面尺寸 $L×B$。决定了安装模具下模座的尺寸范围，工作台孔径尺寸决定了模具下模落料制件或废料的允许尺寸及安装弹顶机构的尺寸。

（8）滑块底面尺寸。滑块底面尺寸决定了安装模具上模座的尺寸范围，滑块中心孔的尺寸和深度尺寸决定了模柄尺寸。

表 1.7 给出了常用的开式可倾压力机的主要结构参数。

表 1.7 开式双柱可倾压力机的主要结构参数

| 公称压力/kN | | 31.5 | 63 | 100 | 160 | 250 | 400 | 630 | 1000 |
|---|---|---|---|---|---|---|---|---|---|
| 滑块行程/mm | | 25 | 35 | 45 | 55 | 65 | 100 | 130 | 130 |
| 滑块行程次数/n·min$^{-1}$ | | 200 | 170 | 145 | 120 | 105 | 45 | 50 | 38 |
| 最大闭合高度/mm | | 120 | 150 | 180 | 20 | 270 | 330 | 360 | 480 |
| 最大装模高度/mm | | 95 | 120 | 145 | 180 | 220 | 265 | 280 | 380 |
| 连杆调节长度/mm | | 25 | 30 | 35 | 45 | 55 | 65 | 80 | 100 |
| 工作台尺寸/mm | 前后 | 160 | 200 | 240 | 300 | 370 | 460 | 480 | 710 |
| | 左右 | 250 | 310 | 370 | 450 | 560 | 700 | 710 | 1080 |
| 垫板尺寸/mm | 厚度 | 25 | 30 | 35 | 40 | 50 | 65 | 80 | 100 |
| | 孔径 | 110 | 140 | 170 | 210 | 200 | 220 | 250 | 250 |
| 模柄尺寸/mm | 直径 | 250 | 30 | 30 | 40 | 40 | 50 | 50 | 60 |
| | 深度 | 45 | 50 | 55 | 60 | 60 | 70 | 80 | 75 |
| 最大倾斜角度 | | 45° | 45° | 35° | 35° | 30° | 30° | 30° | 30° |
| 电动机功率/kW | | 0.55 | 0.75 | 1.10 | 1.50 | 2.2 | 5.5 | 5.5 | 1.0 |
| 设备外形尺寸/mm | 前后 | 675 | 776 | 895 | 1130 | 1335 | 1685 | 1700 | 2472 |
| | 左右 | 478 | 550 | 651 | 921 | 1112 | 1325 | 1373 | 1736 |
| | 高度 | 1310 | 1488 | 1637 | 1890 | 2120 | 2470 | 2750 | 3312 |
| 设备总重/kg | | 194 | 400 | 576 | 1055 | 1780 | 3540 | 4800 | 10000 |

### 1.5.4 冲压设备的选择

**1. 冲压设备类型的选择**

根据所要完成的冲压工艺的性质，生产批量的大小，冲压件的几何尺寸和精度要求等来选择设备的类型。

对于中小型的冲裁件，弯曲件或拉深件的生产，主要应采用开式机械压力机。虽然开式冲床的刚度差，在冲压力的作用下床身的变形会破坏冲裁模的间隙分布，降低模具的寿命或冲裁件的表面质量。可是,由于它提供了极为方便的操作条件和非常容易安装机械化附属装置的特点,使它成为目前中、小型冲压设备的主要形式。

对于大中型冲压件的生产,多采用闭式结构形式的机械压力机,其中有一般用途的通用压力机,也有台面较小而刚度大的专用挤压压力机、精压机等。在大型拉深件的生产中,应尽量选用双动拉深压力机,因其可使所用模具结构简单,调整方便。

在小批量生产当中,尤其是大型厚板冲压件的生产多采用液压机。液压机没有固定的行程,不会因为板料厚度变化而超载,而且在需要很大的施力行程加工时,与机械压力机相比具有明显的优点。但是,液压机的速度小,生产效率低,而且零件的尺寸精度有时因受到操作因素的影响而不十分稳定。

摩擦压力机具有结构简单、造价低廉、不易发生超负荷损坏等特点,所以在小批量生产中常用来完成弯曲、成形等冲压工作。但是,摩擦压力机的行程次数较少,生产率低,而且操作也不太方便。

在大批量生产或形状复杂零件的大量生产中,应尽量选用高速压力机或多工位自动压力机。

2. 冲压设备规格的选择

选用冲床时应遵循以下一些原则:

(1) 压力机的公称压力应等于或大于冲压工序所需的总压力。当进行弯曲或拉深时,应注意所选用的压力机的许可压力曲线,应使其在曲轴全部转角内高于冲压变形力曲线。

(2) 压力机行程应满足制件在高度上能获得所需尺寸,并保证冲压后能顺利地从模具上取出来。这对于弯曲、拉深件尤为重要,一般拉深时的行程要取制件高度的2.5倍。

(3) 压力机的闭合高度、工作台台面尺寸和滑块尺寸等应能满足模具的正确安装。压力机闭合高度和模具闭合高度的关系应满足下列关系式,即:

$$H_{\max} - 5\,\mathrm{mm} > H_\mathrm{m} + h > H_{\min} + 10\,\mathrm{mm} \tag{1.5}$$

式中:$H_{\max}$——压力机最大闭合高度,mm;

$H_\mathrm{m}$——模具闭合高度,mm;

$H_{\min}$——压力机最小闭合高度,mm;

$h$——压力机垫板厚度,mm。

(4) 滑块每分钟的冲击次数,应符合生产率和材料变形速度的要求。

(5) 在一般情况下,可不考虑电动机功率,但在一些特殊冲压时(如斜刃冲裁),将会发生压力足够而功率超载的现象,这时必须使电动机的功率大于冲压时所需的功率。

选择压力机时除考虑以上原则外,还要根据生产批量大小、冲压工序特点、冲压件形状、尺寸、精度等因素综合考虑压力机的种类,然后再选择压力机的规格。

## 1.6 思考题

1. 什么是冲压成形？冲压成形有什么特点？
2. 冲压加工的基本工序有哪些类型？
3. 什么是金属的塑性？什么是塑性变形？
4. 什么是加工硬化现象？
5. 真实应力、应变是如何定义的？它们之间的关系如何？
6. 处于三向应力状态的变形体中，受正应力的方向是否必然产生正应变？为什么？
7. 什么是最小阻力定律？如何用它来分析金属变形的趋向性？
8. 冲压工艺对冲压材料的要求有哪些？常用的冲压材料有哪些？
9. 说明如下标号的含义：

$$钢板\frac{B-1.5\times1000\times2000-GB/T708-1988}{30-\text{III}-P-GB/T13237-1991}$$

10. 冲模工作零件的性能要求是什么？常用的冲模工作零件材料有哪些？
11. 比较曲轴传动压力机和偏心传动压力机各自的工作特点。
12. 曲柄压力机的主要技术参数有哪些？

# 第 2 章　冲裁工艺与模具设计

**冲裁**是利用模具使板料沿着一定的轮廓形状产生分离的一种冲压工序，落料和冲孔是最常见的两种冲裁工序。冲裁是冲压工艺中的最基本工序之一，在生产中应用极广，既可直接冲出成品零件，也可以为弯曲、拉深和挤压等其他工序准备坯料，还可以在已成形的工件进行再加工（切边、切舌、冲孔等工序）。冲裁所使用的模具叫**冲裁模**，它是冲裁过程必不可少的工艺装备。根据冲裁变形机理的不同，冲裁工艺可以分为普通冲裁和精密冲裁两大类。本章讨论普通冲裁。

## 2.1　冲　裁　工　艺

### 2.1.1　冲裁过程及断面特征

**1. 冲裁变形过程**

在冲裁过程中，冲裁模的凸、凹模组成上下刃口，在压力机的作用下，凸模逐渐下降，接触被冲压材料并对其加压，使材料发生变形直到产生分离。为了研究冲裁的变形机理，控制冲裁件的质量，就需要分析冲裁时板料分离的实际过程。当模具凸、凹模间隙正常时，板料的变形过程可分为三个阶段，如图 2.1 所示。

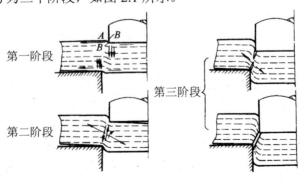

图 2.1　冲裁变形过程

(1) 弹性变形阶段。当凸模开始接触板料并下压时,凸模和凹模刃口压入材料中,刃口周围的材料产生应力集中现象,从而产生弹性压缩、弯曲、拉伸($AB' > AB$)等复杂的变形。随着凸模的继续压入,材料在刃口周围所产生的应力也逐渐增大,直到材料内的应力达到弹性极限。此时,若卸除凸模压力,材料能够恢复原状,不产生永久变形,这就是弹性变形阶段。

(2) 塑性变形阶段。凸模继续下降,压力增加,材料的内应力达到屈服极限,材料在与凸模和凹模的接触处产生塑性剪切变形。凸模切入板料,板料挤入凹模。在板料剪切面的边缘,由于弯曲、拉伸等作用形成塌角,同时由于塑性剪切变形,在剪切断面上形成一小段光亮且与板面垂直的剪切断面。随着材料内应力的增大,塑性变形程度也随之增加,变形区的材料硬化加剧。随着凸模的下压,应力不断增大,直到刃口附近的材料达到强度极限,材料产生微小裂纹为止。

(3) 断裂分离阶段。随着凸模继续下压,凸模和凹模刃口附近产生的微裂纹不断向板材内部扩展,直到上、下裂纹能够汇合,于是板料发生分离。凸模继续下压,将已分离的材料从板料中推出,完成冲裁过程。冲裁过程的变形是很复杂的,其变形性质是以剪切变形为主的,同时还伴有拉伸、弯曲和挤压等横向变形。所以,冲裁件和废料的平面不平整,常伴有翘曲现象。

2. 冲裁件的断面特征

由于冲裁变形的特点,冲裁件的断面明显地分成四个特征区,即圆角带、光亮带、断裂带与毛刺区,如图 2.2 所示。

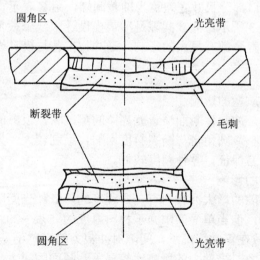

图 2.2　冲裁件的断面特征

（1）圆角区。**圆角区**又称**塌角**，该区域的形成是当凸模刃口压入材料时，刃口附近的材料产生弯曲和伸长变形，材料被拉入间隙的结果。材料的塑性越好，凸模和凹模的间隙越大，所形成的塌角也就越大。

（2）光亮带。该区域发生在塑形变形阶段，当刃口切入材料后，材料与凸、凹模切刃的侧表面挤压而形成光亮的断面。该断面垂直于底面，通常占全断面的 1/2～1/3 左右。板料的塑性越好，凸、凹模之间的间隙越小，光亮带的宽度越宽。

（3）断裂带。该区域是在断裂阶段形成。是由刃口附近的微裂纹在拉应力作用下不断扩展而形成的撕裂面，其断面粗糙，具有金属本色，且略带有斜度。凸、凹模之间的间隙越大，断裂带越宽且斜角越大。

（4）毛刺。毛刺的产生是因为微裂纹产生的位置不是正对刃口，在刃口附近的侧面上，加之凸模和凹模之间的间隙以及刃口不锋利等原因，使得金属拉断形成的毛刺残留在冲裁件上。在普通冲裁中毛刺是不可避免的。

影响冲裁件断面质量的因素很多，其中影响最大的是凸、凹模之间的冲裁间隙。在具有合理间隙的冲裁条件下，所得到的冲裁件断面圆角带较小，有正常的光亮带，其断裂带虽然粗糙，但比较平坦，斜度较小，同时毛刺也不明显。其中增加光亮带宽度的关键是延长塑性变形阶段，推迟裂纹的产生，可以通过增加金属的塑性和减少凹模刃口附近的应力集中来实现。

### 2.1.2 冲裁间隙

冲裁模凸、凹模刃口部分尺寸之差称为**冲裁间隙**，用 $Z$ 表示，又称**双面间隙**（单面间隙用 $Z/2$ 表示），如图 2.3 所示。冲裁间隙是冲裁模设计中一个很重要的工艺参数，对冲裁件质量、冲裁力和模具寿命都有很大的影响，是冲裁工艺与模具设计中的重要参数。

1. 间隙的重要性

（1）间隙对冲裁件质量的影响

一般来说，间隙小，冲裁件断面质量就高；间隙过大，板料的弯曲、拉伸严重，断面易产生撕裂，光亮带减小，圆角带与断裂斜度增加，毛刺较大。另外，冲裁间隙过大时，冲裁件尺寸及形状也不易保证，零件精度较低。

（2）间隙对冲裁力的影响

试验证明，随着间隙的增大冲裁力有一定程度的降低。当间隙合理时，冲裁力较低，因为上下裂纹此时重合。但当单面间隙介于材料厚度的 5%～20%范围内时，冲裁力的降低不超过 5%～10%。故在正常情况下，间隙对冲裁力的影响不是很大。

但是，间隙对卸料力、推件力的影响比较显著。随间隙增大，卸料力和推件力都将减小。一般当单面间隙增大到材料厚度的 15%～25%时，卸料力几乎降到零。但间隙继续增大时会增大毛刺，引起卸料力、顶件力的迅速增大，反而对减少冲裁力不利。

（3）间隙对模具寿命的影响

模具损坏的主要形式有磨损、变形、崩刃、折断和胀裂。增大模具间隙，有利于减小模具磨损，避免凹模刃口胀裂，提高模具的使用寿命。但是过大的冲裁间隙也会因弯矩和拉应力的增大而导致刃口损坏，所以不可无限随意增大间隙量。

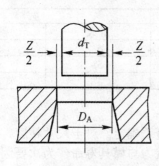
图 2.3　冲裁间隙

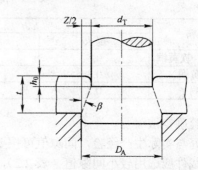
图 2.4　合理间隙的确定

**2. 冲裁间隙值的确定**

由以上分析可见，间隙对冲裁件质量、冲裁力、模具寿命等都有很大的影响。但它们作用的规律各不相同，很难找到一个固定的间隙值能同时满足冲裁件质量最佳、冲裁力最小、冲模寿命最长等各方面的要求。因此在冲压实际生产中，常给间隙规定一个范围值，只要间隙在这个范围内，就能得到质量合格的冲裁件和较长的模具寿命，这个间隙范围就称为**合理间隙**，这个范围的最小值称为**最小合理间隙**（$Z_{min}$），最大值称为**最大合理间隙**（$Z_{max}$）。考虑到在生产过程中的磨损使间隙变大，故设计与制造新模具时应采用最小合理间隙 $Z_{min}$。确定合理间隙值有理论法和经验确定法两种。

（1）理论确定法

该方法主要是依据凸、凹模刃口产生的上、下裂纹相互重合，以便获得良好的断面这一原则进行计算的。图 2.4 所示为冲裁过程中开始产生裂纹的瞬时状态，根据图中几何关系可求得合理间隙 $Z$ 为：

$$Z = 2(t - h_0)\tan\beta = 2t(1 - \frac{h_0}{t})\tan\beta \tag{2.1}$$

式中：$t$——材料厚度；

　　　$h_0$——产生裂纹时凸模挤入材料的厚度；

　　　$h_0/t$——产生裂纹时凸模挤入材料的相对厚度（即光亮带的相对宽度）；

　　　$\beta$——剪切裂纹与垂线间的夹角。

从上式可看出，合理间隙 $Z$ 与材料厚度 $t$、凸模相对挤入材料深度 $h_0/t$、裂纹角 $\beta$ 有关，

而 $h_0/t$ 及 $\beta$ 又与材料塑性有关,见表 2.1。因此,影响间隙值的主要因素是材料性质和厚度。材料厚度越大,塑性越低的硬脆材料,光亮带所占的相对宽度 $h_0/t$ 小些,则所需间隙 Z 值就越大;材料厚度越薄,塑性越好的材料,光亮带所占的相对宽度 $h_0/t$ 大些,则所需间隙 Z 值就越小。由于理论计算法在生产中使用不方便,故目前广泛采用的是经验数据。

表 2.1  $h_0/t$ 与 $\beta$ 值

| 材 料 | $h_0/t$ | | $\beta$ | |
|---|---|---|---|---|
| | 退火 | 硬化 | 退火 | 硬化 |
| 软钢、纯铜、软黄铜 | 0.5 | 0.35 | 6° | 5° |
| 中硬钢、硬黄铜 | 0.3 | 0.2 | 5° | 4° |
| 硬钢、硬青铜 | 0.2 | 0.1 | 4° | 4° |

(2)经验确定法

根据研究与实际生产经验,间隙值可按要求分类查表确定。对于尺寸精度、断面质量要求高的冲裁件应选用较小间隙值(表 2.2),这时冲裁力与模具寿命作为次要因素考虑。对于尺寸精度和断面质量要求不高的冲裁件,在满足冲裁件要求的前提下,应以降低冲裁力,以提高模具寿命为主,选用较大的双面间隙值(表 2.3)。可详见 GB/T 16743－1997(冲裁间隙)。

表 2.2  冲裁模初始双面间隙 Z(电器仪表行业用)(mm)

| 材料厚度 $t$/mm | 软 铝 | | 纯铜、黄铜、软钢 $w_c=(0.08\sim0.2)\%$ | | 杜拉铝、中等硬钢 $w_c=(0.3\sim0.4)\%$ | | 硬钢 $w_c=(0.5\sim0.6)\%$ | |
|---|---|---|---|---|---|---|---|---|
| | $Z_{min}$ | $Z_{max}$ | $Z_{min}$ | $Z_{max}$ | $Z_{min}$ | $Z_{max}$ | $Z_{min}$ | $Z_{max}$ |
| 0.2 | 0.008 | 0.012 | 0.010 | 0.014 | 0.012 | 0.016 | 0.014 | 0.018 |
| 0.3 | 0.012 | 0.018 | 0.015 | 0.021 | 0.018 | 0.024 | 0.021 | 0.027 |
| 0.4 | 0.016 | 0.024 | 0.020 | 0.028 | 0.024 | 0.032 | 0.028 | 0.036 |
| 0.5 | 0.020 | 0.030 | 0.025 | 0.035 | 0.030 | 0.040 | 0.035 | 0.045 |
| 0.6 | 0.024 | 0.036 | 0.030 | 0.042 | 0.036 | 0.048 | 0.042 | 0.054 |
| 0.7 | 0.028 | 0.042 | 0.035 | 0.049 | 0.042 | 0.056 | 0.049 | 0.063 |
| 0.8 | 0.032 | 0.048 | 0.040 | 0.056 | 0.048 | 0.064 | 0.056 | 0.072 |
| 0.9 | 0.036 | 0.054 | 0.045 | 0.063 | 0.054 | 0.072 | 0.063 | 0.081 |
| 1.0 | 0.040 | 0.060 | 0.050 | 0.070 | 0.060 | 0.080 | 0.070 | 0.090 |
| 1.2 | 0.060 | 0.084 | 0.096 | 0.096 | 0.084 | 0.108 | 0.096 | 0.120 |
| 1.5 | 0.075 | 0.105 | 0.090 | 0.120 | 0.105 | 0.135 | 0.120 | 0.150 |
| 1.8 | 0.090 | 0.126 | 0.144 | 0.144 | 0.126 | 0.162 | 0.144 | 0.180 |
| 2.0 | 0.100 | 0.140 | 0.160 | 0.160 | 0.140 | 0.180 | 0.160 | 0.200 |
| 2.8 | 0.168 | 0.224 | 0.252 | 0.252 | 0.224 | 0.280 | 0.252 | 0.308 |
| 3.0 | 0.180 | 0.240 | 0.270 | 0.270 | 0.240 | 0.300 | 0.270 | 0.330 |
| 3.5 | 0.245 | 0.315 | 0.350 | 0.350 | 0.315 | 0.385 | 0.350 | 0.420 |
| 4.0 | 0.280 | 0.360 | 0.400 | 0.400 | 0.360 | 0.440 | 0.400 | 0.480 |
| 2.2 | 0.132 | 0.176 | 0.198 | 0.198 | 0.176 | 0.220 | 0.198 | 0.242 |

（续表）

| 材料厚度 $t$/mm | 软 | 铝 | 纯铜、黄铜、软钢 $w_c=(0.08\sim0.2)\%$ | | 杜拉铝、中等硬钢 $w_c=(0.3\sim0.4)\%$ | | 硬钢 $w_c=(0.5\sim0.6)\%$ | |
|---|---|---|---|---|---|---|---|---|
| 2.5 | 0.150 | 0.200 | 0.225 | 0.225 | 0.200 | 0.250 | 0.225 | 0.275 |
| 4.5 | 0.315 | 0.405 | 0.450 | 0.450 | 0.405 | 0.495 | 0.450 | 0.540 |
| 5.0 | 0.350 | 0.450 | 0.500 | 0.500 | 0.450 | 0.550 | 0.500 | 0.600 |
| 6.0 | 0.048 | 0.600 | 0.540 | 0.660 | 0.600 | 0.720 | 0.660 | 0.780 |
| 7.0 | 0.560 | 0.700 | 0.630 | 0.770 | 0.700 | 0.840 | 0.770 | 0.910 |
| 8.0 | 0.726 | 0.880 | 0.800 | 0.960 | 0.880 | 1.040 | 0.960 | 1.120 |
| 9.0 | 0.810 | 0.990 | 0.900 | 1.080 | 0.990 | 1.170 | 1.080 | 1.260 |
| 10.0 | 0.900 | 1.100 | 1.000 | 1.200 | 1.100 | 1.300 | 1.200 | 1.400 |

注：1. 初始间隙的最小值相当于间隙的公称数值；
2. 初始间隙的最大值是考虑到凸模和凹模的制造公差所增加的数值；
3. 在使用过程中，由于模具工作部分的磨损，间隙将有所增加，因而间隙的使用最大数值会超过表列数值；
4. c 为碳的质量分数，用其表示钢中的含碳量。

表2.3 冲裁模初始双面间隙 Z（汽车拖拉机行业用）（mm）

| 材料厚度 $t$/mm | 08、10、35、09Mn、Q235 | | 16Mn | | 40、50 | | 65Mn | |
|---|---|---|---|---|---|---|---|---|
| | $Z_{min}$ | $Z_{max}$ | $Z_{min}$ | $Z_{max}$ | $Z_{min}$ | $Z_{max}$ | $Z_{min}$ | $Z_{max}$ |
| 小于0.5 | 极 小 间 隙 | | | | | | | |
| 0.5 | 0.040 | 0.060 | 0.040 | 0.060 | 0.040 | 0.060 | 0.040 | 0.060 |
| 0.6 | 0.048 | 0.072 | 0.048 | 0.072 | 0.048 | 0.072 | 0.048 | 0.072 |
| 0.7 | 0.064 | 0.092 | 0.064 | 0.092 | 0.064 | 0.092 | 0.064 | 0.092 |
| 0.8 | 0.072 | 0.104 | 0.072 | 0.104 | 0.072 | 0.104 | 0.064 | 0.092 |
| 0.9 | 0.092 | 0.126 | 0.090 | 0.126 | 0.090 | 0.126 | 0.090 | 0.126 |
| 1.0 | 0.100 | 0.140 | 0.100 | 0.140 | 0.100 | 0.140 | 0.090 | 0.126 |
| 1.2 | 0.126 | 0.180 | 0.132 | 0.180 | 0.132 | 0.180 | | |
| 1.5 | 0.132 | 0.240 | 0.170 | 0.240 | 0.140 | 0.240 | | |
| 1.75 | 0.220 | 0.320 | 0.220 | 0.320 | 0.220 | 0.320 | | |
| 2.0 | 0.246 | 0.360 | 0.260 | 0.380 | 0.260 | 0.380 | | |
| 2.1 | 0.260 | 0.380 | 0.280 | 0.400 | 0.280 | 0.400 | | |
| 2.5 | 0.260 | 0.500 | 0.380 | 0.540 | 0.380 | 0.540 | | |
| 2.75 | 0.400 | 0.560 | 0.420 | 0.600 | 0.420 | 0.600 | | |
| 3.0 | 0.460 | 0.640 | 0.480 | 0.660 | 0.480 | 0.660 | | |
| 3.5 | 0.540 | 0.740 | 0.580 | 0.780 | 0.580 | 0.780 | | |
| 4.0 | 0.610 | 0.880 | 0.680 | 0.920 | 0.680 | 0.920 | | |
| 4.5 | 0.720 | 1.000 | 0.680 | 0.960 | 0.780 | 1.040 | | |
| 5.5 | 0.940 | 1.280 | 0.780 | 1.100 | 0.980 | 1.320 | | |
| 6.0 | 1.080 | 1.440 | 0.840 | 1.200 | 1.140 | 1.500 | | |
| 6.5 | | | 0.940 | 1.300 | | | | |
| 8.0 | | | 1.200 | 1.680 | | | | |

注：冲裁皮革、石棉和纸板时，间隙取08钢的25%。

## 2.1.3 冲裁件的工艺性

设计模具时,首先要根据生产批量、零件图样及零件的技术要求进行工艺性分析,从而确定其进行冲裁加工的可能性及加工的难易程度。对不适合冲裁或难以保证加工要求的部位提出改进建议或与设计人员协商解决。

冲裁件的工艺性是指冲裁件对冲压工艺的适应性。良好的冲裁工艺性能使材料消耗少、工序数量少、模具结构简单且使用寿命长、产品质量稳定。

**1. 冲裁件的结构工艺性**

(1) 冲裁件的形状

冲裁件的形状尽可能简单、对称、排样废料少。在满足质量要求的前提下,把冲裁件设计成少废料、无废料的排样形状。如图 2.5a 所示零件,若零件的外形无关紧要,而只是三个孔的相对位置有较高的要求,则可以改为图 2.5b 所示形状,即改为无废料排样的方案,材料的利用率大大提高。

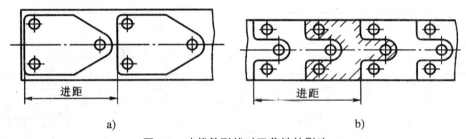

图 2.5 冲裁件形状对工艺性的影响

(2) 冲裁件内孔和外形的转角

冲裁件的内孔和外形应避免尖角,各直线或曲线的连接处,应有适当的圆角转接,如图 2.6 所示,从而便于模具加工,减少热处理开裂,减少冲裁时尖角处的崩刃和过快磨损。转接圆角半径 $r$ 的最小值见表 2.4。

表 2.4 冲裁件最小圆角半径 (mm)

| 冲件种类 | | 最小圆角半径 | | | 备注 |
|---|---|---|---|---|---|
| | | 黄铜、铝 | 合金钢 | 软钢 | |
| 落料 | 交角 ≥90° | 0.18$t$ | 0.35$t$ | 0.25$t$ | ≥0.25 |
| | 交角 <90° | 0.35$t$ | 0.70$t$ | 0.50$t$ | ≥0.50 |
| 冲孔 | 交角 ≥90° | 0.20$t$ | 0.45$t$ | 0.30$t$ | ≥0.30 |
| | 交角 <90° | 0.40$t$ | 0.90$t$ | 0.60$t$ | ≥0.60 |

注:$t$ 为零件厚度。

(3) 冲裁件上凸出的悬臂和凹槽尽量避免冲裁件上过长的凸出悬臂和凹槽,悬臂和凹槽宽度也不宜过小,其许可值如图 2.7a 所示尺寸 $b$ 和 $l$。

(4) 冲裁件的孔边距与孔间距为避免工件变形和保证模具强度,孔边距和孔间距不能过小。其最小许可值如图 2.7a 所示尺寸 $c$ 和 $c'$。

(5) 在弯曲件或拉深件上冲孔时,孔边与直壁之间应保持一定距离,以免冲孔时凸模受水平推力而折断,如图 2.7b 所示尺寸 $L$。

(6) 冲孔时,因受凸模强度的限制,孔的尺寸不应太小,否则凸模易折断或压弯。用无导向凸模和有导向的凸模所能冲制的最小尺寸,分别见表 2.5 和表 2.6。

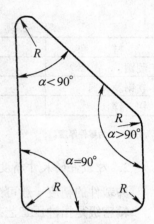

图 2.6 冲裁件的圆角

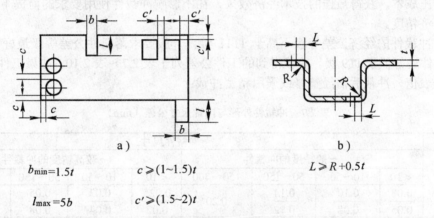

a)         b)

$b_{min}=1.5t$    $c \geqslant (1\sim1.5)t$    $L \geqslant R+0.5t$

$l_{max}=5b$    $c' \geqslant (1.5\sim2)t$

图 2.7 冲裁件的结构工艺

表 2.5 无导向凸模冲孔的最小尺寸(mm)

| 材　料 | 圆孔(直径 $d$) | 方形孔(孔宽 $a$) | 矩形孔(孔宽 $a$) | 长圆孔(孔宽 $a$) |
|---|---|---|---|---|
| 钢 $\tau \geq 700$ MPa | $d \geq 1.5t$ | $a \geq 1.35t$ | $a \geq 1.1t$ | $a \geq 1.2t$ |
| 钢 $\tau = 400 \sim 700$ MPa | $d \geq 1.3t$ | $a \geq 1.2t$ | $a \geq 0.9t$ | $a \geq 1.0t$ |
| 钢 $\tau < 700$ MPa | $d \geq 1.0t$ | $a \geq 0.9t$ | $a \geq 0.7t$ | $a \geq 0.8t$ |
| 黄铜、铜 | $d \geq 0.9t$ | $a \geq 0.8t$ | $a \geq 0.6t$ | $a \geq 0.7t$ |
| 铝、锌 | $d \geq 0.8t$ | $a \geq 0.7t$ | $a \geq 0.5t$ | $a \geq 0.6t$ |
| 纸胶板、布胶板 | $d \geq 0.7t$ | $a \geq 0.6t$ | $a \geq 0.4t$ | $a \geq 0.5t$ |
| 硬纸、纸 | $d \geq 0.6t$ | $a \geq 0.5t$ | $a \geq 0.3t$ | $a \geq 0.4t$ |

注：$t$ 为零件厚度,$\tau$ 为抗剪强度。

表 2.6　有导向凸模冲孔的最小尺寸（mm）

| 材料 | 圆孔（直径 $d$） | 矩形孔（孔宽 $a$） |
|---|---|---|
| 硬钢 | $0.5t$ | $0.4t$ |
| 软钢及黄铜 | $0.35t$ | $0.3t$ |
| 铝、锌 | $0.3t$ | $0.28t$ |

注：$t$ 为零件厚度。

2. 冲裁件的尺寸精度和表面粗糙度

冲裁件的精度一般可分为精密级与经济级两类。

**精密级**是指冲压工艺在技术上所允许的最高精度，而**经济级**是指模具达到最大许可磨损时，所完成的冲压加工在技术上可以实现而在经济上又最合理的精度，即所谓**经济精度**。为降低冲压成本，获得最佳的技术经济效果，在不影响冲裁件使用要求的前提下，应尽可能采用经济精度。

（1）冲裁件的经济公差等级不高于 IT11 级，一般要求落料件公差等级最好低于 IT10 级，冲孔件最好低于 IT9 级。冲裁得到的工件公差列于表 2.7～表 2.10。如果工件要求的公差值小于表值，冲裁后需经整修或采用精密冲裁；

表 2.7　冲裁件外形与内孔尺寸公差（mm）

| 材料厚度 $t$ | 冲裁件尺寸 | | | | | | | |
|---|---|---|---|---|---|---|---|---|
| | 一般精度的冲裁件 | | | | 较高精度的冲裁件 | | | |
| | <10 | 10～50 | 50～150 | 150～300 | <10 | 10～50 | 50～150 | 150～300 |
| 0.2～0.5 | $\dfrac{0.08}{0.05}$ | $\dfrac{0.10}{0.08}$ | $\dfrac{0.14}{0.12}$ | 0.20 | $\dfrac{0.025}{0.02}$ | $\dfrac{0.03}{0.04}$ | $\dfrac{0.05}{0.08}$ | 0.08 |
| 0.5～0.1 | $\dfrac{0.12}{0.05}$ | $\dfrac{0.16}{0.08}$ | $\dfrac{0.22}{0.12}$ | 0.30 | $\dfrac{0.03}{0.02}$ | $\dfrac{0.04}{0.04}$ | $\dfrac{0.06}{0.08}$ | 0.10 |
| 1～2 | $\dfrac{0.18}{0.06}$ | $\dfrac{0.22}{0.10}$ | $\dfrac{0.30}{0.16}$ | 0.50 | $\dfrac{0.04}{0.03}$ | $\dfrac{0.06}{0.06}$ | $\dfrac{0.08}{0.10}$ | 0.12 |
| 2～4 | $\dfrac{0.24}{0.08}$ | $\dfrac{0.28}{0.12}$ | $\dfrac{0.40}{0.20}$ | 0.70 | $\dfrac{0.06}{0.04}$ | $\dfrac{0.08}{0.08}$ | $\dfrac{0.12}{0.10}$ | 0.15 |
| 4～6 | $\dfrac{0.30}{0.10}$ | $\dfrac{0.31}{0.15}$ | $\dfrac{0.50}{0.25}$ | 1.0 | $\dfrac{0.10}{0.06}$ | $\dfrac{0.12}{0.10}$ | $\dfrac{0.15}{0.15}$ | 0.20 |

注：1. 分子为外形公差，分母为内孔公差。
　　2. 一般精度的工件采用 IT8～IT7 级精度的普通冲裁模；较高精度的工件采用 IT7～IT6 级精度的高级冲裁模。

表2.8 冲裁件外形与内孔尺寸公差（mm）

| 材料厚度 $t$ | 基本尺寸 | | | | |
|---|---|---|---|---|---|
| | ≤3 | 3~6 | 6~10 | 10~18 | 18~500 |
| ≤1 | IT12~IT13 | | | IT11 | |
| 1~2 | IT14 | IT12~IT13 | | | IT11 |
| 2~3 | IT14 | | | IT12~IT13 | |
| 3~5 | — | IT14 | | | IT12~IT13 |

表2.9 冲裁件孔中心距的公差（mm）

| 料厚 $t$ | 普通冲裁模 | | | 高级冲裁模 | | |
|---|---|---|---|---|---|---|
| | 孔距基本尺寸 | | | 孔距基本尺寸 | | |
| | ≤50 | 50~150 | 150~300 | ≤50 | 50~150 | 150~300 |
| ≤1 | ±0.10 | ±0.15 | ±0.20 | ±0.03 | ±0.05 | ±0.08 |
| 1~2 | ±0.12 | ±0.20 | ±0.30 | ±0.04 | ±0.06 | ±0.10 |
| 2~4 | ±0.15 | ±0.25 | ±0.35 | ±0.06 | ±0.08 | ±0.12 |
| 4~6 | ±0.20 | ±0.30 | ±0.40 | ±0.08 | ±0.10 | ±0.15 |

注：适用于本表数值所指的孔应同时冲出。

表2.10 冲裁件孔中心与边缘距离尺寸公差（mm）

| 板料厚度 | 孔中心与边缘距离尺寸 | | | |
|---|---|---|---|---|
| | ≤50 | 50~120 | 120~220 | 220~230 |
| ≤2 | ±0.5 | ±0.6 | ±0.7 | ±0.8 |
| 2~4 | ±0.6 | ±0.7 | ±0.8 | ±1.0 |
| >4 | ±0.7 | ±0.8 | ±1.0 | ±1.2 |

注：本表数值适用于先落料后冲孔的情况。

（2）冲裁件的断面粗糙度及毛刺与材料塑性、材料厚度、冲裁模间隙、刃口锐钝以及冲模结构等有关。当冲裁厚度为2 mm以下的金属板料时，其断面粗糙度 $R_a$ 一般可达12.5~3.2 μm，毛刺的允许高度见表2.11。

表2.11 普通冲裁毛刺的允许高度（mm）

| 料厚 $t$ | ≤0.3 | >0.3~0.5 | >0.5~1.0 | >1.0~1.5 | >1.5~2.0 |
|---|---|---|---|---|---|
| 试模时 | ≤0.015 | ≤0.02 | ≤0.03 | ≤0.04 | ≤0.05 |
| 生产时 | ≤0.05 | ≤0.08 | ≤0.10 | ≤0.13 | ≤0.15 |

### 3. 冲裁件的尺寸标注

冲裁件尺寸的基准应尽可能与其冲压时定位基准重合，以避免产生基准不重合误差。孔位置尺寸的基准选择在冲裁过程中基本上不变动的面或线上。如图 2.8a 所示的尺寸标注，对孔距要求较高的冲裁件是不合理的。这是因为当两孔中心距要求较高时，尺寸 $B$ 和 $C$ 标注的公差等级高，而模具（同时冲孔与落料）的磨损使得尺寸 $B$ 和 $C$ 的精度难以达到要求。改用图 2.8b 的标注方法就比较合理，这时孔中心距尺寸不再受模具磨损的影响。

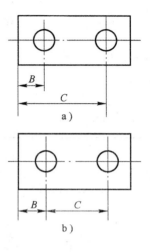

图 2.8　冲裁件的尺寸标注

## 2.1.4　冲裁件的排样

冲裁件在板料和条料上的布置方法称为**排样**。排样的合理与否，不但影响到材料的经济利用率，而且影响到模具结构、生产率、制件质量、生产操作方便与安全等。

### 1. 材料利用率与排样原则

排样的目的是为了合理利用原料。衡量排样经济性、合理性的指标是材料的利用率。材料利用率的计算公式如下：

一个进距内的材料利用率 $\eta$ 为：

$$\eta = \frac{nA}{bh} \tag{2.2}$$

式中：$A$——冲裁件面积（包括冲出的小孔在内），$mm^2$；
　　　$n$——一个冲距内冲件的数量；
　　　$b$——条料宽度，mm；
　　　$h$——进距，mm。

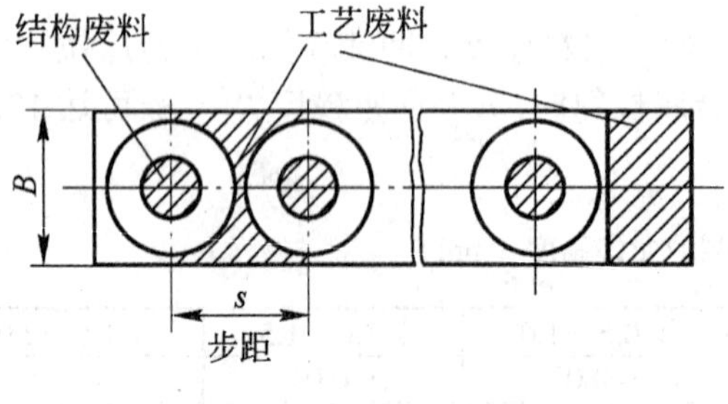

冲裁所产生的废料可分为两类（图 2.9 所示）：一类是结构废料，是由冲件的形状特点产生的；另一类是由于冲件之间和冲件与条料侧边之间的搭边，以及料头、料尾和边余料而产生的废料，称为**工艺废料**。要提高材料利用率，主要应从减少工艺废料着手。同样一个制件，可以有几种不同

图 2.9　废料的种类

的排样方法,从而得到不同的材料利用率。如图 2.10a、b 所示的排样方案,其利用率为 50% 和 70%。若可以在不影响零件使用的前提下,对零件的结构作适当的改进,可以有效地减少废料,提高材料的利用率,图 2.10c 所示为改进后材料的利用率可以达到 80%。

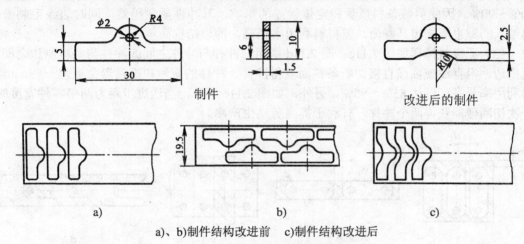

a)、b)制件结构改进前　c)制件结构改进后

图 2.10　冲裁件排样方法的比较

一般冲裁件的排样应遵循如下原则:

(1) 提高材料利用率:冲裁件生产批量大,生产效率高,材料费用一般会占总成本的 60% 以上,所以材料利用率是衡量排样经济性的一项重要指标,在不影响零件性能的前提下,应合理设计零件外形及排样,提高材料利用率;

(2) 使工人操作方便、安全、降低劳动强度:一般说来,在冲裁生产时应尽量减少条料的翻动次数,在材料利用率相同或相近时,应选用条料宽、进距小的排样方式;

(3) 使模具结构简单合理,使用寿命高;

(4) 排样应能保证冲裁件质量。

排样设计工作内容包括:

(1) 选择排样方法;

(2) 确定搭边的数值;

(3) 计算条料宽度及送料步距;

(4) 画出排样图,若有必要应核算材料的利用率。

2. 排样方法

根据材料的合理利用情况,条料排样方法可分为三种:

(1) 有废料排样。如图 2.11a 所示。沿冲件全部外形冲裁,冲件与冲件之间、冲件与条料之间都存在有搭边废料,冲裁是沿冲裁件的封闭轮廓进行的。冲件尺寸完全由冲模来

（2）少废料排样。如图 2.11b 所示。沿冲件部分外形切断或冲裁，只在冲件与冲件之间或冲件与条料侧边之间留有搭边，冲裁只沿冲裁件的部分轮廓进行，材料利用率可达70%～90%。因受剪裁条料质量和定位误差的影响，其冲件质量稍差，同时边缘毛刺被凸模带入间隙也影响模具寿命，但材料利用率稍高，冲模结构简单。

（3）无废料排样如图 2.11c、图 2.11d 所示。冲件与冲件之间或冲件与条料侧边之间均无搭边，沿直线或曲线直接切断条料而获得冲件。冲件的质量和模具寿命更差一些，但材料利用率最高，可达 85%～95%。另外，如图 2.11c 所示，当送进步距为两倍零件宽度时，一次切断便能获得两个冲件，有利于提高劳动生产率。

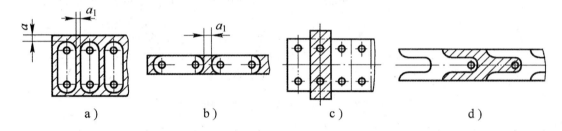

图 2.11 排样方法

采用少废料、无废料排样时，材料利用率高，不但有利于一次行程获得多个冲裁件，还可以简化模具结构、降低冲裁力，但受条料宽度误差及条料导向误差的影响，冲裁件尺寸及精度不易保证。另外，在有些无废料排样中，冲裁时模具会单面受力，影响模具使用寿命。有废料排样时冲裁件质量和模具寿命较高，但材料利用率较低。所以，在排样设计中，应全面权衡利弊。

对有废料排样、少、无废料排样还可以进一步按冲裁件在条料上的布置方法加以分类，排样方式参见表 2.12。可以根据不同的冲裁件形状加以利用。对于形状复杂的冲裁件，要用计算的方法设计一个合理的排样方式是比较困难的，通常用纸片剪成 3～5 个样件，然后摆出各种不同的排样方法，经过分析和计算，确定合理的排样方案。

表 2.12 排样方式

| 排列方式 | 有废料排样 | | 少、无废料排样 | |
| --- | --- | --- | --- | --- |
| | 简 图 | 应 用 | 简 图 | 应 用 |
| 直排 | | 用于简单几何形状（方形、圆形、矩形）的冲件 | | 用于矩形或方形冲件 |

（续表）

| 排列方式 | 有废料排样 | | 少、无废料排样 | |
|---|---|---|---|---|
| | 简　图 | 应　用 | 简　图 | 应　用 |
| 斜排 | 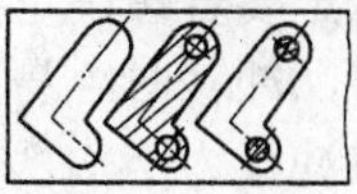 | 用于T形、L形、S形、十字形、椭圆形冲件 | 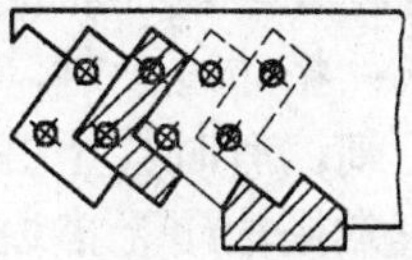 | 用于L形或其他形状的冲件，在外形上允许有不大的缺陷 |
| 直对排 | 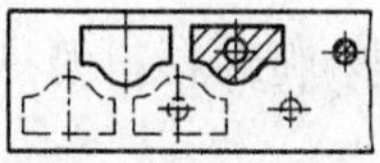 | 用于T形、∩形、山形、梯形、三角形、半圆形冲件 | 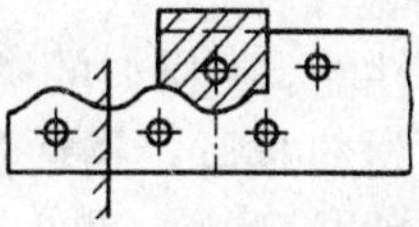 | 用于T形、∩形、山形、梯形、三角形冲件，外形上允许少量缺陷 |
| 斜对排 |  | 用于材料利用率比直对排高时的情况 | 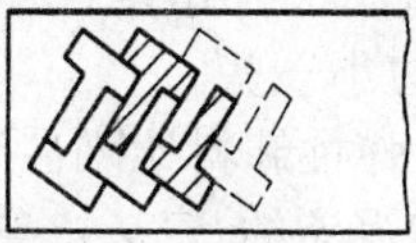 | 多用于T形件冲裁 |
| 混合排 | 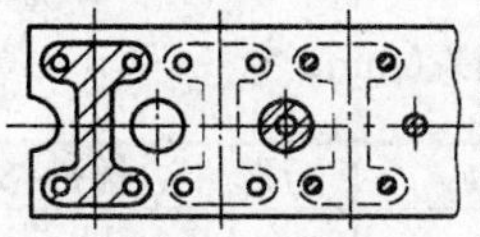 | 用于材料和厚度都相同的两种以上的冲件 | 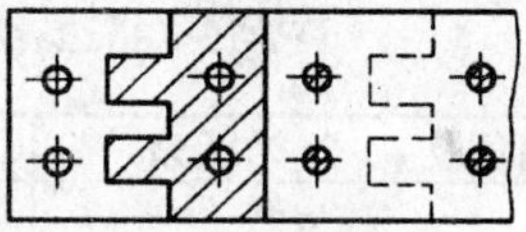 | 用于两个外形互相嵌入的不同冲件（铰链等） |
| 多排 | 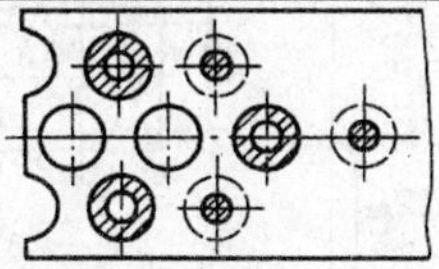 | 用于大批生产中尺寸不大的圆形、六角形、方形和矩形冲件 | 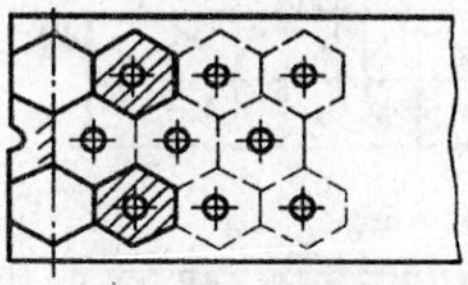 | 用于大批量生产中尺寸不大的方形、矩形及六角形冲件 |
| 冲裁搭边 |  | 大批生产中用于小的窄冲件（表针及类似的冲件）或带料的连续拉深 | 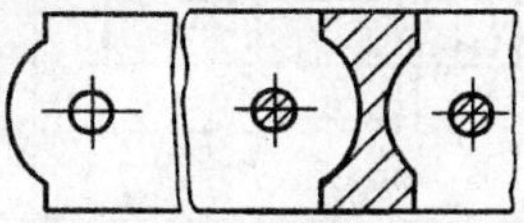 | 用于以宽度均匀的条料或带料冲裁长形件 |

**3. 搭边**

排样时冲裁件之间、及冲裁件与条料侧边之间留下的工艺废料叫**搭边**。

（1）搭边的作用

搭边的作用如下：

① 补偿条料的剪切误差、送料误差，补偿由于条料与导料板之间有间隙所造成的送料歪斜误差，若无搭边，则可能会发生零件缺角、缺边或尺寸超差。

②由于凸、凹模刃口沿整个封闭的轮廓线冲裁，所以使得凸、凹模刃口受力均衡，提高模具使用寿命及冲裁件断面质量。

③利用搭边的刚度还可以实现模具的自动送料。

搭边值对冲裁过程及冲裁件质量有很大的影响，因此一定要合理确定搭边数值。搭边过大，材料利用率低；搭边过小时，搭边的强度和刚度不够，冲裁时容易翘曲或被拉断，不仅会增大冲裁件毛刺，有时甚至搭边拉入模具间隙，造成冲裁力不均，损坏模具刃口。根据生产的统计，正常搭边比无搭边冲裁时的模具寿命高50%以上。

（2）搭边值的确定

影响搭边值的因素：

①材料的力学性能。硬材料的搭边值可小一些，软材料、脆性材料的搭边值要大一些。

②材料厚度。材料越厚，搭边值也越大。

③冲裁件的形状与尺寸。零件外形越复杂，圆角半径越小，搭边值取大些。

④送料及挡料方式。用手工送料，有侧压装置的搭边值可以小一些；用侧刃定距比用挡料销定距的搭边小一些。

⑤卸料方式。弹性卸料比刚性卸料的搭边小一些。

搭边值是由经验确定的。表2.13给出了对应低碳钢搭边最小值的经验数据供设计时参考。

表2.13 搭边 $a$ 和 $a_1$ 的数值（低碳钢）（mm）

| 材料厚度 | 圆角及 $r>2t$ 的圆角 | | 矩形件边长 $l \leq 50$ | | 矩形件边长 $l>50$ 或圆角 $r \leq 2t$ | |
|---|---|---|---|---|---|---|
| | 工件 $a$ | 侧面 $a_1$ | 工件 $a$ | 侧面 $a_1$ | 工件 $a$ | 侧面 $a_1$ |
| 0.25以下 | 1.8 | 2.0 | 2.2 | 2.5 | 2.8 | 3.0 |
| 0.25～0.5 | 1.2 | 1.5 | 1.8 | 2.0 | 2.2 | 2.5 |
| 0.5～0.8 | 1.0 | 1.2 | 1.5 | 1.8 | 1.8 | 2.0 |
| 0.8～1.2 | 0.8 | 1.0 | 1.2 | 1.5 | 1.5 | 1.8 |
| 1.2～1.6 | 1.0 | 1.2 | 1.5 | 1.8 | 1.8 | 2.0 |
| 1.6～2.0 | 1.2 | 1.5 | 1.8 | 2.0 | 2.0 | 2.2 |
| 2.0～2.5 | 1.5 | 1.8 | 2.0 | 2.2 | 2.2 | 2.5 |
| 2.5～3.0 | 1.8 | 2.2 | 2.2 | 2.5 | 2.5 | 2.8 |

（续表）

| 材料厚度 | 圆角及 $r > 2t$ 的圆角 | | 矩形件边长 $l \leq 50$ | | 矩形件边长 $l > 50$ 或圆角 $r \leq 2t$ | |
|---|---|---|---|---|---|---|
| 3.0~3.5 | 2.2 | 2.5 | 2.5 | 2.8 | 2.8 | 3.2 |
| 3.5~4.0 | 2.5 | 2.8 | 2.8 | 3.2 | 3.2 | 3.5 |
| 4.0~5.0 | 3.0 | 3.5 | 3.5 | 4.0 | 4.0 | 4.5 |
| 5.0~12 | $0.6t$ | $0.7t$ | $0.8t$ | $0.8t$ | $0.8t$ | $0.9t$ |

注：对于其他材料，可以乘以如下，中碳钢为 0.9、高碳钢为 0.8、硬黄铜为 1~1.1、硬铝为 1~1.2、软黄铜和黄铜为 1.2、铝为 1.3~1.4、非金属（皮革、纸、纤维板等）为 1.5~2。

4. 送料步距与条料宽度

选定排样方式与确定搭边值后，要计算送料步距与条料宽度，然后就可以画出排样图。

（1）送料步距 $A$

模具每冲裁一次，条料在模具上前进的距离称为**送料步距**（简称步距或进距）。当单个步距内只冲裁一个零件时，送料步距的大小等于条料上两个零件对应点之间的距离，如图 2.11a 所示，计算公式如下：

$$A = D + a \tag{2.3}$$

式中：$A$——送料步距；

$D$——平行于送料方向的冲裁件宽度；

$a$——冲裁件之间的搭边值，参考表 2.13。

若按 2.11c 所示的无废料一模两出的排样方式，其送料步距是工件宽度的两倍。

（2）条料宽度 $B$

冲裁前通常需按要求将板料裁剪为适当宽度的条料，其加工方法一般为板料剪裁。为保证送料顺利，不因条料过宽而发生卡死现象，条料的下料公差规定为负偏差。条料在模具上送进时，一般都有导料装置，有时还要使用侧压装置，即指在条料送进过程中，在条料侧边作用一横向压力，使条料紧贴导料板一侧送进的装置。当使用导料板导向而又无侧压装置时，宽度方向也会产生送料误差。条料宽度 $B$ 的计算应保证在这两种误差的影响下，仍可以保证冲裁件与条料侧边之间有一定的搭边值 $a_1$。

有侧压装置（图 2.12）时，条料是在侧压装置作用下紧靠导料板的一侧送进的，故按下列公式计算：

条料宽度

$$B_{-\Delta}^0 = (D_{\max} + 2a)_{-\Delta}^0 \tag{2.4}$$

导料板间的距离

$$A = B + C = D_{\max} + 2a + C \tag{2.5}$$

式中：$D_{\max}$——条料宽度方向冲件的最大尺寸；

$a$——侧搭边值，可参考表 2.13；

Δ——条料宽度的单向(负向)偏差,见表2.14;
$C$——导料板与最宽条料之间的间隙,其值见表2.15。

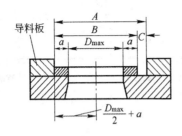

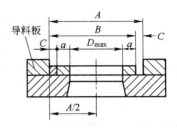

图2.12 有侧压装置时条料宽度的确定　　图2.13 无侧压装置时条料宽度的确定

无侧压装置时,应考虑在送料过程中因条料在导料板之间的摆动而使侧搭边值减少的情况,为了补偿侧搭边的减少,条料宽度应增加一个条料可能的摆动量,可按下式计算:

条料宽度

$$B_{-\Delta}^0 = (D_{max} + 2a + C)_{-\Delta}^0 \quad (2.6)$$

导料板间的距离

$$A = B + Z = D_{max} + 2a + 2C \quad (2.7)$$

表2.14 条料宽度偏差 Δ (mm)

| 材料宽度 $t$ | 条料宽度 $B$ | | | |
|---|---|---|---|---|
| | ≤50 | >50～100 | >100～200 | >200～400 |
| ≤1 | 0.5 | 0.5 | 0.5 | 1.0 |
| >1～3 | 0.5 | 1.0 | 1.0 | 1.0 |
| >3～4 | 1.0 | 1.0 | 1.0 | 1.5 |
| >4～6 | 1.0 | 1.0 | 1.5 | 2.0 |

表2.15 条料与导料板之间的间隙 $C$ (mm)

| 材料厚度 $t$ | 无侧压装置 | | | 有侧压装置 | |
|---|---|---|---|---|---|
| | 条　料　宽　度 | | | | |
| | ≤100 | >100～200 | >200～300 | ≤100 | >100 |
| ≤1 | 0.5 | 0.5 | 1 | 5 | 8 |
| >1～5 | 0.8 | 1 | 1 | 5 | 8 |

一般说来,条料的下料方式有两种,一种是沿板料的长度方向剪裁下料,称为**纵裁**;另一种是沿板料的宽度方向剪裁下料,称为**横裁**。由于纵裁时剪板次数少,可减少冲裁时的换料次数,提高生产效率,所以通常情况下应尽可能纵裁。但当纵裁后条料太长、太重,

或不能满足弯曲件坯料对轧制纤维方向的要求等情况下,则应考虑采用横裁。

5. 排样图

排样图是排样设计的最终表达形式,是编制冲裁工艺与设计冲裁模具的重要工艺文件。一张完整的冲裁模具装配图,应在其右上角画出冲裁件图形及排样图。排样图上,应注明条料宽度及偏差、条料长度和厚度、送料步距及搭边值,如图 2.14 所示。对纤维方向有要求时,还应用箭头标明。

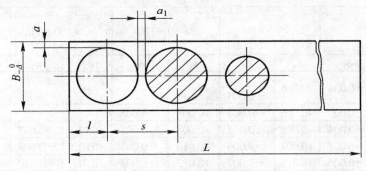

图 2.14 排样图

## 2.1.5 凸、凹模刃口尺寸的计算

凸模和凹模的刃口尺寸和公差,直接影响冲裁件的尺寸精度,同时模具的合理间隙值也靠凸、凹模刃口尺寸及其公差来保证。因此,正确确定凸、凹模刃口尺寸和公差,是冲裁模设计中的一项重要工作。

1. 凸、凹模刃口尺寸的计算原则

根据冲裁特点,落下来的料和冲出的孔都是带有锥度的。且落料件的大端尺寸等于凹模尺寸,冲孔件的小端尺寸等于凸模尺寸。

在测量与使用中,落料件以大端尺寸为基准,冲孔孔径以小端尺寸为基准,即冲裁件的尺寸是以测量光亮带尺寸为基础的。冲裁时,凸、凹模将与冲裁件或废料发生磨损,凸模愈磨愈小,凹模愈磨愈大,从而导致凸、凹模间隙愈用愈大。

(1) 落料工序以凹模为基准件,先确定凹模刃口尺寸。凹模刃口尺寸接近或等于工件最小极限尺寸,以保证模具在一定范围内磨损后,仍能冲出合格零件。凸模刃口尺寸则按凹模尺寸减去最小间隙值确定。

(2) 冲孔工序以凸模为基准件,先确定凸模刃口尺寸。凸模刃口尺寸接近或等于孔的最大极限尺寸,以保证模具在一定范围内磨损后,仍能冲出合格零件。凹模刃口尺寸则按凸模尺寸加上最小间隙值确定。

（3）凹、凸模制造公差主要与冲裁件的精度和形状有关。模具制造精度应比冲裁件精度高 2 级或 3 级，凸、凹一般分别为 IT6 和 IT7，也可按表 2.16 选取。为了使新模具间隙不小于最小合理间隙，偏差值应按入体标注。一般凹模公差标成 $+\delta_A$，凸模公差标成 $-\delta_T$。

表 2.16 规则形状冲裁凸、凹模制造极限偏差（mm）

| 材料厚度 $t$ | 基本尺寸 | | | | | | | | | |
|---|---|---|---|---|---|---|---|---|---|---|
| | ~10 | | >10~50 | | >50~100 | | >100~150 | | >150~200 | |
| | $\delta_A$ | $\delta_T$ | $\delta_A$ | $\delta_T$ | $\delta_A$ | $\delta_T$ | $\delta_A$ | $\delta_T$ | $\delta_A$ | $\delta_T$ |
| 0.4 | +0.006 | −0.004 | +0.006 | −0.004 | — | | — | | — | |
| 0.5 | +0.006 | −0.004 | +0.006 | −0.004 | +0.008 | −0.005 | — | | — | |
| 0.6 | +0.006 | −0.004 | +0.008 | −0.005 | +0.008 | −0.005 | +0.010 | −0.007 | — | |
| 0.8 | +0.007 | −0.005 | +0.008 | −0.006 | +0.010 | −0.007 | +0.012 | −0.008 | — | |
| 1.0 | +0.008 | −0.006 | +0.010 | −0.007 | +0.012 | −0.008 | +0.015 | −0.010 | +0.017 | −0.012 |
| 1.2 | +0.010 | −0.007 | +0.012 | −0.008 | +0.017 | −0.010 | +0.017 | −0.012 | +0.022 | −0.014 |
| 1.5 | +0.012 | −0.008 | +0.015 | −0.010 | +0.020 | −0.012 | +0.020 | −0.014 | +0.025 | −0.017 |
| 1.8 | +0.015 | −0.010 | +0.017 | −0.012 | +0.025 | −0.014 | +0.025 | −0.017 | +0.032 | −0.019 |
| 2.0 | +0.017 | −0.012 | +0.020 | −0.014 | +0.030 | −0.017 | +0.029 | −0.020 | +0.035 | −0.021 |
| 2.5 | +0.023 | −0.014 | +0.027 | −0.017 | +0.035 | −0.020 | +0.035 | −0.023 | +0.040 | −0.027 |
| 3.0 | +0.027 | −0.017 | +0.030 | −0.020 | +0.040 | −0.023 | +0.040 | −0.027 | +0.045 | −0.039 |

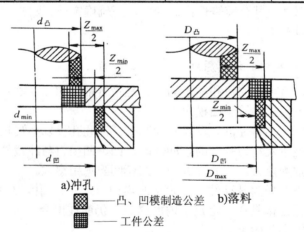

图 2.15 落料、冲孔时各部分尺寸公差的分配

根据冲裁件的形状，在复杂程度模具制造中，凸、凹模的加工有两种方式，一种是按

互换原则组织生产,另一种是按配作加工组织生产。

2. 凸、凹模按互换加工时刃口尺寸的计算

这种方法主要适用于圆形或形状简单规则的工件,因冲裁此类工件的凸、凹模制造相对简单,精度容易保证,所以采用分别加工方法。设计时,需在图纸上分别标注凸模和凹模刃口尺寸及制造公差。

(1) 冲孔。设冲裁件的直径为 $d_0^{+\Delta}$,根据刃口尺寸计算原则,冲孔时应首先确定凸模刃口尺寸。由于基准件凸模的刃口尺寸在磨损后会减小,因此应使凸模的基本尺寸接近工件孔的最大极限尺寸,再增大凹模尺寸以保证最小合理间隙 $Z_{min}$。凸模的制造取负偏差,凹模取正偏差。冲孔时各部分尺寸公差的分配位置如图2.15a所示。其计算公式如下:

凸模
$$d_{\mathrm{T}} = (d_{\min} + x\Delta)_{-\delta_{\mathrm{T}}}^{0} \tag{2.8}$$

凹模
$$d_{\mathrm{A}} = (d_{\mathrm{T}} + Z_{\min})_{0}^{+\delta_{\mathrm{A}}} = (d_{\min} + x\Delta + Z_{\min})_{0}^{+\delta_{\mathrm{A}}} \tag{2.9}$$

(2) 落料。设冲裁件的落料尺寸为 $D_{-\Delta}^{0}$,根据刃口尺寸计算原则,落料时应首先确定凹模刃口尺寸。由于基准件凹模的刃口尺寸在磨损后会增大,因此应使凹模的基本尺寸接近工件轮廓的最小极限尺寸,再减小凸模尺寸以保证最小合理间隙值 $Z_{min}$。仍然是凸模取负偏差,凹模取正偏差。落料时各部分尺寸公差的分配位置如图2.15b所示。其计算公式如下:

凹模
$$D_{\mathrm{A}} = (D_{\max} - x\Delta)_{0}^{+\delta_{\mathrm{A}}} \tag{2.10}$$

凸模
$$D_{\mathrm{T}} = (D_{\mathrm{A}} - Z_{\min})_{-\delta_{\mathrm{T}}}^{0} = (D_{\max} - x\Delta - Z_{\min})_{-\delta_{\mathrm{T}}}^{0} \tag{2.11}$$

(3) 孔心距。当在同一工步冲出两个以上孔时,因为凹模磨损后孔距保持不变,故凹模孔的中心距按下式计算:

$$L_{\mathrm{A}} = (L_{\min} + 0.5\Delta) \pm \frac{\Delta}{8} \tag{2.12}$$

式中:$d_{\mathrm{A}}$、$d_{\mathrm{T}}$——冲孔凸、凹模尺寸,mm;

$D_{\mathrm{A}}$、$D_{\mathrm{T}}$——落料凸、凹模尺寸,mm;

$d_{\min}$——冲孔件的最小极限尺寸,mm;

$D_{\max}$——落料件的最大极限尺寸,mm;

$L_{\min}$——冲件中心距的最小极限尺寸,mm;

$L_{\mathrm{A}}$——凹模中心距,mm;

$\Delta$——冲裁件的公差,mm;

$\delta_{\mathrm{A}}$、$\delta_{\mathrm{T}}$——凹、凸模制造公差,见表2.16,mm;

$Z_{min}$——最小合理间隙，mm；

$x$——磨损系数，其值在 0.5～1 之间，与冲裁件的精度有关。可以直接按冲裁件的公差由表 2.17 得到，或按冲件的公差等级选取：

当工件公差为 IT10 以上时，取 $x=1$。

当工件公差为 IT11～IT13 时，取 $x=0.75$。

当工件公差为 IT14 以下时，取 $x=0.5$。

表 2.17 磨损系数

| 材料厚度 | 工件公差 | | | | |
|---|---|---|---|---|---|
| ≤1 | ≤0.16 | 0.17～0.35 | ≥0.36 | <0.16 | ≥0.16 |
| >1～2 | ≤0.20 | 0.21～0.41 | ≥0.42 | <0.20 | ≥0.20 |
| >2～4 | ≤0.24 | 0.25～0.49 | ≥0.50 | <0.24 | ≥0.24 |
| >4 | ≤0.30 | 0.31～0.59 | ≥0.60 | <0.30 | ≥0.30 |
| 磨损系数 | 非圆形 $x$ 值 | | | 圆形 $x$ 值 | |
|  | 1 | 0.75 | 0.5 | 0.75 | 0.5 |

该计算方法适合于圆形和规则形状的冲裁件，设计时应分别在凸、凹模图上标注刃口尺寸及制造公差。为了保证冲裁间隙不超过 $Z_{max}$，即 $\delta_T + \delta_A + Z_{min} \leq Z_{max}$，$\delta_A$ 和 $\delta_T$ 的选取必须满足以下条件：

$$\delta_T + \delta_A \leq Z_{max} - Z_{min} \quad (2.13)$$

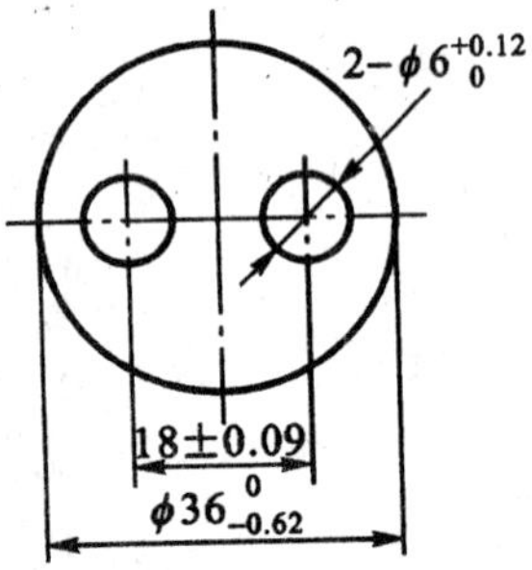

若上式不成立，则应提高模具的制造精度，以减少 $\delta_A$ 和 $\delta_T$。

凸、凹模按互换分别加工法的优点是：凸、凹模具有互换性，制造周期短，便于成批制造。其缺点是：为了保证初始间隙在合理范围内，需要提高模具的制造精度，以减少 $\delta_A$ 和 $\delta_T$。所以模具制造成本相对较高，模具形状复杂时并不适用。

**例 2.1** 冲制图 2.16 所示零件，材料为 Q235 钢，料厚 $t=0.5$ mm。计算冲裁凸、凹模刃口尺寸及公差。

**解：** 由图可知，该零件属于无特殊要求的一般冲孔、落料。外形 $\phi 36_{-0.62}^{0}$ mm 由落料获得，$2-\phi 6_{0}^{+0.12}$ mm 和 $18\pm0.09$ 由冲孔同时获得。

图 2.16 零件图

查表 2.3，$Z_{min} = 0.04$ mm，$Z_{max} = 0.06$ mm $\Rightarrow Z_{max} - Z_{min} = (0.06 - 0.04)$ mm $= 0.02$ mm

查表 2.17，$2-\phi 6_{0}^{+0.12} \Rightarrow x = 0.75$；$\phi 36_{-0.62}^{0} \Rightarrow x = 0.5$

设凸、凹模分别按 IT6 和 IT7 级加工制造，则

冲孔：$d_T = (d_{min} + x\Delta)_{-\delta_T}^{0} = (6 + 0.75 \times 0.12)_{-0.008}^{0}$ mm $= 6.09_{-0.008}^{0}$ mm

$d_A = (d_T + Z_{min})_{0}^{+\delta_A} = (6.09 + 0.04)_{0}^{+0.012}$ mm $= 6.13_{0}^{+0.012}$ mm

校核：$|\delta_\mathrm{T}|+|\delta_\mathrm{A}| \leq Z_\mathrm{max}-Z_\mathrm{min} \Rightarrow 0.008+0.012 \leq 0.06-0.04 \Rightarrow 0.02=0.02$，满足该条件

孔距尺寸：$L_\mathrm{A} = (L_\mathrm{min}+0.5\Delta) \pm 0.125\Delta$
$\qquad\qquad\quad = \{[(18-0.09)+0.5\times 0.18] \pm 0.125\times 0.18\}\,\mathrm{mm} = (18\pm 0.023)\,\mathrm{mm}$

冲孔：$D_\mathrm{A} = (D_\mathrm{max}-x\Delta)_0^{+\delta_\mathrm{A}} = (36-0.5\times 0.62)_0^{+0.025}\,\mathrm{mm} = 35.69_0^{+0.025}\,\mathrm{mm}$

$\qquad D_\mathrm{T} = (D_\mathrm{A}-Z_\mathrm{min})_{-\delta_\mathrm{T}}^0 = (35.69-0.04)_{-0.016}^0\,\mathrm{mm} = 35.65_{-0.016}^0\,\mathrm{mm}$

校核：0.016+0.025=0.041>0.02（不能满足间隙公差条件）

因此，只有缩小 $\delta_\mathrm{T}$、$\delta_\mathrm{A}$，提高制造精度，才能保证间隙在合理范围内，由此可取：
$\delta_\mathrm{T} \leq 0.4(Z_\mathrm{max}-Z_\mathrm{min})=0.4\times 0.02=0.008\,\mathrm{mm}$；$\delta_\mathrm{A} \leq 0.6(Z_\mathrm{max}-Z_\mathrm{min})=0.6\times 0.02=0.012\,\mathrm{mm}$

故：$D_\mathrm{A} = 35.69_0^{+0.012}\,\mathrm{mm}$，$D_\mathrm{T} = 35.65_{-0.008}^0\,\mathrm{mm}$

### 3. 凸、凹模按单配加工时刃口尺寸的计算

对于形状复杂或薄料冲裁件，为保证凸、凹模之间的合理间隙值，必须采用配合加工方式。即首先加工凸、凹模中的一件作为基准件，然后以选定的间隙配合加工另一件。采用配合加工方式，允许在加工基准件时适当放宽公差，降低模具加工难度。

对于形状复杂的冲裁件各部分的尺寸性质不同，于是凸、凹模的磨损情况也不同。因此基准件的刃口尺寸需按不同的方法计算。

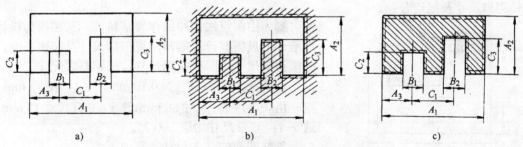

a)工件尺寸　b)落料凹模尺寸　c)冲孔凸模尺寸

图 2.17　工件与落料凹模和冲孔凸模尺寸

图 2.17b 为落料件，计算时应以凹模为基准件，但凹模的磨损情况分为三类：

（1）第一类是凹模磨损后增大的尺寸，即图中的 $A$ 类尺寸；

（2）第二类是凹模磨损后减小的尺寸，即图中的 $B$ 类尺寸；

（3）第三类是凹模磨损后保持不变的尺寸，即图中的 $C$ 类尺寸。

图 2.17c 为冲孔件，应以凸模为基准件，可根据凸模的磨损情况，按图示方式将尺寸分为 $A$、$B$、$C$ 三类。当凸模磨损后，其尺寸的增减情况也是 $A$ 类尺寸增大、$B$ 类尺寸减小、$C$ 类尺寸保持不变的规律。这样，对于形状复杂的落料和冲孔，其基准件的刃口尺寸均可

按如下的方法计算。

A 类：
$$A_j = (A_{max} - x\Delta)_0^{+\frac{\Delta}{4}} \quad (2.14)$$

B 类：
$$B_j = (B_{min} + x\Delta)_{-\frac{\Delta}{4}}^0 \quad (2.15)$$

C 类：
$$C_j = (C_{min} + \frac{1}{2}x) \pm \frac{\Delta}{8} \quad (2.16)$$

式中：$A_j$、$B_j$、$C_j$——基准件基本尺寸，mm；
　　　$A_{max}$、$B_{min}$、$C_{min}$——工作件的极限尺寸，mm；
　　　$\Delta$——工件公差，mm。

采用配合加工方式，模具设计时需注明基准件的尺寸及公差要求，配制件只标注基本尺寸，注明其公差按基准件实际尺寸配制。目前，一般工厂大多采用此种加工方法，此方法加工出的凸、凹模不能互换。

**例 2.2**　如图 2.18 所示的落料件，其中 $a = 80_{-0.42}^0$ mm，$b = 40_{-0.34}^0$ mm，$c = 35_{-0.34}^0$ mm，$d = 22 \pm 0.14$ mm，$e = 15_{-0.12}^0$ mm，板料厚度 $t=1$ mm，材料为 10 号钢。试计算冲裁件的凸模、凹模刃口尺寸及制造公差。

**解**　由图可知该冲裁件属落料件，选凹模为设计基准件，只需要计算落料凹模刃口尺寸及制造公差，凸模刃口尺寸由凹模实际尺寸按间隙要求配作。

由表 2.3 查得：$Z_{min} = 0.10$ mm，$Z_{max} = 0.14$ mm。

由表 2.17 得：尺寸 80 mm，选 $x = 0.5$；尺寸 15 mm，选 $x=1$；其余尺寸均选 $x=0.75$。

落料凹模的基本尺寸计算如下：

第一类尺寸：磨损后增大的尺寸

$$a_A = (80 - 0.5 \times 0.42)_0^{+\frac{1}{4} \times 0.42} \text{ mm} = 79.79_0^{+0.105} \text{ mm}$$

$$b_A = (40 - 0.75 \times 0.34)_0^{+\frac{1}{4} \times 0.34} \text{ mm} = 39.75_0^{+0.085} \text{ mm}$$

$$c_A = (35 - 0.75 \times 0.34)_0^{+\frac{1}{4} \times 0.34} \text{ mm} = 34.75_0^{+0.085} \text{ mm}$$

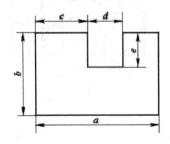

图 2.18　复杂形状冲裁件的尺寸分类

第二类尺寸：磨损后减小的尺寸

$$d_A = (22 - 0.14 + 0.75 \times 0.28)_{-\frac{1}{4} \times 0.28}^0 \text{ mm} = 22.07_{-0.070}^0 \text{ mm}$$

第三类尺寸：磨损后基本不变的尺寸

$$e_A = (15 - 0.5 \times 0.12) \pm \frac{1}{8} \times 0.12 \text{ mm} = 14.94 \pm 0.015 \text{ mm}$$

落料凸模的基本尺寸与凹模相同,分别是 79.79 mm,39.75 mm,34.75 mm,22.07 mm,14.94 mm,不必标注公差,但要在技术条件中注明:凸模实际刃口尺寸与落料凹模配制,保证最小双面合理间隙值 $Z_{min} = 0.10$ mm,如图 2.19 所示。

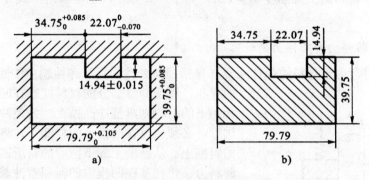

a)落料凹模尺寸　b)落料凸模尺寸

图 2.19　复杂形状冲裁件的尺寸分类

## 2.1.6　冲裁力及相关计算

### 1. 冲裁力的计算

冲裁力是冲裁过程中凸模对板料施加的压力,它是随凸模进入材料的深度(凸模行程)而变化的,如图 2.20 所示。从图中所示冲裁力-凸模行程曲线可明显看出冲裁变形过程的三个阶段。图中 OA 段是冲裁的弹性变形阶段;AB 段是塑性变形阶段,B 点为冲裁力的最大值,此点材料开始剪裂,BC 段为微裂纹扩展直至材料分离的断裂阶段,CD 段主要是用于克服摩擦力将冲件推出凹模孔口时所需的力。通常说的冲裁力是指冲裁力的最大值,即 $F_{max}$,它是选用压力机和模具设计的重要依据之一。

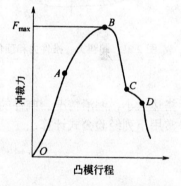

图 2.20　冲裁力-凸模行程曲线

用普通平刃口模具冲裁时,其冲裁力 F 一般按下式计算:

$$F = KA\tau = KLt\tau \tag{2.17}$$

式中:F——冲裁力,N;
　　　A——冲裁面积,$mm^2$;
　　　L——冲裁断面周长,mm;

$t$——板料厚度，mm；

$\tau$——材料抗剪切强度，MPa；

$K$——系数，考虑到实际生产中，模具间隙值的波动和不均匀、刃口的磨损、板料力学性能和厚度波动等因素的影响而给出的修正系数，一般取 $K=1.3$。

一般情况下，材料的抗拉强度 $\sigma_b \approx 1.3\tau$，为了计算方便，也可以用下式计算冲裁力：

$$F = Lt\sigma_b \tag{2.18}$$

2. 卸料力、推件力和顶件力的计算

在冲裁结束时，由于材料的弹性回复（包括径向弹性回复和弹性翘曲的回复）及摩擦的存在，将使冲落部分的材料梗塞在凹模内，而冲裁剩下的材料则紧箍在凸模上。为使冲裁工作继续进行，必须将箍在凸模上的料卸下，将卡在凹模内的料推出。从凸模上卸下箍着的料所需要的力称为**卸料力**；将梗塞在凹模内的料顺着冲裁方向推出所需要的力称**推件力**；逆冲裁方向将料从凹模内顶出所需要的力称**顶件力**，如图 2.21 所示。

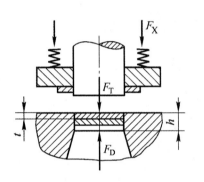

图 2.21 卸料力、推件力和顶件力

卸料力、推件力和顶件力是由压力机和模具卸料装置或顶件装置传递的，其中卸料力和顶件力是选择卸料装置和弹顶器的橡皮或弹簧的依据。所以在选择设备的公称压力或设计冲模时，应分别予以考虑。影响这些力的因素较多，主要有材料的力学性能、材料的厚度、模具间隙、凹模洞口的结构、搭边大小、润滑情况、制件的形状和尺寸等。所以要准确地计算这些力是困难的，生产中常用下列经验公式计算：

$$F_X = K_X F \tag{2.19}$$

$$F_T = nK_T F \tag{2.20}$$

$$F_D = K_D F \tag{2.21}$$

式中：$F$——冲裁力；

$K_X$、$K_T$、$K_D$——分别为卸料力、推料力和顶件力系数，参见表 2.18；

$n$——堵塞在凹模内的冲件数（$n=h/t$）；

$h$——凹模直壁口的高度；

$t$——板料斜度。

表 2.18 卸料力、推料力和顶件力系数

| 材料厚度 $t$/mm | | $K_X$ | $K_T$ | $K_D$ |
|---|---|---|---|---|
| 钢 | ≤1 | 0.06～0.09 | 0.1 | 0.14 |
| | >0.1～0.5 | 0.04～0.07 | 0.065 | 0.08 |
| | >0.5～2.5 | 0.025～0.06 | 0.05 | 0.06 |
| | >2.5～6.5 | 0.02～0.05 | 0.045 | 0.05 |
| | >6.5 | 0.015～0.04 | 0.025 | 0.03 |
| 铝、钢 | | 0.03～0.08 | 0.03～0.07 | |
| 纯铜、黄铜 | | 0.02～0.06 | 0.03～0.09 | |

注：卸料力系数 $K_X$，在冲多孔、大搭边和轮廓复杂制件时取上限值。

3. 压力机所需冲压力的计算

压力机的公称压力必须大于或等于各种冲压工艺力的总和 $F_Z$。$F_Z$ 的计算应根据不同的模具结构分别对待。

采用弹性卸料装置和下出料方式的冲裁模时：

$$F_Z = F + F_X + F_T \tag{2.22}$$

采用弹性卸料装置和上出料方式的冲裁模时：

$$F_Z = F + F_X + F_D \tag{2.23}$$

采用刚性卸料装置和下出料方式的冲裁模时：

$$F_Z = F + F_T \tag{2.24}$$

4. 降低冲裁力的措施

当板料较厚或冲裁件较大使得所产生的冲裁力过大或压力机吨位不够时，或为使冲裁过程平稳以减少压力机振动，常用下列方法来降低冲裁力。

（1）阶梯凸模冲裁

在多凸模的冲模中，将凸模设计成不同长度，使工作端面呈阶梯式布置，如图 2.22 所示，这样，各凸模冲裁力的最大峰值不同时出现，从而达到降低冲裁力的目的。

各凸模间的高度差 $H$ 与板料厚度 $t$ 有关。对薄料（$t$<3 mm）时，取 $H=t$；对厚料（$t$>3 mm），取 $H=0.5t$。同时，各层之间的布置要尽量对称，使模具受力平衡。

在几个凸模直径相差较大，相距又很近的情况下，阶梯布置凸模，将小凸模做短，可以避免小直径凸模由于承受材料流动的侧压力而产生折断或倾斜现象。阶梯冲裁的缺点是修磨刃口比较麻烦。

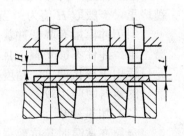

图 2.22 阶梯凸模冲裁

（2）斜刃冲裁

用平刃口模具冲裁时，沿刃口整个周边同时冲切材料，故冲裁力较大。若将凸模（或凹模）刃口平面做成与其轴线倾斜一个角度的斜刃，则冲裁时刃口就不是全部同时切入，而是逐步地将材料切离，这样就相当于把冲裁件整个周边长分成若干小段进行剪切分离，因而能显著降低冲裁力。

斜刃冲裁时，会使板料产生弯曲。因而，斜刃配置的原则是：必须保证工件平整，只允许废料发生弯曲变形。因此，落料时凸模应为平刃，将凹模作成斜刃，如图 2.23a、b 所示。冲孔时则凹模应为平刃，凸模为斜刃，如图 2.23c、d、e 所示。斜刃还应当对称布置，以免冲裁时模具承受单向侧压力而发生偏移，啃伤刃口，如图 2.23a～e 所示。向一边斜的斜刃，只能用于切舌或切开，如图 2.23f 所示。

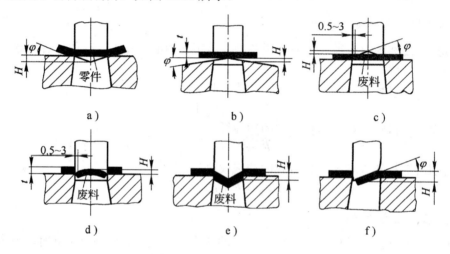

图 2.23 斜刃冲裁

应当指出，刃口倾斜程度 $H$ 越大，冲裁力越小，但凸模需进入凹模就越深，板料弯曲越严重。一般取 $H$ 值为：当 $t<3$ mm 时，$H=2t$；当 $t=3～10$ mm 时，$H=t$。

斜刃冲模虽有降低冲裁力使冲裁过程平稳的优点，但模具制造复杂，刃口易磨损，修磨困难，冲件不够平整，且不适于冲裁外形复杂的冲件，因此在一般情况下尽量不用。因此只适用于形状简单、精度要求不高、形状不太厚的大件冲裁，在汽车、拖拉机等大型覆盖件的落料中应用较多。

（3）加热冲裁

金属在常温时其抗剪强度是一定的，但是，当金属材料加热到一定的温度之后，其抗剪强度显著降低，所以加热冲裁能降低冲裁力。表 2.19 给出了钢材在不同加热温度下的抗剪强度。由表可知，将钢材加热到 700～900 ℃，冲裁力只及常温的 1/3 甚至更小。但加热冲裁易破坏工件表面质量，同时会产生热变形，精度低，只适用于精度要求不高的厚料冲裁。

表2.19  钢在加热状态的抗剪强度（MPa）

| 材　料 | 加热温度/°C | | | | | |
|---|---|---|---|---|---|---|
| | 200 | 500 | 600 | 700 | 800 | 900 |
| Q195、Q215、10、15 | 360 | 320 | 200 | 110 | 60 | 30 |
| Q235、Q255、20、25 | 450 | 450 | 240 | 130 | 90 | 60 |
| Q275、30、35 | 530 | 520 | 330 | 160 | 90 | 70 |
| 40、45、50 | 600 | 580 | 380 | 190 | 90 | 70 |

**5. 冲模压力中心的确定**

模具的压力中心就是冲压力合力的作用点。为了保证压力机和模具的正常工作，应使模具的压力中心与压力机滑块的中心线相重合。否则，冲压时滑块就会承受偏心载荷，导致滑块导轨和模具导向部分不正常的磨损，还会使合理间隙得不到保证，从而影响制件质量和降低模具寿命甚至损坏模具。在实际生产中，可能会出现由于冲件的形状特殊或排样特殊，从模具结构设计与制造考虑不宜使压力中心与模柄中心线相重合的情况，这时应注意使压力中心的偏离不致超出所选用压力机允许的范围。

（1）简单几何图形压力中心的位置

① 对称冲件的压力中心，位于冲件轮廓图形的几何中心上，图2.24a、b；

② 冲裁直线段时，其压力中心位于直线段的中心；

③ 冲裁圆弧线段时，其压力中心的位置，如图2.24c，按下式计算：

$$x_0 = \frac{r\sin\alpha}{\alpha} \tag{2.25}$$

式中：$\alpha$——以弧度记的圆弧张角。

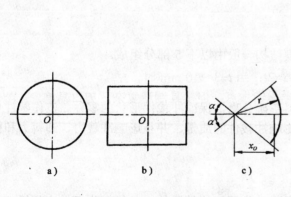

a)、b)压力中心位于几何中心　c)压力中心位于角平分线上

图2.24　圆弧线段的压力中心

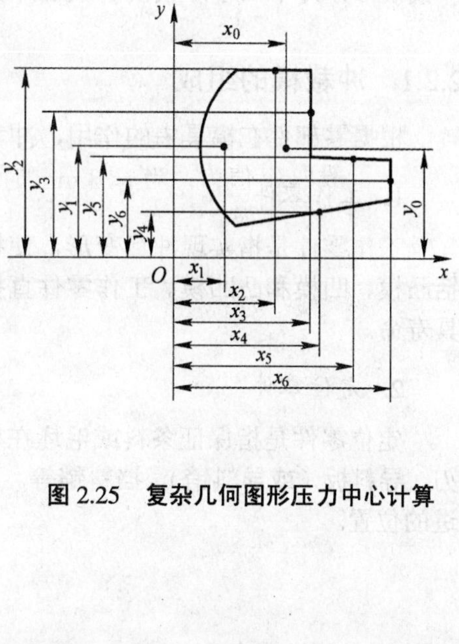

图2.25　复杂几何图形压力中心计算

(2)复杂几何图形压力中心的位置(图 2.25)

可根据力学中力矩平衡原理进行计算,即各分力对某坐标轴力矩之和等于其合力对该坐标轴的力矩,其计算步骤如下:

① 根据排样方案,按比例画出排样图(或工件的轮廓图);

② 根据排样图,选取特征点为原点建立坐标系 $x$、$y$(或任选坐标系 $x$、$y$,选取坐标轴不同,则压力中心位置也不同);

③ 将工件分解成若干基本线段 $l_1$、$l_2$、…$l_n$,并确定各线段长度(因冲裁力与轮廓线长度成正比关系,故用轮廓线长度代替 P);

④ 确定各线段长度几何中心的坐标 $(x_i,\ y_i)$。

计算各基本线段的重心到 y 轴的距离 $x_1$、$x_2$、…$x_n$ 和到 x 轴的距离 $y_1$、$y_2$、…$y_n$,则根据力矩原理可得压力中心的计算公式为:

$$x_0 = \frac{l_1 x_1 + l_2 x_2 + \cdots + l_n x_n}{l_1 + l_2 + \cdots + l_n}$$
$$y_0 = \frac{l_1 y_1 + l_2 y_2 + \cdots + l_n y_n}{l_1 + l_2 + \cdots + l_n}$$

(2.26)

## 2.2 冲裁模的基本类型与结构

冲裁是冲压最基本的工艺方法之一。其模具的种类很多。按照不同的工序组合方式,冲裁模可分为单工序冲裁模,级进冲裁模和复合冲裁模。

### 2.2.1 冲裁模的组成

根据零部件在模具中的作用,冲裁模结构一般由以下 5 部分组成。

1. 工作零件

工作零件是指实现冲裁变形,使材料正确分离,保证冲裁件形状的零件。工作零件包括凸模、凹模和凸凹模。工作零件直接影响冲裁件的质量,并且影响冲裁力、卸料力和模具寿命。

2. 定位零件

定位零件是指保证条料或毛坯在模具中的位置正确的零件。包括定位钉、定位板、侧刃、导料板(或导料销)、挡料销等。导料板对条料送进起导向作用,挡料销起限制条料送进的位置。

3. 压料、卸料及推件零件

压料零件起压紧条料的作用。卸料及推件零件是指将冲裁后由于弹性恢复而卡在凹模孔内或箍在凸模上的工件或废料脱卸下来的零件。卡在凹模孔内的工件,是利用凸模在冲裁时一个接一个地从凹模孔推落或由顶件装置顶出凹模。箍在凸模上的废料或工件,由卸料板卸下。

4. 导向零件

导向零件是保证上模对下模正确位置和运动的零件。一般由导板、导套和导柱组成。采用导向装置可以保证冲裁时,凸模和凹模之间的间隙均匀,有利于提高冲裁件质量和模具寿命。

5. 连接固定零件

连接固定零件是指将凸、凹模固定于上、下模座,以及将上、下模固定在压力机上的零件。包括模座、模柄、凸、凹模固定板和垫板等。冲裁模的典型结构一般由上述五部分零件组成,但不是所有的冲裁模都包含这五部分零件,如结构比较简单的开式冲模,上、下模就没有导向装置零件。冲模的结构取决于工件的要求、生产批量、生产条件和模具制造技术水平等多种因素,因此冲模结构是多种多样的,作用相同的零件其形式也不尽相同。

## 2.2.2 单工序冲裁模

**单工序冲裁模**又称简单冲裁模,这种冲裁模工作时,冲床每一次行程只完成单一的冲压工序。

1. 无导向单工序冲裁模

图 2.26 是无导向简单落料模。该冲裁模的结构主要由:工作零件凸模 2 和凹模 5,定位零件为两个导料板 4 和定位板 7,导料板对条料送进起导向作用,定位板是限制条料的送进距离。卸料零件为两个固定卸料板 3,支承零件为上模座(带模柄)1 和下模座 6 等零件组成。此外还有起连接紧固作用的螺钉和销钉等。

该模具的冲裁过程如下:条料沿导料板送至定位板后,上模在压力机滑块带动下,使凸模进入凹模孔实现冲裁,分离后的冲件积存在凹模洞口中被凸模依次推出。箍在凸模上的废料由固定卸料板刮下。照此循环,完成冲裁工作。

该模具具有一定的通用性,通过更换凸模和凹模,调整导料板、定位板和卸料板位置,可以冲裁不同冲件。另外,改变定位零件和卸料零件的结构,还可用于冲孔,即成为冲孔模。无导向冲裁模的特点是结构简单、质量轻、尺寸小、制造简单、成本低,但使用时安装调整间隙麻烦,冲裁件质量差,模具寿命低,操作不够安全。因此无导向简单冲裁模适用于冲裁精度要求不高、批量小的冲裁件。

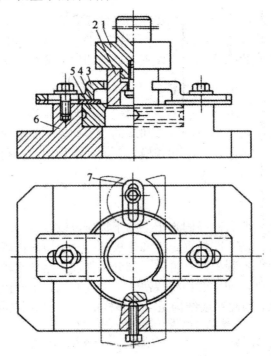

1—带模柄上模座；2—凸模；3—固定卸料板；4—导料板；5—凹模；6—下模座；7—定位板

图 2.26  无导向单工序冲裁模

2. 导板式单工序冲裁模

图 2.27 为导板式简单落料模。其上、下模的导向是依靠导板 9 与凸模 5 的间隙配合（一般为 H7/h6）进行的，故称**导板模**。

冲模的工作零件为凸模 5 和凹模 13；定位零件为导料板 10 和固定挡料销 16、始用挡料销 20；导向零件是导板 9（兼起固定卸料板作用）；支承零件是凸模固定板 7、垫板 6、上模座 3、模柄 1、下模座 15；此外还有紧固螺钉、销钉等。

根据排样的需要，这副冲模的固定挡料销所设置的位置对首次冲裁起不到定位作用，为此采用了始用挡料销 20。在首件冲裁之前，用手将始用挡料销压入以限定条料的位置，在以后各次冲裁中，放开始用挡料销，始用挡料销被弹簧弹出，不再起挡料作用，而靠固定挡料销对条料定位。

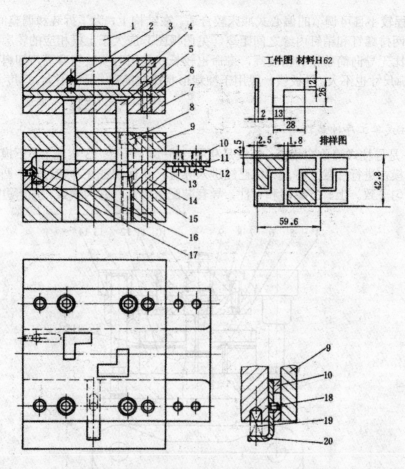

1—模柄；2—止动销；3—上模座；4、8—内六角螺钉；5—凸模；6—垫板；7—凸模固定板；9—导板；
10—导料板；11—承料板；12—螺钉；13-凹模；14—圆柱销；15—下模座；16—固定挡料销；
17—止动销；18—限位销；19—弹簧；20—始用挡料销

图 2.27 导板式简单落料模

这副冲模的冲裁过程如下：当条料沿导料板 10 送到始用挡料销 20 时，凸模 5 由导板 9 导向而进入凹模，完成了首次冲裁，冲下一个零件。条料继续送至固定挡料销 16 时，进行第二次冲裁，第二次冲裁时落下两个零件。此后，条料继续送进，其送进距离就由固定挡料销 16 来控制了，而且每一次冲压都是同时落下两个零件，分离后的零件靠凸模从凹模洞口中依次推出。

这种冲模的主要特征是凸、凹模的正确配合是依靠导板导向。为了保证导向精度和导板的使用寿命，工作过程不允许凸模离开导板，为此，要求压力机行程较小。根据这个要求,选用行程较小且可调节的偏心式冲床较合适。在结构上,为了拆装和调整间隙的方便,固定导板的两排螺钉和销钉内缘之间距离(见俯视图)应大于上模相应的轮廓宽度。

导板模比无导向简单模的精度高,寿命也较长,使用时安装较容易,卸料可靠,操作较安全,轮廓尺寸也不大。导板模一般用于冲裁形状比较简单、尺寸不大、厚度大于 0.3 mm 的冲裁件。

3. 导柱式单工序冲裁模

图 2.28 是导柱式简单冲裁模。该模是利用导柱 14 和导套 13 实现上、下模精确导向定位。凸、凹模在进行冲裁之前,导柱已经进入导套,从而保证在冲裁过程中凸模和凹模之间的间隙均匀一致。上、下模座和导柱、导套装配组成部件称为**模架**。

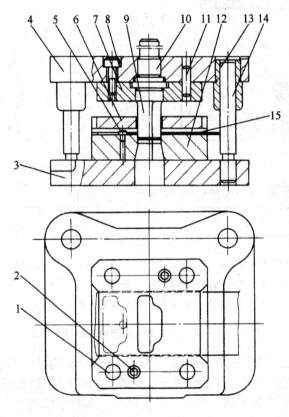

1、9—螺钉;2、11—圆柱销;3—下模座;4—上模座;5—定位销;6—卸料板;
7—凸模固定板;8—凹模;10—模柄;12—螺钉;13—导套;14—导柱;15—导料板

图 2.28 导柱式简单落料模

这种模具的结构特点是：导柱与模座孔为 H7/r6（或 R7/h6）的过盈配合；导套与上模座孔也为 H7/r6 过盈配合。其主要目的是防止工作时导柱从下模座孔中被拔出和导套从上模座中脱落下来。为了使导向准确和运动灵活，导柱与导套的配合采用 H7/h6 的间隙配合。冲模工作时，条料靠导料板 15 和固定挡料销 5 实现正确定位，以保证冲裁时条料上的搭边值均匀一致。这副冲模采用了刚性卸料板 6 卸料，冲出的工件在凹模空洞中，由凸模逐个顶出凹模直壁处，实现自然卸料。

由于导柱式冲裁模导向准确可靠，并能保证冲裁间隙均匀稳定，因此，冲裁件的精度比用导板模冲制的工件精度高，冲模使用寿命长，而且在冲床上安装使用方便。与导板冲模相比，敞开性好、视野广、便于操作、卸料板不再起导向作用，只用来卸料。

导柱式冲模目前使用较为普遍，适合大批量生产。导柱式冲模的缺点是：冲模外形轮廓尺寸较大，结构较为复杂，制造成本高，目前各工厂逐渐采用标准模架，这样可以大大减少设计时间和制造周期。模架标准查国标 GB/T 2851－1990、GB/T 2852－1990。

### 2.2.3 级进冲模

级进模是一种工位多、效率高的冲模。整个冲件的成形是在连续过程中逐步完成的。连续成形是工序集中的工艺方法，可使切边、切口、切槽、冲孔、塑性成形、落料等多种工序在一副模具上完成。根据冲压件的实际需要，按一定顺序安排了多个冲压工序（在级进模中称为工位）进行连续冲压。它不但可以完成冲裁工序，还可以完成成形工序，甚至装配工序，许多需要多工序冲压的复杂冲压件可以在一副模具上完全成形，为高速自动冲压提供了有利条件。

由于级进模工位数较多，因而用级进模冲制零件，必须解决条料或带料的准确定位问题，才有可能保证冲压件的质量。根据级进模定位零件的特征，级进模有以下几种典型结构。

1. 固定挡料销和导正销定位的级进模

图 2.29 是冲制垫圈的冲孔、落料级进模。冲模的工作零件包括冲孔凸模 3、落料凸模 4、凹模 7，定位零件包括导料板 5（与导板为一整体）、始用挡料销 10、固定挡料销 8、切正销 6。工作时，用手按入始用挡料销限定条料的初始位置，进行冲孔。始用挡料销在弹簧作用下复位后，条料再送进一个步距，以固定挡料销粗定位，落料时以装在落料凸模端面上的导正销进行精定位，保证零件上的孔与外圆的相对位置精度。在落料的同时，在冲孔工位上又冲出孔，这样连续进行冲裁直至条料或带料冲完为止。采用这种级进模，当冲压件的形状不适合用导正销定位时（孔径太小或孔距太小等）可在条料上的废料部分冲出工艺孔，利用装在凸模固定板上的导正销进行导正。

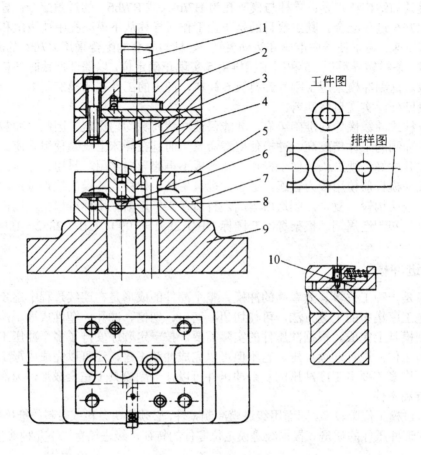

1—模柄；2—上模座；3—冲孔凸模；4—落料凸模；5—导板兼导料板；
6—导正销；7—凹模；8—固定挡料销；9—下模座；10—使用挡料销

图 2.29 挡料销和导正销定位的级进模

2. 侧刃定距的级进模

图 2.30 是双侧刃定距的冲孔落料级进模。它以侧刃 16 代替了始用挡料销、挡料销和导正销控制条料送进距离（进距俗称步距）。侧刃是特殊功用的凸模，其作用是在压力机每次冲压行程中，沿条料边缘切下一块长度等于步距的料边。由于沿送料方向上，在侧刃前后，两导料板间距不同，前宽后窄形成一个凸肩，所以条料上只有切去料边的部分方能通过，通过的距离即等于步距。为了减少料尾损耗，尤其工位较多的级进模，可采用两个侧

刃前后对角排列。由于该模具冲裁的板料较薄（0.3 mm），所以选用弹压卸料方式。

在实际生产中，对于精度要求高的冲压件和多工位的级进冲裁，采用了既有侧刃（粗定位）又有导正销定位（精定位）的级进模。

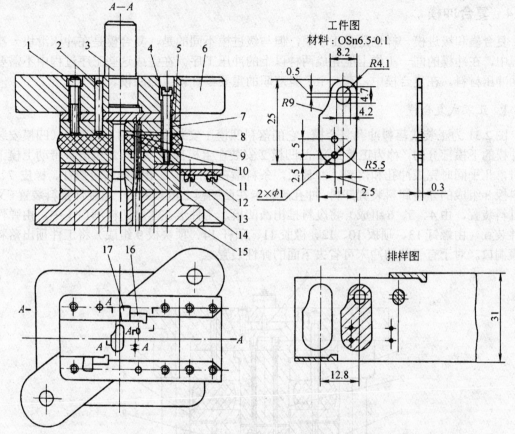

1—内六角螺钉；2—销钉；3—模柄；4—卸料螺钉；5—垫板；6—上模座；
7—凸模固定板；8、9、10—凸模；11—导料板；12—承料板；13—卸料板；
14—凹模；15—下模座；16—侧刃；17—侧刃挡块

**图 2.30 双侧刃定距的冲孔落料级进模**

总之，级进模比单工序模生产率高，减少了模具和设备的数量，工件精度较高，便于操作和实现生产自动化。对于特别复杂或孔边距较小的冲压件，用简单模或复合模冲制有困难时，可用级进模逐步冲出。但级进模轮廓尺寸较大，制造较复杂，成本较高，一般适用于大批量生产小型冲压件。

## 2.2.4 复合冲模

复合模和级进模一样也是多工序模，但与级进模不同的是，复合模是在冲床滑块一次行程中，在冲模的同一工位上能完成两种以上的冲压工序。在完成这些工序过程中不需要移动冲压材料。在复合模中，有一个一身双职的重要零件就上凸凹模。

### 1. 正装式复合模

图 2.31 为正装式落料冲孔复合模。它的落料凹模 1 安装在冲模的下模部分（凹模安装在冲模的下模部分的，称为**正装式**），凸凹模 2 安装在上模部分。当压力机滑块带动上模下移时，几乎同时完成冲孔和落料。冲裁后，条料箍在凸凹模 2 上，由卸料螺钉、橡皮 7、卸料板 8 组成的弹性卸料装置卸料；冲孔废料卡在凸凹模 2 的模孔内，由硬性推料装置（又称打料装置，由 4、5、6 组成）将废料推出凸凹模，工件卡在落料凹模洞口 1 中，由弹性顶件装置（由螺钉 13、顶板 10、12、橡胶 11、顶杆 14、顶块板 9 组成）将工件顶出落料凹模洞口。对于有气垫的冲床可省去下面的弹性装置。

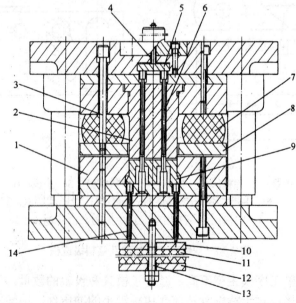

1—落料凹模；2—凸凹模；3—卸料螺钉；4、5、6—推料装置；7、11—橡胶；
8—卸料板；9—顶件块；10、12—顶板；13—螺钉；14—顶杆

**图 2.31 正装式落料冲孔复合模**

正装式复合模冲裁的工件和废料最终都落在下模的表面上，因此，必须清除后才能进行下一次的冲裁。正装式复合模这一特点，给操作带来不便，也不安全。特别是对冲多孔工件不宜采用这种结构。但是由于冲裁时条料被凸凹模和弹性顶件装置压紧，使冲出的工件比较平整，适于冲裁工件平直度要求较高或冲裁时易弯曲的大而薄的工件。

2. 倒装复式合模

图2.32为倒装式复合模的典型结构，它的落料凹模装在上模部分，凸凹模装在下模部分。冲裁后条料箍在凸凹模上，工件卡在上模中的落料凹模内，冲孔废料由凸凹模洞口中自然落下。箍在凸凹模上的条料由弹压卸料装置卸下。弹性卸料装置由卸料螺钉19、弹簧3和卸料板17组成。卡在落料凹模内的工件由硬性推件装置推出。硬性推件装置由打杆9、推板8、连接杆7和推件块6组成，当上模随压力机滑块一起上升到某一位置时，打杆9上端与压力机横梁相碰，而不能随上模继续上升，上模继续上升时，打杆9将力传递给推件块6将工件从凹模孔内卸下。然后，可利用导料机构或吹料机构将工件移出冲模的下表面，而不影响下一次冲裁的进行。条料的送进定位是靠导料销16和活动挡料销4来完成的。该活动挡料销下面设有弹簧3，坐落在凸凹模固定板1上。冲裁时，活动挡料销被落料凹模5压进卸料板17内，当上模离开后，活动挡料销在弹簧3的作用下，又被顶出卸料板表面，可实现重新定位。

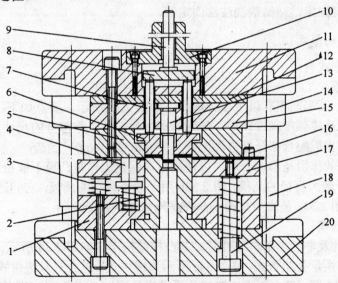

1、15—固定板；2—凸凹模；3—弹簧；4—活动挡料销；5—凹模；6—推件块；7—连接推杆；8—推板；9—打杆；10—模柄；11—上模座；12—垫板；13—凸模；14—导套；16—导料销；17—卸料板；18—导柱；19—卸料螺钉；20—下模座

图2.32 倒装式落料冲孔复合模

复合模生产率较高，冲裁件的内孔与外缘的相对位置精度高，板料的定位精度要求比级进模低，冲模的轮廓尺寸小。但复合模的结构复杂，制造精度要求高。复合模主要用于生产批量大、精度要求高的冲裁件。

## 2.3 冲模零部件的结构设计

尽管各类冲裁模的结构形式和复杂程度不同，组成模具的零件有多有少，但冲裁模的主要零部件均已经标准化，通过对主要零部件的结构分析后，便可以直接从标准中选取。本节对该类零件做简要描述，设计时可参阅相关资料。

### 2.3.1 凸模的结构设计

由于冲件的形状和尺寸不同，冲模的加工以及装配工艺等实际条件亦不同，所以在实际生产中使用的凸模结构形式很多。其截面形状有圆形和非圆形；刃口形状有平刃和斜刃等；结构有整体式、镶拼式、阶梯式、直通式和带护套式等。凸模的固定方法有台肩固定、铆接、螺钉和销钉固定，粘结剂浇注法固定等。

1. 凸模的结构形式

凸模的主要形式有：

（1）圆形凸模

按标准规定，圆形凸模有以下 3 种形式，如图 2.33 所示。要点如下：
① 台阶式的凸模强度刚性较好，装配修磨方便，其工作部分的尺寸由计算而得；
② 与凸模固定板配合部分按过渡配合（H7/m6 或 H7/n6）制造；
③ 最大直径的作用是形成台肩，以便固定，保证工作时凸模不被拉出。

图 2.33a 用于较大直径的凸模，图 2.33b 用于较小直径的凸模，它们适用于冲裁力和卸料力大的场合。图 2.33c 是快换式的小凸模，维修更换方便。

（2）非圆形凸模

冲裁非圆形孔及非圆形落料工件时，其凸模结构形式如图 2.34 所示。图 2.34a 所示为整体式，图 2.34b 所示为组合式，图 2.34c 所示为镶拼式。组合式及镶拼式凸模的基体部分可采用普通钢如 45 钢，仅在工作刃口部分采用模具钢如 Cr12、T10A 制造，从而节约优质材料，降低模具成本。

（3）大、中型凸模

大、中型的冲裁凸模，有整体式和镶拼式两种。图 2.35a 是大、中型整体式凸模，直接用螺钉、销钉固定。图 2.35b 为镶拼式的，它不但节约贵重的模具钢，而且减少锻造、热处理和机械加工的困难，因而大型凸模宜采用这种结构。

在厚板料上冲小孔时，为避免凸模在冲裁时折断，可在凸模外加装保护套，如图 2.36 所示。凸模固定于保护套 2 中，保护套 2 固定于固定板 3 上，冲裁时，保护套 2 始终对凸模 1 起导向和保护作用。

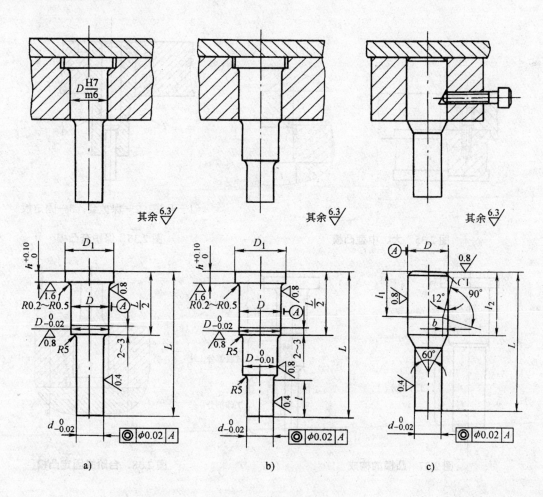

图 2.33 圆形凸模

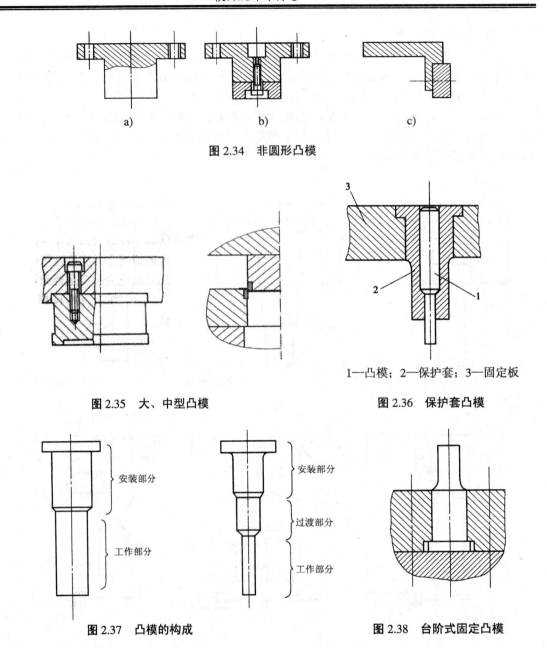

图 2.34 非圆形凸模

图 2.35 大、中型凸模

1—凸模；2—保护套；3—固定板

图 2.36 保护套凸模

图 2.37 凸模的构成

图 2.38 台阶式固定凸模

## 2. 凸模的固定方法

凸模结构总的来说包含两大部分，即凸模的工作部分与安装部分，如图 2.37 所示。凸模的工作部分直接用来完成冲裁加工，其形状、尺寸应根据冲裁件的形状和尺寸，以及冲裁工序性质、特点进行设计。而凸模的安装部分多数是通过与固定板结合后，安装于模座上。凸模的安装形式主要取决于凸模的受力状态、安装空间的限制、有关的特殊要求、自身的形状及工艺特性等因素。其主要安装方式有以下几种。

（1）台阶式固定法

台阶式凸模固定法是应用较普遍的一种安装形式，多用于圆形及规则形状凸模的场合，如图 2.38 所示。凸模安装部分设有大于安装尺寸的台阶，以防止凸模从固定板中脱落。凸模与固定板多采用过渡配合，装配稳定性好。

（2）铆接式固定法

采用铆接式固定凸模时，凸模与固定板的安装孔仍按 H7/m6 或 H7/n6 配合，同时安装端沿周边要制成（1.5～2.5）×45°的斜角，作为铆窝。铆接时一般用手锤击打头部，因此凸模必须限定淬火长度，或将尾部回火，以便头部一端的材料保持较低硬度，图 2.39a、b 分别表示凸模铆接前、后的情形。凸模铆接后还要与固定板一起将铆端磨平。

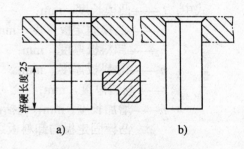

图 2.39　铆接式固定凸模

（3）螺钉及销钉固定法

对于一些大型或中型凸模，其自身的安装基面较大，一般可用螺钉及销钉将凸模直接固定在凸模固定板上，如图 2.40 所示。这种固定方法安装与拆卸简便、稳定性好。

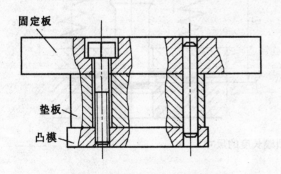

图 2.40　螺钉和销钉固定凸模

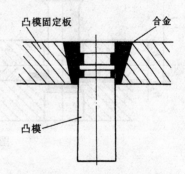

图 2.41　浇注固定凸模

（4）浇注粘接固定法

对于冲裁件厚度小于 2 mm 的冲裁模，可以采用低熔点合金、环氧树脂、无机粘接剂浇柱粘接固定，如图 2.41 所示。利用浇注粘接固定，其固定板与凸模间有明显的间隙，固定板只需粗略加工，在凸模安装部位，不需精密加工，可以简化装配。

### 3. 凸模长度的计算

凸模长度尺寸应根据模具的具体结构,并考虑修磨、固定板与卸料板之间的安全距离、装配等的需要来确定。

当采用固定卸料板和导料板时,如图 2.42a 所示,其凸模长度公式如下:
$$L = h_1 + h_2 + h_3 + h \tag{2.27}$$
当采用弹压卸料板时,如图 2.42b 所示,其凸模长度按下式取:
$$L = h_1 + h_2 + t + h \tag{2.28}$$

式中:$L$——凸模长度,mm;

$h_1$——凸模固定板厚度,mm;

$h_2$——卸料板厚度,mm;

$h_3$——导料板厚度,mm;

$t$——材料厚度,mm;

$h$——增加长度,mm,包括凸模的修磨量、凸模进入凹模的深度(0.5~1 mm)、凸模固定板与卸料板之间的安全距离,一般取 10~20 mm。

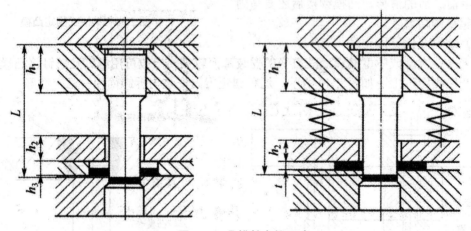

图 2.42 凸模长度的尺寸

## 2.3.2 凹模的结构设计

### 1. 凹模的结构形式

(1) 整体式凹模

图 2.43a、图 2.43b 为标准中的两种圆形凹模及其固定方法。这两种圆形凹模尺寸都不大,直接装在凹模固定板中,主要用于冲孔。如图 2.43c 所示是采用螺钉和销钉直接固定在支承件上的凹模,这种凹模板已经有标准,它与标准固定板、垫板和模座等配合使用。

图 2.43d 为快换式冲孔凹模固定方法。

凹模采用螺钉和销钉定位固定时,要保证螺钉(或沉孔)间、螺孔与销孔间及螺孔、销孔与凹模刃壁间的距离不能太近,否则会影响模具寿命。

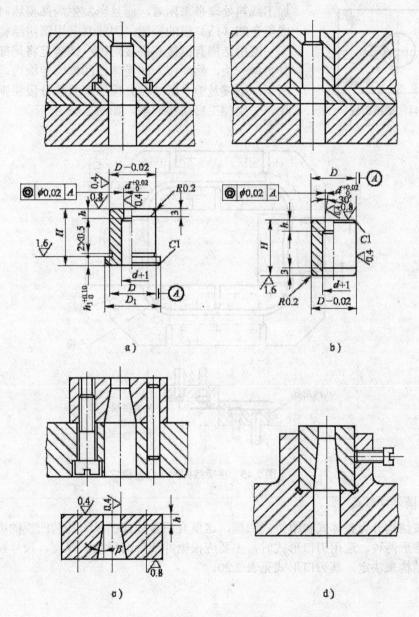

图 2.43 整体式凹模

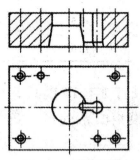

图 2.44 镶接凹模

（2）镶拼结构凹（凸）模

对于大、中型的凹（凸）模或形状复杂、局部薄弱的小型凹（凸）模，如果采用整体式结构，将给锻造、机械加工或热处理带来困难，而且当发生局部损坏时，就会造成整个凹（凸）模的报废，因此常采用镶拼结构。

镶拼结构有镶接和拼接两种：**镶接**是将局部易磨损部分另做一块，然后镶入凹模体或凹模固定板内，如图 2.44 所示；**拼接**是整个凹（凸）模的形状按分段原则分成若干块，分别加工后拼接起来，如图 2.45 所示。

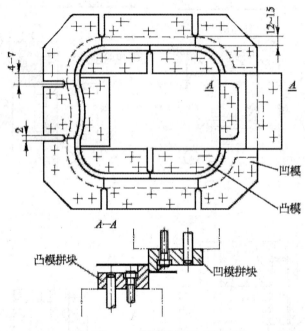

图 2.45 拼接结构凹（凸）模

2. 凹模刃口形式

凹模按结构分为整体式和镶拼式凹模，这里介绍整体式凹模。冲裁凹模的刃口形式有直筒形和锥形两种。选用刃口形式时，主要应根据冲裁件的形状、厚度、尺寸精度以及模具的具体结构来决定，其刃口形式见表 2.20。

### 表 2.20 冲裁凹模刃口形式

| 刃口形式 | 序号 | 简图 | 特点和应用范围 |
|---|---|---|---|
| 直筒形刃口 | 1 | | 1. 刃口为直通式，强度高，修磨后刃口尺寸不变<br>2. 用于冲裁大型或精度要求较高的零件，模具装有反向顶出装置，不适用于下漏料（或零件）的模具 |
| | 2 | | 1. 刃口强度较高，修磨后刃口尺寸不变<br>2. 凹模内易积存废料或冲件，尤其间隙小时刃口直壁部分磨损较快<br>3. 用于冲裁形状复杂或精度要求较高的零件 |
| | 3 | | 1. 特点同序号2，且刃口直壁下面的扩大部分可使凹模加工简单，但采用下漏料方式时刃口强度不如序号2的刃口强度高<br>2. 用于冲裁形状复杂、精度要求较高的中小型件，也可用于装有反向顶出装置的模具 |
| | 4 | | 1. 凹模硬度较低（有时可不淬火），一般为40HRC左右，可用手锤敲击刃口外侧斜面，以调整冲裁间隙<br>2. 用于冲裁薄而软的金属或非金属零件 |
| 锥形刃口 | 5 | | 1. 刃口强度较差，修磨后刃口尺寸略有增大<br>2. 凹模内不易积存废料或冲裁件，刃口内壁磨损较慢<br>3. 用于冲裁形状简单、精度要求不高的零件 |
| | 6 | | 1. 特点同序号5<br>2. 可用于冲裁形状较复杂的零件 |

| 主要参数 | 材料厚度 $t$/mm | $\alpha$/(') | $\beta$/(') | 刃口高度 $h$/mm | 备注 |
|---|---|---|---|---|---|
| | ≤0.5 | 15 | 2 | ≥4 | $\alpha$值适用于钳工加工。采用线切割加工时，可取$\alpha=5'\sim20'$ |
| | 0.5~1 | | | ≥5 | |
| | 1~2.5 | | | ≥6 | |
| | 2.5~6 | 30 | 3 | ≥8 | |
| | >6 | | | ≥10 | |

### 3. 整体式凹模轮廓尺寸的确定

冲裁时凹模承受冲裁力和侧向挤压力的作用。由于凹模结构形式的固定方法不同,受力情况又比较复杂,目前还不能用理论方法确定凹模轮廓尺寸。在生产中,通常根据冲裁的板料厚度和冲件的轮廓尺寸,或凹模孔口刃壁间距离,按经验公式来确定,如图 2.46 所示。

凸模壁厚
$$H = Kb \quad (\geq 15 \text{ mm}) \qquad (2.29)$$

凹模壁厚
$$c = (1 \sim 2)H \quad (\geq 30 \sim 20 \text{ mm}) \qquad (2.30)$$

式中:$b$——凹模刃口的最大尺寸,mm;

$K$——系数,考虑板厚的影响,见表 2.21。

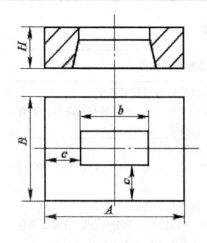

图 2.46 凹模外形尺寸的确定

表 2.21 凹模厚度修正系数(mm)

| 尺寸 $b$ | 料 厚 | | | | |
|---|---|---|---|---|---|
| | 0.5 | 1.0 | 2.0 | 3.0 | >3.0 |
| ≤ 50 | 0.30 | 0.35 | 0.42 | 0.50 | 0.60 |
| > 50~100 | 0.20 | 0.22 | 0.38 | 0.35 | 0.42 |
| > 100~200 | 0.15 | 0.18 | 0.20 | 0.24 | 0.30 |
| > 200 | 0.10 | 0.12 | 0.15 | 0.18 | 0.22 |

## 2.3.3 定位零件

定位零件的作用是确定冲压件在模具中的位置,限定冲压件的送进步距,以保证冲压件的质量,使冲压生产顺利进行。

条料在模具送料平面中必须有两个方向的限位:一是在与条料方向垂直的方向上的限位,保证条料沿正确的方向送进,称为**送进导向**;二是在送料方向上的限位,控制条料一次送进的距离(步距)称为**送料定距**。对于块料或工序件的定位,基本也是在两个方向上的限位,只是定位零件的结构形式与条料的有所不同而已。

属于送进导向的定位零件有导料销、导料板、侧压板等;属于送料定距的定位零件有挡料销、导正销、侧刃等;属于块料或工序件的定位零件有定位销、定位板等。

### 1. 挡料销

挡料销起定位作用,用它挡住搭边或冲件轮廓,以限定条料送进距离。它可分为固定挡料销、活动挡料销和始用挡料销。

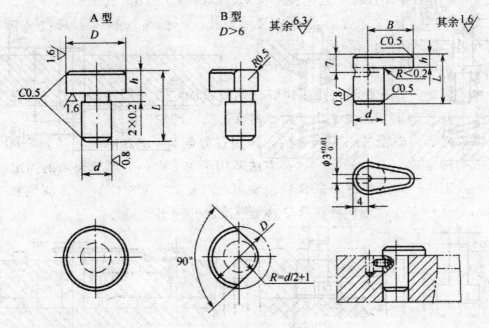

图 2.47 固定挡料销

（1）固定挡料销

标准结构的固定挡料销如图 2.47a 所示，其结构简单，制造容易，广泛用于冲制中、小型冲裁件的挡料定距；其缺点是销孔离凹模刃壁较近，削弱了凹模的强度。在颁布标准中还有一种钩形挡料销，图 2.47b，这种挡料销的销孔距离凹模刃壁较远，不会削弱凹模强度。但为了防止钩头在使用过程发生转动，需考虑防转。导料板是对条料或带料的侧向进行导向，以免送偏定位零件。

（2）活动挡料销

标准结构的活动挡料销如图 2.48 所示。

图 2.48a 为弹簧弹顶挡料装置；图 2.48b 是扭簧弹顶挡料装置；图 2.48c 为橡胶弹顶挡料装置；图 2.48d 为回带式挡料装置。回带式挡料装置的挡料销对着送料方向带有斜面，送料时搭边碰撞斜面使挡料销跳起并越过搭边，然后将条料后拉，挡料销便挡住搭边而定位。即每次送料都要先推后拉，作方向相反的两个动作，操作比较麻烦。采用哪一种结构形式挡料销，需根据卸料方式、卸料装置的具体结构及操作等因素决定。回带式的常用于具有固定卸料板的模具上；其他形式的常用于具有弹压卸料板的模具上。

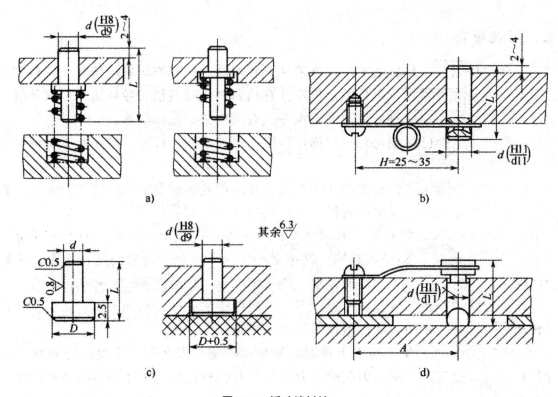

图 2.48 活动挡料销

(3) 始用挡料装置

图 2.49 为标准结构的始用挡料装置。始用挡料销一般用于以导料板送料导向的级进模（图 2.29）和单工序模中（图 2.27）。一副模具用几个始用挡料销，取决于冲裁排样方法及工位数。采用始用挡料销，可提高材料利用率。

挡料销一般用 45 钢制造，淬火硬度为 43~48HRC。设计时，挡料销高度应稍大于冲压件的材料厚度。

2. 定位板和定位销

定位板和定位销是作为单个坯料或工序件的定位用。其定位方式有两种：外缘定位和内孔定位。如图 2.50 所示。

定位方式是根据坯料或工序件的形状复杂性、尺寸大小和冲压工序性质等具体情况决定。外形比较简单的冲件一般可采用外缘定位，如图 2.50a；外轮廓较复杂的一般可

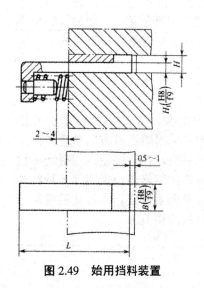

图 2.49 始用挡料装置

采用内孔定位，如图2.50b。

定位板和定位销一般采用45钢制造，淬火硬度为43~48HRC。

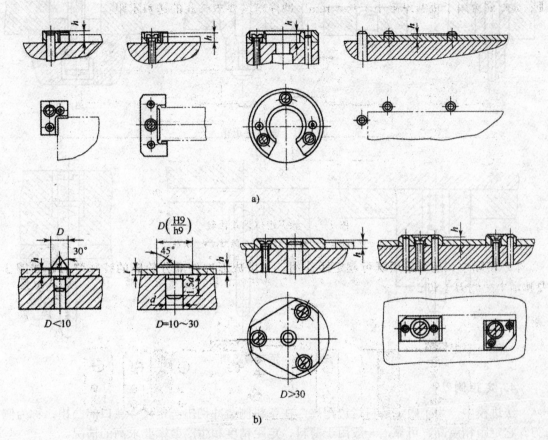

图2.50 定位板和定位销的结构形式

### 3. 导正销

导正销多用于连续模中冲裁件的精确定位，冲裁时为减少条料的送进误差，保证工件内孔与外形的相对位置精度，导正销先插入已冲好的孔（或工艺孔）中，将坯料精确定位。

图2.51所示为几种导正销的结构形式。其中图2.51a和图2.51b适用于直径小于10 mm的孔，而图2.51c和图2.51d适用于直径大于10 mm的孔。图2.52所示为活动导正销结构形式。采用这种导正销，便于修理，又可避免发生模具损坏和危及人身安全等冲压事故，定位精度较固定式导正销差些。导正销可装在落料凸模上，也可装在固定板上。

导正销与导孔之间要有一定的间隙，导正销高度应大于模具中最长凸模的高度。导正销一般采用 T7、T8 或 45 钢制作，并需经热处理淬火。

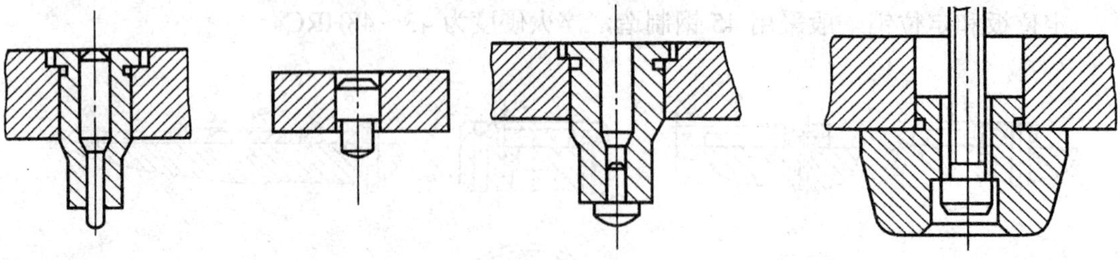

图 2.51 固定导正销

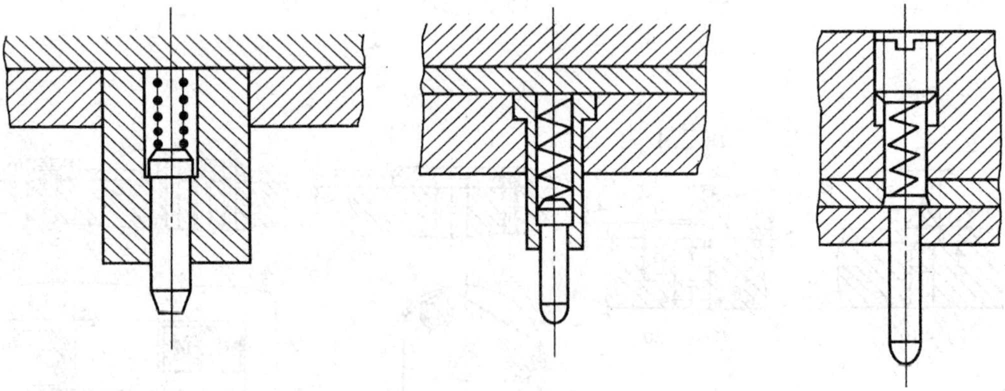

图 2.52 活动导正销

### 4. 定距侧刃

级进模中，为了限定条料送进距离，在条料侧边冲切出一定尺寸缺口的凸模，称为**侧刃**。它定距精度高、可靠，一般用于薄料、定距精度和生产效率要求高的情况。

标准中的侧刃结构如图 2.53 所示。按侧刃的工作端面形状分为Ⅰ型和Ⅱ型两类。Ⅱ型的多用于厚度为 1 mm 以上较厚板料的冲裁。冲裁前凸出部分先进入凹模导向，以免由于侧压力导致侧刃损坏（工作时侧刃是单边冲切）。按侧刃的截面形状分为长方形侧刃和成形侧刃两类。图 2.53 ⅠA 型和ⅡA 型为长方形侧刃。其结构简单，制造容易，但当刃口尖角磨损后，在条料侧边形成的毛刺会影响顺利送进和定位的准确性。如图 2.54a 所示。而采用成形侧刃（ⅠB 型、ⅡB 型、ⅠC 型、ⅡC 型），如果条料侧边形成毛刺，毛刺离开了导料板和侧刃挡板的定位面，所以送进顺利，定位准确，如图 2.54b 所示。但这种侧刃使切边宽度增加，材料消耗增多，侧刃较复杂，制造较困难。长方形侧刃一般用于板料厚度小于 1.5 mm，冲裁件精度要求不高的送料定距；成形侧刃用于板料厚度小于 0.5 mm，冲裁件精度要求较高的送料定距。

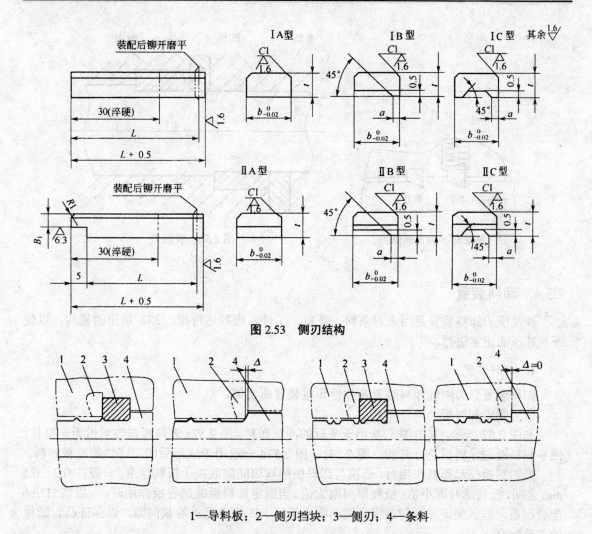

图 2.53 侧刃结构

1—导料板；2—侧刃挡块；3—侧刃；4—条料

图 2.54 侧刃定位误差的比较

  图 2.55 是尖角形侧刃。它与弹簧挡销配合使用。其工作过程如下：侧刃先在料边冲一缺口，条料送进时，当缺口直边滑过挡销后，再向后拉条料，至挡销直边挡住缺口为止。使用这种侧刃定距，材料消耗少，但操作不便，生产率低，此侧刃可用于冲裁贵重金属。当冲压生产批量较大时，多采用双侧刃，如图 2.56 所示。采用双侧刃，所冲工件精度较单侧刃高，而且带料脱离一个倾刃时，第二侧刃仍能起定距作用。双侧刃可以是对角放置，也可以是对称放置。

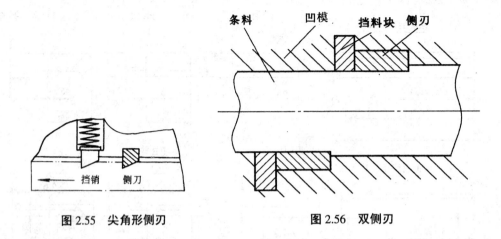

图 2.55 尖角形侧刃　　　　图 2.56 双侧刃

### 2.3.4 卸料装置

冲裁模的卸料装置是用来对条料、坯料、工件、废料进行推、卸、顶出的机构,以便下次冲压的正常进行。

**1. 卸料装置**

卸料装置分为刚性卸料装置和弹性卸料装置两大类。

（1）固定卸料板

如图 2.57 所示,其中图 a、b 用于平板的冲裁卸料。图 2.57a 卸料板与导料板为一整体；图 b 卸料板与导料板是分开的。图 2.57c、图 2.57d 一般用于成形后的工序件的冲裁卸料。

当卸料板仅起卸料作用时,凸模与卸料板的双边间隙取决于板料厚度,一般在 0.2~0.5 mm 之间,板料薄时取小值；板料厚时取大值。当固定卸料板兼起导板作用时,一般按 H7/h6 配合制造,但应保证导板与凸模之间间隙小于凸、凹模之间的冲裁间隙,以保证凸、凹模的正确配合。

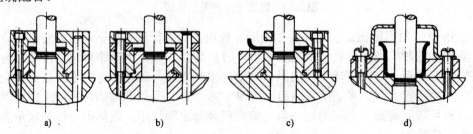

图 2.57 固定卸料装置

固定卸料板的卸料力大，卸料可靠。因此，当冲裁板料较厚（大于0.5 mm）、卸料力较大、平直度要求不很高的冲裁件时，一般采用固定卸料装置。

（2）弹压卸料装置

如图 2.58 所示。弹压卸料装置是由卸料板、弹性元件（弹簧或橡胶）、卸料螺钉等零件组成。弹压卸料既起卸料作用又起压料作用，所得冲裁零件质量较好，平直度较高。因此，质量要求较高的冲裁件或薄板冲裁宜用弹压卸料装置。

图 a 的弹压卸料方法，用于简单冲裁模；图 b 是以导料板为送进导向的冲模中使用的弹压卸料装置。图 c、e 属倒装式模具的弹压卸料装置，但后者的弹性元件装在下模座之下，卸料力大小容易调节。图 d 是以弹压卸料板作为细长小凸模的导向，卸料板本身又以两个以上的小导柱导向，以免弹压卸料板产生水平摆动，从而保护小凸模不被折断。

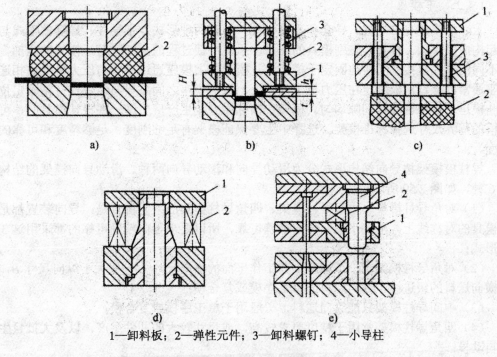

1—卸料板；2—弹性元件；3—卸料螺钉；4—小导柱

图 2.58　弹压卸料装置

2. 卸料装置有关尺寸计算

卸料板的形状一般与凹模形状相同，卸料板的厚度，可按下式确定：

$$H_X = (0.8 \sim 1.0) H_a \tag{2.31}$$

式中：$H_X$——卸料板厚度，mm；

$H_a$——凹模厚度，mm。

卸料板型孔形状基本上与凹模孔形状相同（细小凹模孔及特殊型孔除外），因此在加工时一般与凸模配合加工。在设计时，当卸料板型孔对凸模兼起导向作用时，凸模与卸料板的配合精度为 H7/f6；对于不兼导向作用的弹性卸料板，一般卸料板型孔与凸模单面间隙为 0.05～0.1 mm，而刚性卸料板凸模与卸料板单面间隙为 0.2～0.5，并保证在卸料力的作用下，不使工件或废料拉进间隙内为准。

卸料板一般选用 45 钢制造，不需要热处理。

## 2.3.5 固定零件

模具的固定零件包括上、下模座（模板）、固定板、垫板及模柄等。

### 1. 上、下模座

上、下模座有带导柱、导套和不带导柱、导套两种形式。带导柱、导套的形式与模柄一起构成了模架。模架是整副模具的支撑，承担冲裁过程的全部载荷，模具的全部零件均以不同的方式直接或间接地固定于模架上。模架的上模座通过模柄与压力机滑块相连，下模座通常以螺钉压板固定在压力机工作台上。上下模座之间靠导向装置保持精确定位，引导凸模运动，保证冲裁间隙均匀。模架按国标由专业生产厂生产，在设计模具时，可根据凹模的周界尺寸选择标准模架。选择中主要保证模架有足够刚度、足够精度和可靠的导向精度。

导柱模架按导向结构形式分为滑动导向和滚动导向两种。滑动导向模架的结构形式有 6 种，如图 2.59 所示。特点如下：

（1）对角导柱模架、中间导柱模架、四角导柱模架的共同特点是，导向装置都是安装在模具的对称线上，滑动平稳，导向准确可靠，所以要求导向精确可靠的都采用这 3 种结构形式；

（2）对角导柱模架上、下模座，其工作平面的横向尺寸 $L$ 一般大于纵向尺寸 $B$，常用于横向送料的级进模，纵向送料的单工序模或复合模；

（3）中间导柱模架只能纵向送料，一般用于单工序模或复合模；

（4）四角导柱模架常用于精度要求较高，或尺寸较大的冲件生产，以及大批量生产用的自动模；

（5）后侧导柱模架的特点是导向装置在后侧，横向和纵向送料都比较方便，但如果有偏心载荷，压力机导向又不精确，就会造成上模歪斜，导向装置和凸、凹模都容易磨损，从而影响模具寿命，此模架一般用于较小的冲模。

# 第2章 冲裁工艺与模具设计

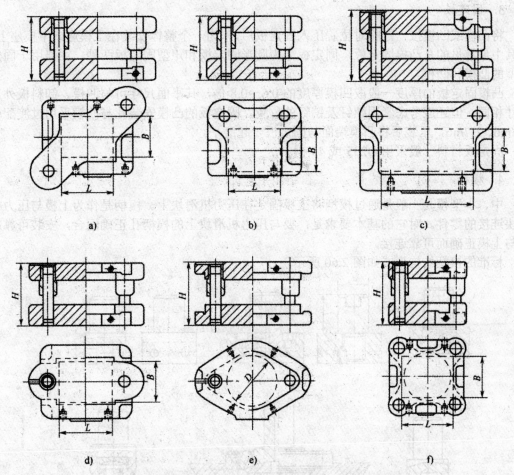

a)对角导柱模架　b)后侧导柱模架　c)后侧导柱窄形模架
d)中间导柱模架　e)中间导柱圆形模架　f)四角导柱模架

图2.59　滑动导向模架

## 2. 垫板

为了防止较小的凸模压损模座的平面,一般在凸模和模座之间加设垫板。垫板外形尺寸多与凹模边界一致,垫板材料一般选T7、T8或45钢制成。T7、T8淬火硬度为52~56HRC,45钢淬火硬度为43~48HRC。

在设计复合模时,凸、凹模与模座之间同样应加装垫板。

## 3. 固定板

将凸模或凹模按一定相对位置压入固定板后，作为一个整体安装在上模座或下模座上。模具中最常见的是凸模固定板，固定板分为圆形固定板和矩形固定板两种，主要用于固定小型的凸模和凹模。

凸模固定板的厚度一般取凹模厚度的 0.6~0.8 倍，其平面尺寸可与凹模、卸料板外形尺寸相同，但还应考虑紧固螺钉及销钉的位置。固定板的凸模安装孔与凸模采用过渡配合 H7/m6、H7/n6，压装后将凸模端面与固定板一起磨平。

固定板材料一般采用 Q235 或 45 钢。

## 4. 模柄

中、小型模具一般是通过模柄将上模固定在压力机滑块上。模柄是作为上模与压力机滑块连接的零件。对它的基本要求是：要与压力机滑块上的模柄孔正确配合，安装可靠；要与上模正确而可靠连接。

标准的模柄结构形式如图 2.60 所示。

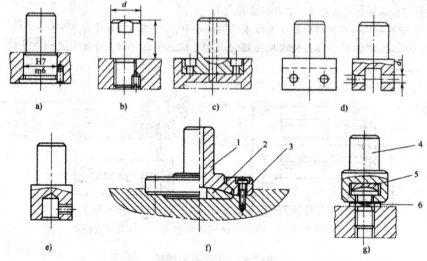

a)压入式模柄　b)旋入式模柄　c)凸缘模柄　d)槽形模柄
e)通用模柄　　f)浮动模柄　　g)推入式模柄

1—凹球面模柄；2—凸球面垫块；3—压板；
4—模柄接头；5—凹球面垫块；6—活动模柄

图 2.60　冷冲模模柄结构

（1）图 2.60a 为压入式模柄，它与模座孔采用过渡配合 H7/m6、H7/h6，并加销钉以防转动。这种模柄可较好保证轴线与上模座的垂直度。适用于各种中、小型冲模，生产中最常见。

（2）图 2.60b 为旋入式模柄，通过螺纹与上模座连接，并加螺丝防止松动。这种模具拆装方便，但模柄轴线与上模座的垂直度较差，多用于有导柱的中、小型冲模。

（3）图 2.60c 为凸缘模柄，用 3～4 个螺钉紧固于上模座，模柄的凸缘与上模座的窝孔采用 H7/js6 过渡配合。多用于较大型的模具。

（4）图 2.60d、e 为槽型模柄和通用模柄，均用于直接固定凸模，也可称为带模座的模柄，主要用于简单模中，更换凸模方便。

（5）图 2.60f 为浮动模柄，主要特点是压力机的压力通过凹球面模柄和凸球面垫块传递到上模，以消除压力机导向误差对模具导向精度的影响。主要用于硬质合金模等精密导柱模。

（6）图 2.60g 为推入式活动模柄，压力机压力通过模柄接头、凹球面垫块和活动模柄传递到上模，它也是一种浮动模柄。因模柄单面开通（呈 U 形），所以使用时，导柱导套不宜脱离。它主要用于精密模具。

模柄材料通常采用 Q235 或 Q275 钢，其支撑面应垂直于模柄的轴线（垂直度不应超过 0.02:100）。

5. 紧固件

模具中的紧固零件主要包括螺钉、销钉等。螺钉主要连接冲模中的各零件，使其成为整体，而销钉则起定位作用。螺钉最好选用内六角螺钉，这种螺钉的优点是紧固可靠，由于螺钉头埋入模板内，模具的外形比较美观，装拆空间小。销钉常采用圆柱销，设计时，圆柱销不能少于两个。

销钉与螺钉的距离不应太小，以防强度降低。模具中螺钉、销钉的规格、数量、距离尺寸等在选用时可参考国标中冷冲模典型组合进行设计。

## 2.4 冲模的设计步骤及实例

冲裁模设计的总原则是在满足制件尺寸精度的前提下，力求使模具的结构简单，操作方便，材料消耗少，制件成本低。下面对冲裁模的设计步骤作一简要介绍。

### 2.4.1 冲模的设计步骤

1. 分析产品零件的工艺性，拟定工艺方案

（1）先审查产品制件是否合乎冲裁结构工艺性以及冲压的经济性；
（2）拟定工艺方案。在分析工艺性的基础上，确定冲压件的总体工艺方案，然后确定

冲压加工工艺方案，这是制定冲压工艺过程的核心。在确定冲压工艺方案时，先确定制件所需的基本工序性质、工序数目以及工序的顺序，再将其排列组合成若干种可行方案。最后对各种工艺方案进行分析比较，综合其优缺点，选一种最佳方案。在分析比较方案时，应考虑制件精度、批量、工厂条件，模具加工水平及工人操作水平等方面的因素，有时还需必要的工艺计算。

2. 选择模具的结构形式

冲裁方案确定之后，模具类型（单工序模、复合模、级进模等）即选定。然后就可确定模具的各个部分的具体结构，包括模架及导向方式、毛坯定位方式、卸料、压料、出件方式等。各种不同的模具结构均具有不同的优缺点及适用范围，表 2.22 给出了单工序模、级进模和复合模的选用比较，表 2.23 给出了敞开模、导板模和导柱模的选用比较。

表 2.22 单工序模、级进模和复合模的选用比较

| 比 较 项 目 | 单工序冲模 | 级 进 模 | 复 合 模 |
|---|---|---|---|
| 工件尺寸精度 | 较低 | 一般 IT11 以下 | 较高，IT9 级以下 |
| 工件形位公差 | 工件不平整，同轴度、对称度及位置度误差较大 | 不太平整，有时要较平，同轴度、对称度及位置度误差较大 | 工件平整，同轴度、对称度及位置误差较小 |
| 冲压生产率 | 低，冲床一次行程只能完成一个工序 | 高，冲床一次行程只能完成多个工序 | 较高，冲床一次行程只能完成两个以上工序 |
| 机械自动化的可行性 | 较易，适合于多工位冲床及自动化冲床 | 容易，适于单机自动化 | 难，工件与废料排除较复杂，只能在单机上实现部分机械化操作 |
| 对材料的要求 | 对材料宽度要求不严格，可用边角料 | 对材料宽度要求严格 | 对材料宽度要求不严格，可用边角料 |
| 生产安全性 | 安全性较差 | 比较安全 | 安全性较差 |
| 模具制造的难度 | 较易，结构简单，制造周期短，价格低 | 对简单工件，比采用复合模制造难度低 | 对复杂件，比采用级进模制造难度低 |
| 应用 | 通用性好，适于中小批量和大型件的大量生产 | 通用性差，适于形状简单，尺寸不大，精度要求不高工件的大批量生产 | 通用性差，适于形状复杂，尺寸不大，精度要求较高工件的大批量生产 |

表 2.23 敞开模、导板模和导柱模的选用比较

| 比 较 项 目 | 敞 开 模 | 导 板 模 | 导 柱 模 |
|---|---|---|---|
| 导向精度 | 取决于压力机导轨导向精度 | IT 6～7 级 | IT 6～7 级 |
| 安装与调整 | 安装与调整困难，制件质量不稳定，模具寿命低 | 安装与调整方便，制件质量稳定 | 安装与调整方便，制件质量稳定 |

(续表)

| 比较项目 | 敞开模 | 导板模 | 导柱模 |
|---|---|---|---|
| 操作 | 安装可见，变化较灵活，操作方便 | 定位不可见，操作不方便，凸模自始至终与导板不脱开，安全性好 | 定位可见，变化受到导柱限制，操作较方便 |
| 应用范围 | 用于弯曲拉深、成形等单工序冲模，小批量精度不高的冲裁模 | 适用于精度较高的级进模和单工序模 | 适合大批量生产精度要求较高的各种冲模 |

在进行模具结构设计时，还应考虑模具维修、保养和吊装的方便，同时要在各个细小的环节尽可能考虑到操作者的安全等。

3. 冲裁工艺计算及设计

冲裁的工艺计算和设计主要包括以下几个方面：

（1）排样设计与计算：选择排样方法、确定搭边值、计算送料步距与条料宽度、计算材料利用率、画出排样图等；

（2）计算冲压力：包括冲裁力、卸料力、推件力、顶件力等，初步选取压力机的吨位；

（3）计算模具压力中心；

（4）计算凸、凹模工作部分尺寸并确定其制造公差；

（5）弹性元件的选取与计算；

（6）必要时，对模具的主要零件进行强度的验算。

其具体设计详见本章前面章节的相关内容。

4. 冲模结构设计

（1）确定凹模尺寸：在计算出凹模的刃口尺寸的基础上，再计算出凹模的壁厚，确定凹模外轮廓尺寸，在确定凹模壁厚则要注意三个问题。第一须考虑凹模上螺孔、销孔的布置；第二应使压力中心与凹模的几何中心基本重合；第三应尽量按国家标准选取凹模的外形尺寸。

（2）根据凹模的外轮廓尺寸及冲压要求，从冲模标准中选出合适的模架类型，并查出相应标准，画出上、下模板、导柱、导套的模架零件。

（3）画冲模装配图，如图2.61所示。

（4）画冲模零件图。

（5）编写技术文件。

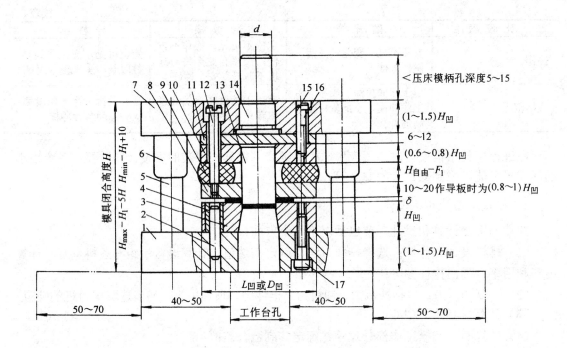

图 2.61 模具总体设计尺寸图

## 2.4.2 冲裁模设计实例

零件简图：如图 2.62 所示。
生产批量：大批量
材料：10 钢
材料厚度：2.2 mm

**1. 冲压件的工艺分析**

该零件形状简单、对称，由圆弧和直线组成。由表 2.8 和表 2.10 查出，冲裁件内外形所能达到得经济精度为 IT12～IT13，孔中心与边缘距离尺寸公差为 ±0.6 mm。上述精度水平与零件简图中所标注的尺寸公差相比，可以认为该零件的精度要求能够在冲裁加工中得到保证。其他尺寸标注、生产批量等情况，也均符合冲裁的工艺要求，所以可以采用冲孔落料复合冲裁模进行加工，而且一次冲压成形。

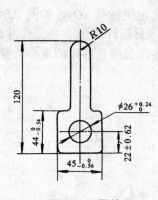
图 2.62 零件图

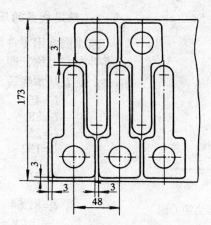
图 2.63 排样图

## 2. 排样

采用直线对排的排样方案如图 2.63 所示。

由表 2.13 查得搭边值，并取整得 $a = 3$ mm

计算冲压件毛坯面积：$A = (44 \times 45 + 66 \times 20 + \frac{1}{2}\pi \times 10^2)$ mm² = 3457 mm²

条料宽度：$b = (120 + 3 \times 3 + 44)$ mm = 173 mm

进距：$h = (45 + 3)$ mm = 48 mm

一个进距的材料利用率：$\eta = \dfrac{nA}{bh} \times 100\% = \dfrac{2 \times 3457}{173 \times 48} \times 100\% = 83\%$

## 3. 计算冲压力

该模具采用弹性卸料和下出料方式。

(1) 落料力：$F_1 = Lt\sigma_b = (321.4 \times 2.2 \times 300)$ N $= 212 \times 10^3$ N；

(2) 冲孔力：$F_2 = Lt\sigma_b = (81.64 \times 2.2 \times 300)$ N $= 53.9 \times 10^3$ N；

(3) 落料时的卸料力：$F_X = K_X F_1 = (0.03 \times 212 \times 10^3)$ N $= 6.36 \times 10^3$ N；

(4) 查表 2.18：取 $K_X = 0.03$；

(5) 冲孔时的推件力：$F_T = nK_T F_2 = (2 \times 0.05 \times 53.9 \times 10^3)$ N $= 5.39 \times 10^3$ N；

(6) 取表 2.20-3 的刃口形式，$h = 5$ mm，则 $n = h/t = 5$ mm/2.2 mm $\approx 2$ 个。

(7) 查表 2.18：$K_T = 0.05$；

(8) 选择冲床时的总压力：$F_Z = F_1 + F_2 + F_X + F_T = 277.6$ kN。

**4. 确定模具的压力中心**

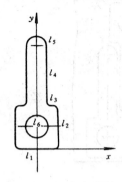

图 2.64 压力中心图

按比例画出零件形状,选定坐标系 $xOy$,如图 2.64 所示。因该零件左右对称,即 $x_c=0$,故只需计算 $y_c$。将工件冲裁周边分成 $l_1$, $l_2$, ... $l_6$ 基本线段,求出各段长度及各段的重心位置:

$l_1=45$　　　　$y_1=0$
$l_2=88$　　　　$y_2=22$
$l_3=25$　　　　$y_3=44$
$l_4=132$　　　$y_4=77$
$l_5=31.4$　　　$y_5=110+\dfrac{10\sin(\pi/2)}{(\pi/2)}=116.29$
$l_6=81.64$　　$y_6=22$

$$y_c = \frac{l_1y_1 + l_2y_2 + \cdots + l_6y_6}{l_1 + l_2 + \cdots + l_6} = 46.27$$

**5. 计算凸、凹模刃口尺寸**

查表 2.3 得间隙值 $Z_{min}=0.26$,$Z_{max}=0.38$

(1) 对冲孔 $\Phi 26$mm 采用凸、凹模分开的方法加工,其凸、凹模刃口部分尺寸计算如下:

查表 2.16 得凸、凹模制造公差:$\delta_T=-0.014$ mm,$\delta_A=+0.020$ mm

校核:$Z_{max}-Z_{min}=0.12$,$|\delta_T|+|\delta_A|=0.034$,满足 $Z_{max}-Z_{min} \geq |\delta_T|+|\delta_A|$ 条件

查表 2.17 得因数 $x=0.5$

按式(2.8) $d_T = (d+x\Delta)_{-\delta_T}^{0} = (26+0.5\times 0.24)_{-0.014}^{0}$ mm $= 26.12_{-0.014}^{0}$ mm

$d_A = (d_T + Z_{min})_{0}^{+\delta_A} = (26.12+0.26)_{0}^{+0.02}$ mm $= 26.38_{0}^{+0.02}$ mm

(2) 对外轮廓的落料,由于形状较复杂,故采用配合加工方法,其凸、凹模刃口部分尺寸计算如下:

当以凹模为基准件时,凹模磨损后,刃口部分尺寸都增大,因此属于 $A$ 类尺寸。

零件图中未注公差的尺寸,查"冲裁和拉深未注公差尺寸极限偏差"得:$120_{-0.87}^{0}$ $R10_{-0.36}^{0}$

查表 2.17 得因数 $x$ 为:当 $\Delta \geq 0.50$ 时,$x=0.5$
　　　　　　　　　　　当 $\Delta < 0.50$ 时,$x=0.75$

按式(2.14):$A_j = (A_{max} - x\Delta)_{0}^{+\frac{\Delta}{4}}$

$45_A = (45-0.5\times 0.56)_{0}^{+\frac{0.56}{4}}$ mm $= 44.72_{0}^{+0.14}$ mm

$44_A = (44-0.5\times 0.54)_{0}^{+\frac{0.54}{4}}$ mm $= 43.73_{0}^{+0.14}$ mm

$120_A = (120-0.5\times 0.87)_{0}^{+\frac{0.87}{4}}$ mm $= 119.56_{0}^{+0.22}$ mm

$$R10_A = (10 - 0.75 \times 0.36)_0^{+\frac{0.36}{4}} \text{ mm} = 9.73_0^{+0.09} \text{ mm}$$

**6. 凸模、凹模、凸凹模的结构设计**

冲 $\Phi 26$mm 孔的圆形凸模，由于模具需要在凸模外面装推件块，因此设计成直柱的形状。尺寸标注如图 2.65a 所示。

凹模的刃口形式，考虑到本例生产批量较大，所以采用刃口强度较高的凹模，即图 2.65b 所示的刃口形式。凹模的外形尺寸，按式（2.26）和（2.27）：$H=Kb$ = 0.24×120mm=29mm，$c$=1.5$H$=43mm。尺寸标注如图 2.65b 所示。

本模具为复合冲裁模，因此除冲孔凸模和落料凹模外，必然还有一个凸凹模。凸凹模的结构简图如图 2.65c 所示。凸凹模的外刃口尺寸按凹模尺寸配制，并保证双面间隙 0.26～0.38。凸凹模上孔中心与边缘距离尺寸 22 mm 的公差，应比零件图所标精度高 3～4 级，即定为 22±0.15 mm。

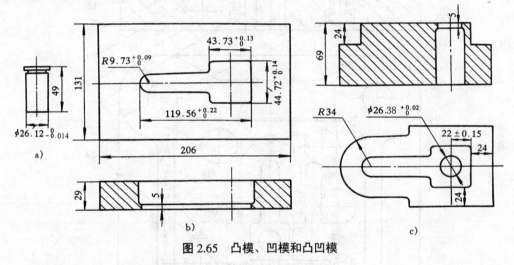

图 2.65 凸模、凹模和凸凹模

**7. 模具总体设计及主要零部件设计**

图 2.66 所示为本例的模具总图。该复合冲裁模将凹模及小凸模装在上模上，是典型的倒装结构。两个导料销 24 控制条料送进的导向，固定挡料销 2 控制送料的进距。卸料采用弹性卸料装置，弹性卸料装置由卸料板 16、卸料螺钉 23 和弹簧 20 组成。冲制的工件由推杆 5、推板 7、推销 8 和推件块 13 组成的刚性推件装置推出。冲孔的废料可通过凸凹模的内孔从冲床台面孔漏下。

卸料弹簧的设计计算：

（1）根据模具结构初定 6 根弹簧，每根弹簧分担的卸料力为：

$$F_{卸}/n = 6360 \text{ N}/6 = 1060 \text{ N}$$

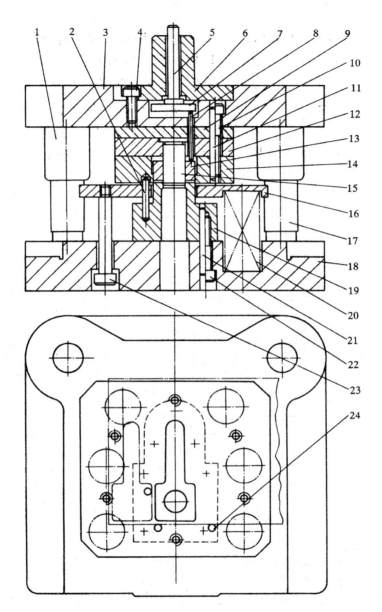

1—导套；2—挡料销；3—上模座；4—螺钉；5—推杆；6—模柄；7—推板；8—推销；9—垫板；10—螺栓；11、21—销钉；12—凸模固定板；13—推件块；14—凹模；15—凸模；16—卸料板；17—导柱；18—下模座；19—凸凹模；20—弹簧；22—螺钉；23—卸料螺钉；24—导料销

**图 2.66　倒装复合冲裁模**

表2.24 圆钢丝螺旋弹簧规格（节选）

| 序号 | 弹簧外径 $D$/mm | 材料直径 $d$/mm | 节距 $t$/mm | 自由高度 $H_0$/mm | 受载荷 $F$ 时的高度 $H_1$/mm | 最大工作负荷 $F_1$/N |
|---|---|---|---|---|---|---|
| 62 | 40 | 6.0 | 10 | 50 | 36.1 | 1120 |
| 63 | | | | 70 | 49.3 | |
| 64 | | | | 90 | 62.5 | |
| 65 | | | | 110 | 75.6 | |
| 66 | | | | 140 | 95.4 | |
| 67 | | | | 170 | 115.2 | |
| 68 | 45 | 7.0 | 11.5 | 60 | 44.5 | 1550 |
| 69 | | | | 80 | 58.2 | |
| 70 | | | | 120 | 86.7 | |
| 71 | | | | 160 | 113.2 | |
| 72 | | | | 200 | 140.5 | |

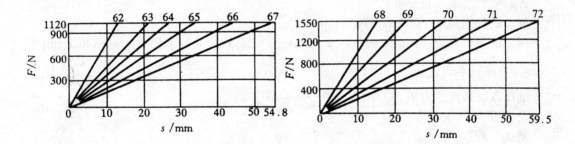

图2.67 弹簧负荷（$F$）与行程（$s$）曲线

（2）根据预压力 $F_顶$（>1060 N）和模具结构尺寸，由表2.24给出的弹簧参数，其最大工作负荷 $F_1$ = 1550 N>1060 N；

（3）校验是否满足 $s_1 \geq s_总$。参考图2.67，并经过计算可得如下数据：

| 序号 | $H_0$/mm | $H_1$/mm | $s_1 = H_0 - H_1$ | $s_顶$（$F_顶$=1060N） | $s_总 = s_顶 + s_{工作} + s_{修磨}$ |
|---|---|---|---|---|---|
| 68 | 60 | 44.5 | 15.5 | 10.5 | 18.7 |
| 69 | 80 | 58.2 | 21.8 | 15 | 23.2 |
| 70 | 120 | 85.7 | 34.3 | 23 | 31.2 |
| 71 | 160 | 113.2 | 46.8 | 30 | 38.2 |
| 72 | 200 | 140.5 | 59.5 | 40 | 48.2 |

注：$s_{工作}=t+1=3.2$ mm，$s_{修磨}=5$ mm。

由表中数据可见，序号70～72的弹簧满足 $s_1 \geq s_总$，但选序号70的弹簧最合适，因为其他弹簧太长，会使模具高度增加。70号弹簧的规格如下：

外径：$D$=45 mm

钢丝直径：$d$ = 7.0 mm

自由高度：$H_0 = 120$ mm
装配高度：$H_2 = H_0 - s_顶 = 120$ mm $- 23$ mm $= 97$ mm

模架选用适用于中等精度，中、小尺寸冲压件的后侧导柱模架，从右向左送料，操作方便。

上模座：$L/\text{mm} \times B/\text{mm} \times H/\text{mm} = 250 \times 250 \times 50$
下模座：$L/\text{mm} \times B/\text{mm} \times H/\text{mm} = 250 \times 250 \times 65$
导柱：$d/\text{mm} \times L/\text{mm} = 35 \times 200$
导套：$d/\text{mm} \times L/\text{mm} \times D/\text{mm} = 35 \times 125 \times 48$
垫板厚度取：12 mm
凸模固定板厚度取：20 mm
凹模的厚度已定为：29 mm
卸料板厚度取：14 mm
弹簧的外露高度：（97-6-37=54）mm
模具的闭合高度：$H_模 = (50 + 12 + 20 + 29 + 2.2 + 14 + 54 + 65)$ mm $= 246.2$ mm

8. 冲压设备的选择

选用双柱可倾压力机 J23-40。
公称压力：400 kN
滑块行程：100 mm
最大闭合高度：330 mm
连杆调节量：65 mm
工作台尺寸（前后 mm×左右 mm）：460×700
垫板尺寸（厚度 mm×孔径 mm）：65×220
模柄孔尺寸（直径 mm×深度 mm）：450×70
最大倾斜角度：30°

# 2.5 思考题

1. 板料在正常冲裁条件下，其变形过程及冲裁断面情况是怎样的？
2. 冲裁间隙的定义是什么？什么是合理的冲裁间隙？如何确定合理的冲裁间隙？如何选取模具的初始间隙。
3. 什么是材料的利用率？如何提高冲裁工序材料的利用率？
4. 排样设计应遵照哪些基本原则？排样分哪几种类型，各自有何特点？

5. 搭边的定义是什么？其作用有哪些？搭边值的大小与哪些因素有关？
6. 冲孔和落料工序中，凸模和凹模的刃口尺寸应如何区别对待？
7. 凸模和凹模的生产组织方式有哪些，对凸模和凹模的刃口尺寸有什么影响？
8. 冲裁过程中降低冲裁力的实际意义何在？其方法有哪些？
9. 冲裁工艺设计时，计算压力中心的原因是什么？如何计算？
10. 简要说明单工序冲裁模、级进冲裁模和复合冲裁模的特点和区别？
11. 冲裁模主要包括哪些基本结构部件？
12. 简要说明定位装置的作用和基本形式。
13. 挡料销的作用是什么？常用的挡料销有哪些结构形式？
14. 简要说明卸料装置的作用和基本形式。
15. 级进模中使用定距侧刃有什么优点？
16. 级进模中使用导正销的作用是什么？
17. 模架的作用是什么？一般由哪些零件组成？如何选择模架？
18. 如题图（图2.68）所示零件，材料为 Q235，厚度为 2 mm。按分别加工，确定凸、凹模的刃口尺寸，并计算冲裁力，确定压力中心和压力机的公称压力。
19. 如题图（图2.69）所示零件，材料为 30 钢，厚度为 0.3 mm，生产条件为大批量，遵照 2.4.2 所示实例，设计冲裁模具。

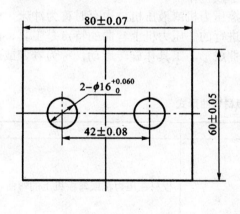

图 2.68　题 2.18 图

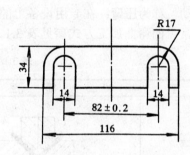

图 2.69　题 2.19 图

# 第 3 章 拉深、弯曲工艺及模具

## 3.1 弯曲成形工艺与模具

### 3.1.1 弯曲的类型

**弯曲**是使材料产生塑性变形,将平直板材或管材等型材的毛坯或半成品,放到模具中进行弯曲,得到一定角度或形状制件的加工方法。是冲压基本工序之一。

弯曲分为自由弯曲和校正弯曲。**自由弯曲**就是指当弯曲终了时,凸模、毛坯和凹模三者贴紧后凸模不再下压。而**校正弯曲**是指三者贴紧后,凸模继续下压,从而使工件产生进一步塑性变形,减少了回弹。对弯曲件起到了校正作用。

弯曲成形使用的设备是机械压力机、摩擦压力机或液压机,也有时称为冲床。此外还有在弯板机、弯管机、拉弯机等专用设备上进行的。压力机上弯曲的特点是工具、模具均作直线运动,称为**压弯**;在专用设备上的弯曲成形,工具作旋转运动,称为**卷弯**或**滚压**。

各种常见的弯曲加工方式参见表 3.1。

表 3.1 板材弯曲形式

| 类 型 | 简 图 | 特 点 |
| --- | --- | --- |
| 压弯 |  | 板材在压力机或弯板机上的弯曲 |
| 拉弯 |  | 对于弯曲率径大(曲率小)的弯曲件,在拉力的作用下进行弯曲,从而得到塑性变形 |

| 类型 | 简图 | 特点 |
|---|---|---|
| 滚弯 | | 用 2～4 个滚轮，完成大曲率半径的弯曲 |

## 3.1.2 弯曲变形过程分析

**1. 弯曲变形过程**

弯曲形式很多，常用 V 形件的弯曲来阐述弯曲特点及过程，其弯曲过程如图 3.1 所示。在开始弯曲时，板料的弯曲内侧半径大于凸模的圆角半径。随着凸模的下压，板料的直边与凹模 V 形表面逐渐靠紧，弯曲内侧半径逐渐减小，即

$$r_0 > r_1 > r_2 > r$$

同时弯曲力臂也逐渐减小，即

$$l_0 > l_1 > l_2 > l$$

当凸模、板料与凹模三者完全压合，板料的内侧弯曲半径及弯曲力臂达到最小时，弯曲过程结束。凸模、板料与凹模三者完全压合后，如果再增加一定的压力，对弯曲件施压，则称为**校正弯曲**。没有这一过程的弯曲称为**自由弯曲**。

由于板料在弯曲变形过程中弯曲内侧半径逐渐减小，因此弯曲变形部分的变形程度逐渐增加；又由于弯曲力臂逐渐减小，弯曲变形过程中板料与凹模之间有相对滑移现象。

弯曲结束凸模上升，凸模和凹模逐渐分开，毛坯板料件就成为具有一定角度的弯曲件了。由于金属材料有弹性，弯曲件成形角度会稍高于该角度，这种现象称为**回弹**。回弹对弯曲件的成形质量有很大的影响。因此，需估算回弹大小，并采取一定措施消除之。

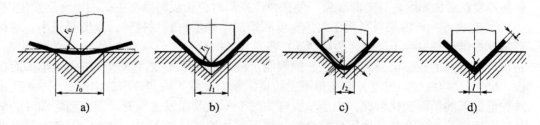

图 3.1 弯曲变形过程

2. 弯曲变形的特点

研究材料的冲压变形,常采用网格法,如图 3.2 所示。在弯曲前的板料侧面用机械刻线或照相腐蚀的方法画出网格,观察弯曲变形后位于工件侧壁的坐标网格的变化情况,就可分析出变形时板料的受力情况。从板料弯曲变形后的情况可以发现:

(1)弯曲变形主要发生在弯曲带中心角 $\alpha$ 范围内,中心角以外基本上不变形。若弯曲后工件如图 3.3 所示,则反映弯曲变形区的弯曲带中心角为 $\alpha$,而弯曲后工件的角度为 $\theta$,两者的关系为:$\alpha=180°-\theta$;

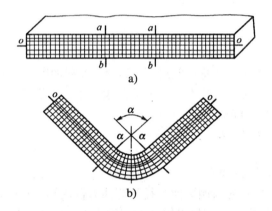
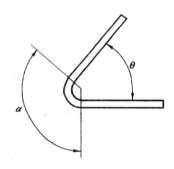

图 3.2　板料弯曲前后网格变化　　　　图 3.3　弯曲角与弯曲带中心角

(2)在变形区内,从网格变形情况看,板料在长、宽、厚 3 个方向都产生了变形:

① 长度方向网格。由正方形变成了扇形,靠近凹模的外侧长度伸长,靠近凸模的内侧长度缩短。由表面至板料中心,其缩短与伸长的程度逐渐变小。在缩短和伸长的两个变形区之间,必然有一层金属,它的长度在变形前后没有变化。这层金属称为**中性层**。

② 厚度方向。由于内层长度方向缩短,因此厚度应增加,但由于凸模紧压板料,厚度方向增加不易。外层长度伸长,厚度要变薄。在整个厚度上,因为增厚量小于变薄量,因此材料厚度在弯曲形区内有变薄现象,使在弹性变形时位于板料厚度中间的中性层发生内移。

③ 宽度方向。内层材料受压缩,宽度应增加。外层材料受拉伸,宽度要减小。这种变形情况根据板料宽度不同分为两种情况:在宽板(板料宽度与厚度之比 $b/t>3$)弯曲时,材料在宽度方向的变形会受到相邻金属的限制,横断面几乎不变,基本保持为矩形;而在窄板($b/t\leq3$)弯曲时,宽度方向变形不受约束,断面变成了内宽外窄的扇形。图 3.4 所示为两种情况下的断面变化情况。由于窄板弯曲时变形区断面发生畸变,因此当弯曲件的侧面尺寸有一定要求或要和其他零件配合时,需要增加后续辅助工序。对于一般的板料弯曲来说,大部分属宽板弯曲。

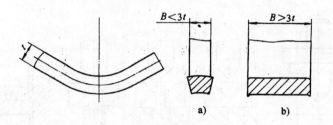

图 3.4 板材弯曲后断面的变化

### 3.1.3 典型弯曲模结构

**1. 弯曲模的结构特点**

由于弯曲件的种类很多,形状繁简不一,因此弯曲模的结构类型也是多种多样的。常见的弯曲模结构类型有:单工序弯曲模、级进弯曲模、复合弯曲模和通用弯曲模等。简单的弯曲模工作时只有一个垂直运动,复杂的弯曲模除垂直运动外,还有一个或多个水平动作。因此,弯曲模设计难以做到标准化,通常参照冲裁模的一般设计要求和方法,并针对弯曲变形特点进行设计。设计时应考虑以下要点:

(1) 坯料的定位要准确、可靠,尽可能采用坯料的孔定位,防止坯料在变形过程中发生偏移;

(2) 模具结构不应妨碍坯料在弯曲过程中应有的转动和移动,避免弯曲过程中坯料产生过度变薄和断面发生畸变;

(3) 模具结构应能保证弯曲时上、下模之间水平方向的错移力得到平衡;

(4) 为了减小回弹,弯曲行程结束时应使弯曲件的变形部位在模具中得到校正;

(5) 坯料的安放和弯曲件的取出要方便、迅速、生产率高、操作安全;

(6) 弯曲回弹量较大的材料时,模具结构上必须考虑凸、凹模加工及试模时便于修正的可能性。

**2. 单工序弯曲模**

(1) V 形件弯曲模

图 3.5a 为简单的 V 形件弯曲模,其特点是结构简单、通用性好。但弯曲时坯料容易偏移,影响工件精度。图 3.5b、c、d 所示分别为带有定位尖、顶杆、V 形顶板的模具结构,可以防止坯料滑动,提高工件精度。图 3.5e 所示的 V 形弯曲模,由于有顶板及定料销,可以有效防止弯曲时坯料的偏移,得到边长差偏差为 0.1 mm 的工件。反侧压块的作用平衡左边弯曲时产生的水平侧向力。

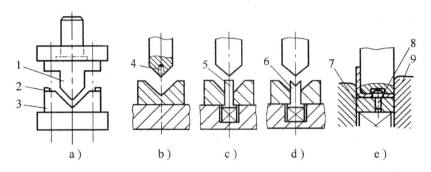

1—凸模；2—定位板；3—凹模；4—定位尖；5—顶杆；
6—V形顶板；7—顶板；8—定料销；9—反侧压块

**图 3.5 V形弯曲模的一般结构形式**

（2）U形件弯曲模

根据弯曲件的要求，常用的U形弯曲模有图3.6所示的几种结构形式。

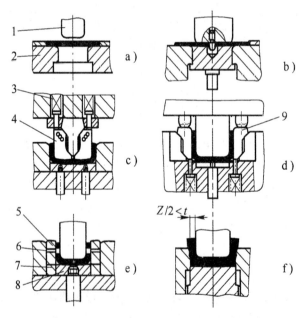

1—凸模；2—凹模；3—弹簧；4—凸模活动镶块；
5、9—凹模活动镶块；6—定位销；7—转轴；8—顶板

**图 3.6 U形件弯曲模**

图 3.6a 所示为开底凹模，用于底部不要求平整的制件。图 3.6b 用于底部要求平整的弯曲件。图 3.6c 用于料厚公差较大而外侧尺寸要求较高的弯曲件，其凸模为活动结构，可随料厚自动调整凸模横向尺寸。图 3.6d 用于料厚公差较大而内侧尺寸要求较高的弯曲件，凹模两侧为活动结构，可随料厚自动调整凹模横向尺寸。图 3.6e 为 U 形精弯模，两侧的凹模活动镶块用转轴分别与顶板铰接。弯曲前顶杆将顶板顶出凹模面，同时顶板与凹模活动镶块成一平面，镶块上有定位销供工序件定位之用。弯曲时工序件与凹模活动一起运动，这样就保证了两侧孔的同轴。图 3.6f 为弯曲件两侧壁厚变薄的弯曲模。

（3）Z 形件弯曲模

Z 形件一次弯曲即可成形，图 3.7a 结构简单，但由于没有压料装置，压弯时坯料容易滑动，只适用于要求不高的零件。图 3.7b 为有顶板和定位销的 Z 形件弯曲模，能有效防止坯料的偏移。反侧压块的作用是克服上、下模之间水平方向的错移力，同时也为顶板导向，防止其窜动。图 3.7c 所示的 Z 形件弯曲模，在冲压前活动凸模 10 在橡皮 8 的作用下与凸模 4 端面齐平。冲压时活动凸模与顶板 1 将坯料压紧，由于橡皮 8 产生的弹压力大于顶板 1 下方缓冲器所产生的弹顶力，推动顶板下移使坯料左端弯曲。当顶板接触下模座 11 后，橡皮 8 压缩，则凸模 4 相对于活动凸模 10 下移将坯料右端弯曲成形。当压块 7 与上模座 6 相碰时，整个工件得到校正。

（4）圆形件弯曲模

圆形件的尺寸大小不同，其弯曲方法也不同，一般按直径分为小圆和大圆两种。

① 直径 $d \leq 5$ mm 的小圆形件

弯小圆的方法是先弯成 U 形，再将 U 形弯成圆形。用两套简单模弯圆的方法见图 3.8a。由于工件小，分两次弯曲操作不便，故可将两道工序合并。图 3.8b 为有侧楔的一次弯圆模，上模下行，芯棒 3 先将坯料弯成 U 形，上模继续下行，侧楔推动活动凹模将 U 形弯成圆形。图 3.8c 所示的

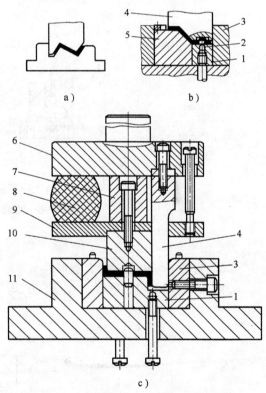

1—顶板；2—定位销；3—反侧压块；4—凸模；
5—凹模；6—上模座；7—压块；8—橡皮；
9—凸模托板；10—活动凸模；11—下模座

图 3.7 Z 形件弯曲模

也是一次弯圆模。上模下行时,压板将滑块往下压,滑块带动芯棒将坯料弯成 U 形。上模继续下行,凸模再将 U 形弯成圆形。如果工件精度要求高,可以旋转工件连冲几次,以获得较好的圆度。工件由垂直图面方向从芯棒上取下。

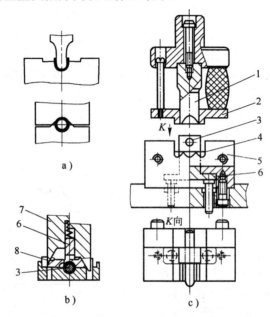

1—凸模; 2—压板; 3—芯棒; 4—坯料;
5—凹模; 6—滑块; 7—楔模; 8—活动凹模

图 3.8 小圆弯曲模

② 直径 $d \geq 20$ mm 的大圆形件

图 3.9 是用三道工序弯曲大圆的方法,这种方法生产率低,适合于材料厚度较大的工件。

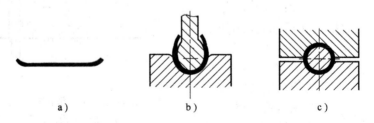

a)首次弯曲  b)二次弯曲  c)三次弯曲

图 3.9 大圆三次弯曲

图 3.10 是用两道工序弯曲大圆的方法，先预弯成三个 120°的波浪形，然后再用第二套模具弯成圆形，工件顺凸模轴线方向取下。

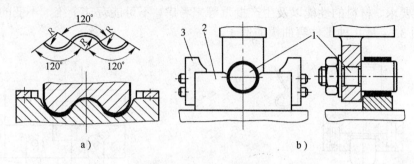

a)首次弯曲　b)二次弯曲
1—凸模；2—凹模；3—定位板

图 3.10　大圆两次弯曲模

图 3.11a 是带摆动凹模的一次弯曲成形模，凸模下行先将坯料压成 U 形，凸模继续下行，摆动凹模将 U 形弯成圆形，工件顺凸模轴线方向推开支撑取下。这种模具生产率较高，但由于回弹在工件接缝处留有缝隙和少量直边，工件精度差、模具结构也较复杂。图 3.11b 是坯料绕芯棒卷制圆形件的方法。反侧压块的作用是为凸模导向，并平衡上、下模之间水平方向的错移力。模具结构简单，工件的圆度较好，但需要行程较大的压力机。

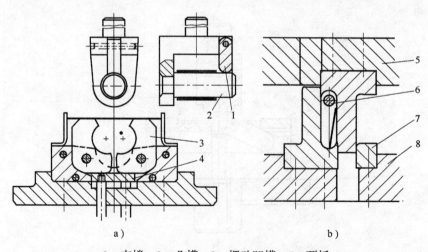

1—支撑；2—凸模；3—摆动凹模；4—顶板；
5—上模座；6—芯棒；7—反侧压块；8—下模座

图 3.11　大圆一次弯曲成形模

（5）其他形状弯曲件的弯曲模

对于其他形状弯曲件，由于品种繁多，其工序安排和模具设计只能根据弯曲件的形状、尺寸、精度要求、材料的性能以及生产批量等来考虑，不可能有一个统一不变的弯曲方法。图 3.12～图 3.14 是几种工件弯曲模的例子。

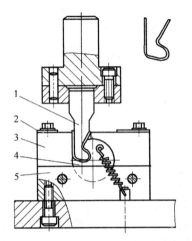

1—凸模；2—定位板；3—凹模；4—滚轴；5—挡板

图 3.12 滚轴式弯曲模

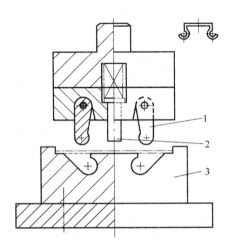

1—摆动凸模；2—压料装置；3—凹模

图 3.13 带摆动凸模弯曲模

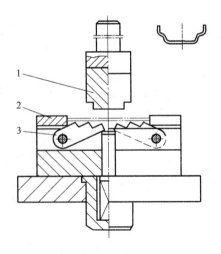

1—凸模；2—定位板；3—摆动凹模

图 3.14 带摆动凹模的弯曲模

### 3. 级进弯曲模

图 3.15 所示为冲孔、切断和弯曲两工位级进模，条料以料板导向并送至反侧压块 5 的右侧定距。上模下行时，在第一工位由冲孔凸模 4 与凹模 8 完成冲孔，同时由兼作上剪刃的凸、凹模 1 与下剪刃 7 将条料切断，紧接着在第二工位由弯曲凸模 6 与凸凹模 1 将所切断的坯料压弯成形。上模回程时，卸料板 3 卸下条料，推杆 2 则在弹簧的作用下推出工件，从而获得底部带孔的 U 形弯曲件。在该模具中，弹性卸料板 3 除了起卸料作用以外，冲压时还能压紧条料，防止单边切断时条料上翘。同样，弹性推杆 2 除了推件外还可以在坯料切断后将其压紧，防止弯曲时坯料发生偏移。推杆上的导正销能在弯曲前导正坯料上已冲出的孔，反侧压块除了定位外还能平衡凸凹模在单边切断时产生的水平错移力。另外，因该模具中有冲裁工序，故采用了对角导柱模架。

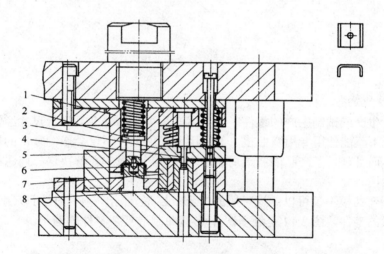

1—凸凹模；2—推杆；3—卸料板；4—冲孔凸模；5—反侧压块；
6—弯曲凸模；7—下剪刃；8—冲孔凹模

图 3.15 级进弯曲模

### 4. 复合弯曲模

对于尺寸不大的弯曲件，还可以采用复合模，即在压力机一次行程内，在模具同一位置上完成落料、弯曲、冲孔等几种不同工序。图 3.16a、图 3.16b 是切断、弯曲复合模结构简图。图 3.16c 是落料、弯曲、冲孔复合模，模具结构紧凑，工件精度高，但凸凹模修磨困难。

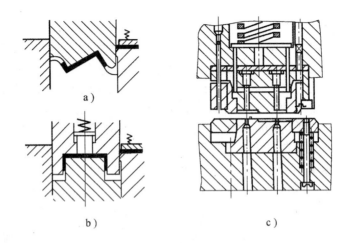

图 3.16 复合弯曲模

### 5. 通用弯曲模

对于小批生产或试制生产的零件,因为生产量少、品种多且形状尺寸经常改变,所以在大多数情况下不能使用专用弯曲模。如果用手工加工,不仅会影响零件的加工精度,增加劳动强度,而且延长了产品的制造周期,增加了产品成本。解决这一问题的有效途径是采用通用弯曲模。

采用通用弯曲模不仅可以制造一般的 V 形、U 形、圆形零件,还可以制造精度要求不高的复杂形状的零件,图 3.17 是经多次 V 形弯曲制造复杂零件的例子。

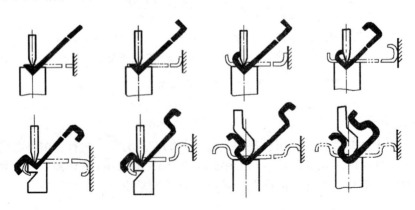

图 3.17 多次 V 形弯曲制造复杂零件举例

图 3.18 是折弯机上用的通用弯曲模。凹模四个面上分别制出适应于弯制零件的几种槽口（图 3.18a）。凸模有直臂式和曲臂式两种，工作圆角半径做成几种尺寸，以便按工件需要更换（图 3.18b，图 3.18c）。图 3.19 为通用 V 形弯曲模。凹模由两块组成，它具有四个工作面，以供弯曲多种角度用。凸模按工件弯曲角和圆角半径大小更换。

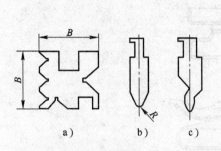
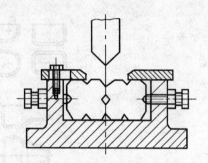

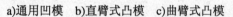
a)通用凹模　b)直臂式凸模　c)曲臂式凸模

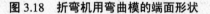
图 3.18　折弯机用弯曲模的端面形状　　　　图 3.19　通用 V 形弯曲模

## 3.2　拉深成形工艺与模具

### 3.2.1　拉深工艺概述

**拉深**（又称拉延）是利用拉深模在压力机的压力作用下，将平板坯料或空心工序件制成开口空心零件的加工方法。它是冲压基本工序之一，广泛应用于汽车、电子、日用品、仪表、航空和航天等各种工业部门的产品生产中，不仅可以加工旋转体零件，还可加工盒形零件及其他形状复杂的薄壁零件，如图 3.20 所示。

拉深可分为不变薄拉深和变薄拉深。前者拉深成形后的零件，其各部分的壁厚与拉深前的坯料相比基本不变；后者拉深成形后的零件，其壁厚与拉深前的坯料相比有明显的变薄，主要用于制造薄壁厚底、变壁厚和高度较大的桶形零件。在实际生产中，应用较多的是不变薄拉深。本节重点介绍不变薄拉深工艺与模具结构。

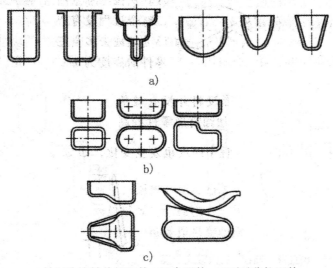

a)轴对称旋转体拉深件  b)盒形件  c)不对称拉深件

图 3.20  拉深件的分类

## 3.2.2 拉深件的工艺性

**1. 拉深件的形状**

拉深件的结构形状应简单、对称,尽量避免急剧的外形变化。标注尺寸时,应根据使用要求只标注内形尺寸或只标注外形尺寸,筒壁和底面连接处的圆角半径只能标注在内形,材料厚度不宜标注在筒壁或凸缘上。设计拉深件时应考虑到筒壁及凸缘厚度的不均匀性及其变化规律,凸模圆角区变薄显著,最大变薄率约为材料厚度的 10%～18%,而筒口或凸缘边部,材料显著增厚,最大增厚率约为材料厚度的 20%～30%。多次拉深件的筒壁和凸缘的内、外表面应允许出现压痕。

非对称的空心件应组合成对进行拉深然后将其切成两个或多个零件。

**2. 拉深件的高度**

拉深件的高度 $h$ 对拉深成形的次数和成形质量均有重要的影响,常见零件一次成形的拉深高度为:

无凸缘筒形件    $h \leq (0.5 \sim 0.7) d$ ($d$ 为拉深件壁厚中径);

带凸缘筒形件    $d_t/d \leq 1.5$ 时,$h \leq (0.4 \sim 0.6) d$ ($d_t$ 为拉深件凸缘直径)。

### 3. 拉深件的圆角半径

拉深件凸缘与筒壁间圆角半径取 $r_d \geq 2t$，为便于拉深顺利进行，通常取 $r_d \geq (4\sim 8)t$；当 $r_d \leq 2t$ 时，需增加整形工序。

拉深件底与筒壁间的圆角半径取 $r_p \geq 2t$，为便于拉深顺利进行，通常取 $r_p \geq (4\sim 8)t$；当 $r_p \leq 2t$ 时，需增加整形工序。

### 4. 拉深件的尺寸精度

拉深件的径向尺寸精度一般不高于 IT11 级，如高于 IT11，则需增加校形工序。

## 3.2.3 拉深变形过程分析

图 3.21 所示为无凸缘圆筒形件的拉深工艺过程。圆形平板毛坯 1 放在凹模 3 上。上模下行时，先由压边圈 2 压住毛坯，然后凸模 1 继续下行，将坯料拉入凹模。拉深完成后，上模回程，拉深件 5 脱模。

如果圆形平板坯料的直径为 $D$，拉深后筒形件的直径为 $d$，通常以筒形件直径与坯料直径的比值来表示拉深变形程度的大小，即：

$$m = d/D \tag{3.1}$$

其中：$m$ 称为**拉深系数**，$m$ 越小，拉深变形程度越大；

相反，$m$ 越大，拉深变形程度就越小。

### 1. 拉深过程中材料内的应力应变状态

在拉深过程中，坯料可分为平面凸缘部分、凸缘圆角部分、筒壁部分、底部圆角部分、筒底部分等五个区域，如图 3.21 所示。

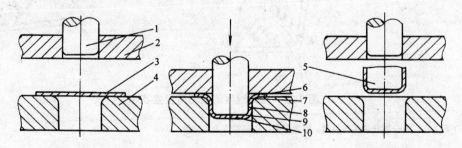

1—凸模；2—压边圈；3—毛坯；4—凹模；5—拉深件；6—平面凸缘部分；
7—凸缘圆角部分；8—筒壁部分；9—底部圆角部分；10—筒底部分

图 3.21 拉深工艺过程

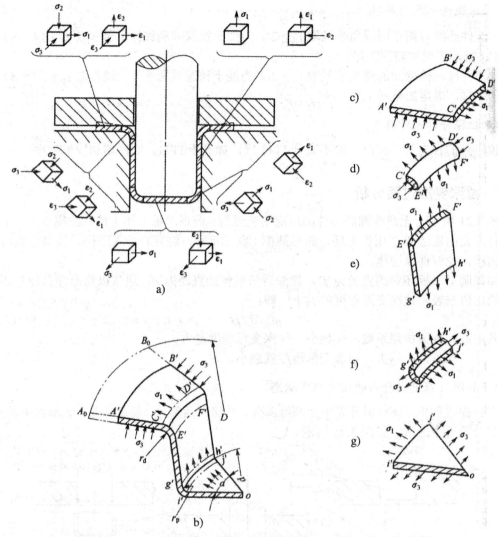

图 3.22 拉深过程的应力与应变状态

注:下标 1、2、3 分别代表坯料径向、厚度方向、切向的应力和应变

(1) 凸缘部分(见图 3.22a、图 3.22b、图 3.22c)

这是拉深的主要变形区,材料在径向拉应力 $\sigma_1$ 和切向压应力 $\sigma_3$ 的共同作用下产生切向压缩与径向伸长变形而逐渐被拉入凹模。在厚度方向,由于压料圈的作用,产生压应力 $\sigma_2$,通常 $\sigma_1$ 和 $\sigma_3$ 的绝对值比 $\sigma_2$ 大得多。厚度方向上材料的的变形情况取决于径向拉应力 $\sigma_1$

和切向压应力 $\sigma_3$ 之间比例关系。如果不压料（$\sigma_2=0$），或压料力较小（$\sigma_2$ 小），这时板料增厚比较大。当拉深变形程度较大，板料又比较薄时，则在坯料的凸缘部分，特别是外缘部分，在切向压应力 $\sigma_3$ 作用下可能失稳而拱起，产生起皱现象。

（2）凹模圆角部分（见图 3.32a、图 3.32b、图 3.32d）

此部分是凸缘和筒壁的过渡区，材料变形复杂。切向受压应力 $\sigma_3$ 而压缩，径向受拉应力 $\sigma_1$ 而伸长，厚度方向受到凹模圆角弯曲作用产生压应力 $\sigma_2$。由于该部分径向拉应力 $\sigma_1$ 的绝对值最大，所以 $\varepsilon_1$ 是绝对值最大的主应变，$\varepsilon_2$ 为拉应变，而 $\varepsilon_2$ 和 $\varepsilon_3$ 为压应变。$\varepsilon_1$ 过大，圆角部分会出现破裂现象。

（3）筒壁部分（见图 3.22a、图 3.22b、图 3.22e）

这部分是凸缘部分材料经塑性变形后形成的筒壁，它将凸模的作用力传递给凸缘变形区，因此是传力区。该部分受单向拉应力 $\sigma_1$ 作用，发生少量的纵向伸长和厚度变薄。

（4）凸模圆角部分（见图 3.22a、图 3.22b、图 3.22f）

此部分是筒壁和圆筒底部的过渡区。拉深过程一直承受径向拉应力 $\sigma_1$ 和切向拉应力 $\sigma_3$ 的作用，同时厚度方向受到凸模圆角的压力和弯曲作用，形成较大的压应力 $\sigma_2$，因此这部分材料变薄严重，尤其是与筒壁相切的部位，此处最容易出现拉裂，是拉深的"危险断面"。

（5）筒底部分（见图 3.22a、图 3.22b、图 3.22g）

这部分材料与凸模底面接触，直接接收凸模施加的拉深力传递到筒壁，是传力区。该处材料在拉深开始时即被拉入凹模，并在拉深的整个过程中保持其平面形状。它受到径向和切向双向拉应力作用，变形为径向和切向伸长、厚度变薄，但变形量很小。

从拉深过程坯料的应力应变的分析中可见：坯料各区的应力与应变是很不均匀的。即使在凸缘变形区内也是这样，越靠近外缘，变形程度越大，板料增厚也越多。从图 3.23 所示拉深成形后制件壁厚和硬度分布情况可以看出，拉深件下部壁厚略有变薄，壁部与圆角相切处变薄严重，口部最厚。由

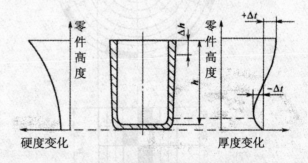

图 3.23 拉深件的壁厚和硬度的变化

于坯料各处变形程度不同，加工硬化程度也不同，表现为拉深件各部分硬度不一样，越接近口部，硬度愈大。

2. 拉深过程

为了说明金属的流动过程,可以进行如下的网格法试验:在平板圆形毛坯上画上间距为 a 的同心圆和分度相等的辐射线,如图 3.24a 所示。在拉深后网格发生了如下的变化:

(1) 筒形件底部网格基本上保持不变,如图 3.24d 所示,说明凸模底部的金属没有明显的流动,基本上没有变形;

(2) 原来间隔相同的同心圆变为筒壁上的水平圆筒线,且越往上间距增加越大,如图 3.24b 所示,即 $a_1 > a_2 > \cdots > a$,这说明越靠近外圆的金属径向流动越大,因为越向外"多余"的金属量越大;

(3) 原来分度相等的辐射线在筒壁上成了相互平行的垂直线,其宽度 b 完全相等,即 $b_1 = b_2 = \cdots = b$,这说明金属有直径缩小的切向压缩应变,且越向外应变量越大;

(4) 原来毛坯上的网格为扇形,面积为 $A_1$,见图 3.24a,变形后网格变成矩形,见图 3.34b,其面积为 $A_2$,如果变形后材料厚度变化不大,则可以认为 $A_1 = A_2$。

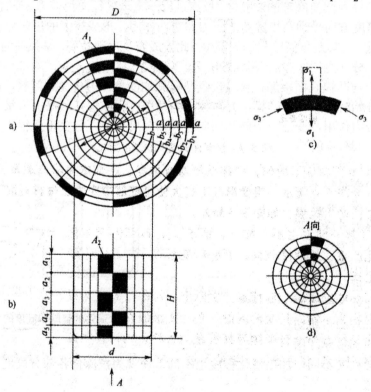

图 3.24 拉深的网格试验

### 3.2.4 拉深件的主要工艺问题

在进行拉深时，有许多因素将影响到拉深件的质量，甚至影响到拉深工艺能否顺利完成。常见的拉深工艺问题包括平面凸缘部分的起皱、筒壁危险断面的拉裂、口部或凸缘边缘不整齐、筒壁表面拉伤、拉深件存在较大的尺寸和形状误差等，其中平面凸缘部分的起皱和筒壁危险断面的拉裂是拉深的两个主要工艺问题。

**1. 平面凸缘部分的起皱**

拉深过程中，凸缘区变形区的材料在切向压应力 $\sigma_3$ 的作用下，可能会产生失稳起皱，如图 3.25 所示。凸缘区会不会起皱，主要决定于两个方面：一方面是切向压应力 $\sigma_3$ 的大小，越大越容易失稳起皱；另一方面是凸缘区板料本身的抵抗失稳的能力，凸缘宽度越大，厚度越薄，材料弹性模量和硬化模量越小，抵抗失稳能力越小。这类似于材料力学中的压杆稳定问题。压杆是否稳定不仅取决于压力而且取决于压杆的粗细。在拉深过程中是随着拉深的进行而增加的，但凸缘变形区的相对厚度也在增大。

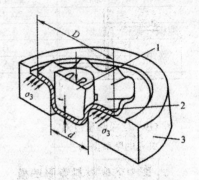

1—凸模；2—毛坯；3—凹模

图 3.25 凸缘变形区的起皱

在实际中常用下列公式粗略估算普通平端面凹模拉深时不起皱条件：

首次拉深

$$\frac{t}{D} \geq 0.045(1 - m_1) \tag{3.2}$$

以后各次拉深

$$\frac{t}{D_{i-1}} \geq 0.045\left(\frac{1}{m_i} - 1\right) \tag{3.3}$$

式中：$t$——材料厚度，mm；

$D$——毛坯直径，mm；

$D_{i-1}$——前一次得到的半成品直径，mm；

$m_i$——本次拉深的拉深系数。

如果不满足上述不起皱条件，则在设计拉深模时必须设计压边装置，通过压边圈的压边力将平面凸缘部分压紧，以防止起皱。压边力的大小必须适当。压边力过大，将导致拉深力过大而使危险断面拉裂；压边力过小，则不能有效防止起皱。在设计压边装置时，应考虑便于调节压边力，以便在保证材料不起皱的前提下，采用尽可能小的压边力。

设计拉深模时，压边力的大小可按下式核算：

$$Q = Fq \tag{3.4}$$

式中：$Q$——压边力，N；
$F$——毛坯在压边圈上的投影面积，mm$^2$；
$q$——单位压边力，MPa，参考表 3.2。

表 3.2 单位压边力（MPa）

| 材料名称 | | 单位压边力 | 材料名称 | 单位压边力 |
|---|---|---|---|---|
| 铝 | | 0.8～1.2 | 镀锡钢板 | 2.5～3.0 |
| 纯铜、硬铝（已退火） | | 1.5～2.0 | 高温合金、高锰钢、不锈钢 | 0.3～0.45 |
| 软钢 | $t \leq 0.5$ | 2.0～2.5 | 黄铜 | 2.0～2.5 |
| | $t > 0.5$ | 2.5～3.0 | 高温合金（软化状态） | 2.8～3.5 |

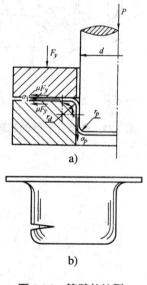

图 3.26 筒壁的拉裂

**2. 筒壁的拉裂**

拉深时，坯料内各部分的受力关系如图 3.26a 所示。筒壁所受的拉应力除了与径向拉应力 $\sigma_L$ 有关之外，还与由于压料力 $F_Y$ 引起的摩擦阻力、坯料在凹模圆角表面滑动所产生的摩擦阻力和弯曲变形所形成的阻力有关。

筒壁会不会拉裂主要取决于两个方面：一方面是筒壁传力区中的拉应力；另一方面是筒壁传力区的抗拉强度。当筒壁拉应力超过筒壁材料的抗拉强度时，拉深件就会在底部圆角与筒壁相切处——"危险断面"产生破裂，如图 3.26b 所示。

要防止筒壁的拉裂，一方面要通过改善材料的力学性能，提高筒壁抗拉强度；另一方面是通过正确制定拉深工艺和设计模具，合理确定拉深变形程度、凹模圆角半径、合理改善条件润滑等，以降低筒壁传力区中的拉应力。

## 3.2.5 典型拉深模结构

拉深模结构相对较简单。根据拉深模使用的压力机类型不同，拉深模可分为单动压力机用拉深模和双动压力机用拉深模；根据拉深顺序可分为首次拉深模和以后各次拉深模；根据工序组合可分为单工序拉深模、复合工序拉深模和连续工序拉深模；根据压料情况可分为有压边装置和无压边装置拉深模。

## 1. 首次拉深模

（1）无压边装置的简单拉深模

这种模具结构简单，上模往往是整体的，如图 3.27 所示。当凸模 1 直径过小时，则还应加上模座，以增加上模部分与压力机滑块的接触面积，下模部分有定位板 2、下模座 4 与凹模 3。为使工件在拉深后不致于紧贴在凸模上难以取下，在拉深凸模 1 上应有直径为 $\varPhi 3 \sim \varPhi 8$ mm 的小通气孔。拉深后，冲压件靠凹模下部的脱料颈刮下。这种模具适用于拉深材料厚度较大（$t > 2$ mm）及深度较小的零件。拉深件的径向尺寸精度一般不高于 IT11 级，如高于 IT11，则需增加校形工序。

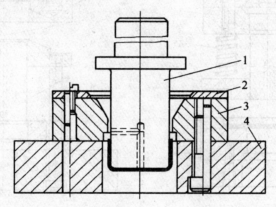

1—凸模；2—定位板；3—凹模；4—下模座

**图 3.27 无压料下出件首次拉深模**

（2）有压边装置的拉深模

如图 3.28 所示为压边圈装在上模部分的正装拉深模。由于弹性元件装在上模，因此凸模要比较长，适宜于拉深深度不大的工件。

图 3.29 所示为压边圈装在下模部分的倒装拉深模。由于弹性元件装在下模座下压力机工作台面的孔中，因此空间较大，允许弹性元件有较大的压缩行程，可以拉深深度较大一些的拉深件。这副模具采用了锥形压边圈 6。在拉深时，锥形压边圈先将毛坯压成锥形，使毛坯的外径已经产生一定量的收缩，然后再将其拉成筒形件。采用这种结构，有利于拉深变形，可以降低极限拉深系数。

## 2. 以后各次拉深模

在以后各次拉深中，因毛坯已不是平板形状，而是已经成形的半成品，所以应充分考虑毛坯在模具上的定位。

图 3.30 所示为无压边装置的以后各次拉深模，仅用于直径变化量不大的拉深。

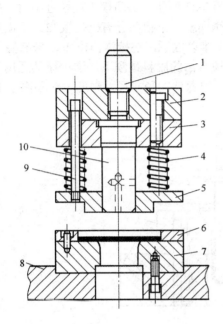

1—模柄；2—上模座；3—凸模固定板；
4—弹簧；5—压边圈；6—定位板；7—凹模；
8—下模座；9—卸料螺钉；10—凸模

图 3.28 正装拉深模

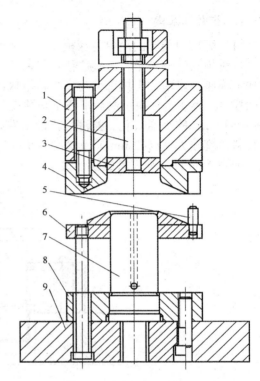

1—上模座；2—推杆；3—推件板；
4—锥形凹模；5—限位柱；6—锥形压边圈；
7—拉深凸模；8—固定板；9—下模座

图 3.29 带锥形压边圈的倒装拉深模

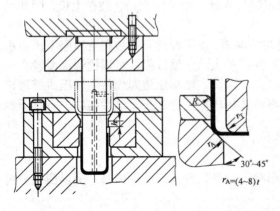

图 3.30 无压边装置的以后各次拉深模

图 3.31 所示为有压边装置的以后各次拉深模，这是一般最常见的结构形式。拉深前，毛坯套在压边圈 4 上，压边圈的形状必须与上一次拉出的半成品相适应。拉深后，压边圈将冲压件从凸模 3 上托出，推件板 1 将冲压件从凹模中推出。

### 3. 落料拉深复合模

图 3.32 所示为一副典型的正装落料拉深复合模。上模部分装有凸凹模 3（落料凸模、拉深凹模），下模部分装有

落料凹模7与拉深凸模8。为保证冲压时先落料再拉深，拉深凸模8低于落料凹模7一个料厚以上。件2为弹性压边圈，弹顶器安装在下模座下。

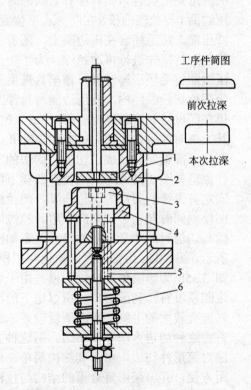

1—推件板；2—拉深凹模；3—拉深凸模；
4—压边圈；5—顶杆；6—弹簧

图 3.31　有压边装置的以后各次拉深模

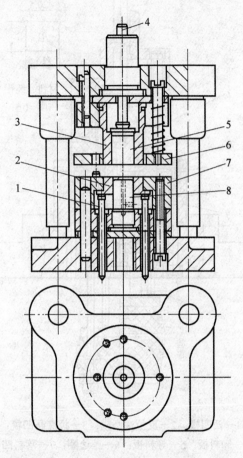

1—顶杆；2—压边圈；3—凸凹模；4—推杆；
5—推件板；6—卸料板；7—落料凹模；8—拉深凸模

图 3.32　落料拉深复合模

图 3.33 所示为落料、正、反拉深模。由于在一副模具中进行正、反拉深，因此一次能拉出高度较大的工件，提高了生产率。件1为凸凹模（落料凸模、第一次拉深凹模），件2为第二次拉深（反拉深）凸模，件3为拉深凸凹模（第一次拉深凸模、反拉深凹模），件7为落料凹模。第一次拉深时，有压边圈6的弹性压边作用，反拉深时无压边作用。上模采用刚性推件，下模直接用弹簧顶件，由固定卸料板4完成卸料，模具结构十分紧凑。

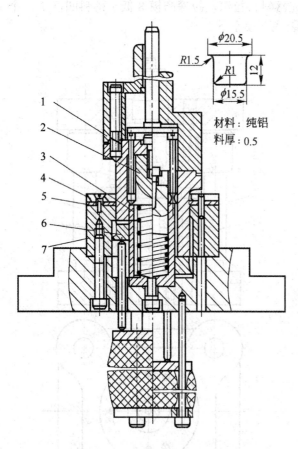

1—凸凹模；2—反拉深凸模；3—拉深凸凹模；
4—卸料板；5—导料板；6—压边圈；7—落料凹模

**图 3.33 落料、正、反拉深模**

图 3.34 所示为一副后次拉深、冲孔、切边复合模。为了有利于本次拉深变形，减小本次拉深时的弯曲阻力，在本次拉深前的毛坯底部角上已拉出有 45°的斜角。本次拉深模的压边圈与毛坯的内形完全吻合。模具在开启状态时，压边圈1与拉深凸模8在同一水平位置。冲压前，将毛坯套在压边圈上，随着上模的下行，先进行再次拉深，为了防止压边圈将毛坯压得过紧，该模具采用了带限位螺栓的结构，使压边圈与拉深凹模之间保持一定距离。到行程快终了时，其上部对冲压件底部完成压凹与冲孔，而其下部也同时完成了切边。切边的工作原理如图 3.35 所示。在拉深凸模下面固定有带锋利刃口的切边凸模，而拉深凹模则同时起切边凹模的作用。拉深间隙与切边时的冲裁间隙的尺寸关系如图所示。图 3.35a 为带锥形口的拉深凹模，图 3.35b 为带圆角的拉深凹模。由于切边凹模没有锋利的刃口，所以切下的废料拖有较大的毛刺，断面质量较差，也有将这种切边方法称为**挤边**。用这种方法对筒形件切边，由于其结构简单，使用方便，并可采用复合模的结构与拉深同时进行，所以使用十分广泛。对筒形件进行切边还可以采用垂直于筒形件轴线方向的水平切边，但其模具结构较为复杂。

为了便于制造与修磨，拉深凸模、切边凸模、冲孔凸模和拉深、切边凹模均采用镶拼结构，并用螺钉拧紧在固定板上。

冲压结束，由安装在下模座下的弹顶装置通过压边圈将冲压件（由于外径有回弹）及切边废料从拉深凸模中顶出，再由装在上模部分的推件装置将冲压件从凹模中推出。

第3章 拉深、弯曲工艺及模具　　115

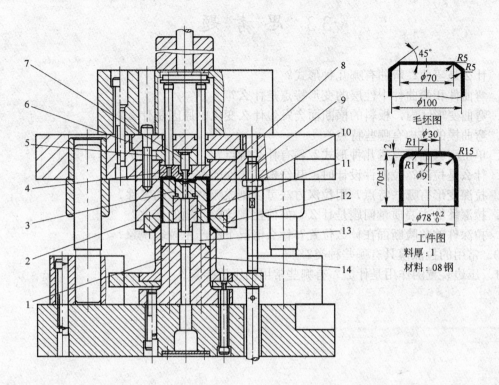

1—压边圈；2—凹模固定板；3—冲孔凹模；4—推件板；5—凸模固定板；6—垫板；7—冲孔凸模；
8—拉深凸模；9—限位螺栓；10—螺母；11—垫柱；12—拉深切边凹模；13—切边凸模；14—固定块

图 3.34　再次拉深、冲孔、切边复合模

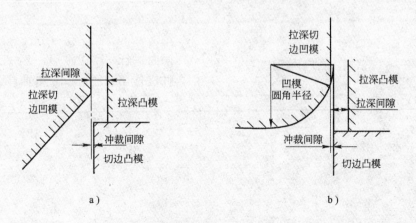

图 3.35　筒形件的切变原理

## 3.3 思考题

1. 什么是弯曲？弯曲有哪几种形式？
2. 弯曲件和弯曲件中性层的变形特点是什么？
3. 弯曲变形区内，板料的横断面会发生什么变化？原因是什么？
4. 弯曲模的结构有哪些特点？
5. 单工序弯曲模有哪几种形式？各有什么特点？
6. 什么是拉深？拉深件设计时，其结构工艺性能有什么要求？
7. 拉深变形有哪些特点？用拉深方法可以制成哪些类型的零件？
8. 拉深件的主要质量问题是什么？如何控制该类问题的产生？
9. 拉深件的危险断面在什么位置？什么情况下会产生拉裂现象？
10. 常用的拉深模具有哪些种类？
11. 压边装置的作用是什么？有哪些常用的压边装置？

# 第4章 其他冷冲压工艺及模具

## 4.1 胀形

冲压生产中,一般将平板坯料的局部凸起变形和空心件或管状件沿径向向外扩张的成型工序统称为胀形。

### 4.1.1 胀形变形的特点

图 4.1 是胀形时坯料的变形情况,图中涂黑部分表示坯料的变形区。当坯料外径与成型直径的比值 $D/d>3$ 时,$d$ 与 $D$ 之间环形部分金属发生切向收缩所必需的径向拉应力很大,属于变形的强区,以致于环形部分金属根本不可能向凹模内流动。其成型完全依赖于直径为 $d$ 的圆周以内金属厚度的变薄实现表面积的增大而成型。很显然,胀形变形区内金属处于切向和径向两向受拉的应力状态,其成型极限将受到拉裂的限制。材料的塑性愈好,硬化指数 $n$ 值愈大,可能达到的极限变形程度就愈大。

由于胀形时坯料处于双向受拉的应力状态,变形区的材料不会产生失稳起皱现象,因此成型后零件的表面光滑,质量好。同时,由于变形区材料截面上拉应力沿厚度方向的分布比较均匀,所以卸载时的弹性恢复很小,容易得到尺寸精度较高的零件。

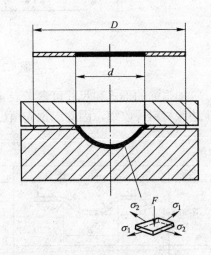

**图 4.1 胀形变形的特点**

### 4.1.2 平板坯料的起伏成型

起伏成型俗称局部胀形,可以压制加强筋、凸包、凹坑、花纹图案及标记等。图 4.2

是起伏成型的一些例子。经过起伏成型后的冲压件，由于零件惯性矩的改变和材料加工硬化，能够有效地提高零件的刚度和强度。

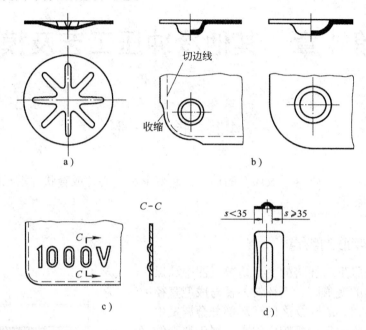

图 4.2 平板坯料的起伏成型实例

加强筋的形式和尺寸可参考表 4.1，当在坯料边缘局部胀形时（图 4.2b、图 4.2d），由于边缘材料要收缩，因此应预先留出切边余量，成型后再切除。

表 4.1 加强筋的种类和形式

| 名称 | 简 图 | $R$ | $h$ | $D$ 或 $B$ | $r$ | $\alpha$ |
|---|---|---|---|---|---|---|
| 压筋 | | $(3\sim4)t$ | $(2\sim3)t$ | $(7\sim10)t$ | $(1\sim2)t$ | — |
| 压凸 | | — | $(1.5\sim2)t$ | $\geq 3h$ | $(0.5\sim1.5)t$ | $15°\sim30°$ |

该成型方法的极限变形程度通常有两种确定方法，即试验法和计算法。起伏成型的极限变形程度，主要受到材料的性能、零件的几何形状、模具结构、胀形的方法以及润滑等因素的影响。特别是复杂形状的零件，应力应变的分布比较复杂，其危险部位和极限变形

程度，一般通过试验的方法确定。对于比较简单的起伏成型零件，则可以按下式近似地确定其极限变形程度：

$$\frac{l-l_0}{l} < (0.7 \sim 0.75)[\delta] \tag{4.1}$$

式中：$l_0$、$l$——起伏成型前后材料的长度，见图 4.3；

$[\delta]$——材料的延伸率。

系数 0.7~0.75 视加强筋的形状而定，球形筋取大值，梯形筋取小值。

如果零件要求的加强筋超过极限变形程度时，可以采用图 4.4 所示的方法，第一道工序用大直径的球形凸模胀形，达到在较大范围内聚料和均匀变形的目的，用第二道工序成型得到零件所要求的尺寸。

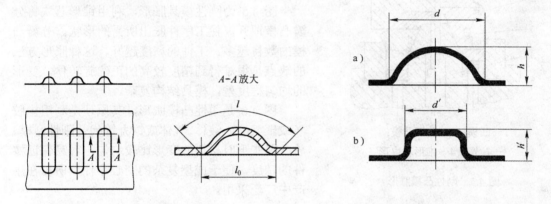

图 4.3 起伏成型前后材料的长度

a)预成型 b)最后成型

图 4.4 深度较大的局部胀形法

压制加强筋所需的冲压力，可以用下式近似计算：

$$F = KLt\sigma_b \tag{4.2}$$

式中：$K$——系数，一般取 $K = 0.7 \sim 1$，筋窄而深时取大值，筋宽而浅时取小值；

$L$——加强筋截面长度；

$t$——材料厚度；

$\sigma_b$——材料抗拉强度。

在曲轴压力机上对厚度小于 1.5 mm、面积小于 2000 mm² 的薄料小件进行压筋成型时，所需冲压力可按下式进行估算

$$F = KAt^2 \tag{4.3}$$

式中：$F$——胀形冲压力，N；

$A$——胀形面积，mm；

$t$——材料厚度；

$K$——系数，对钢 $K=200\sim300$，对黄铜 $K=150\sim200$。

### 4.1.3 空心坯料的胀形

空心坯料的胀形俗称凸肚，它是使材料沿径向拉伸，将空心工序件或管状坯料向外扩张，胀出所需的凸起曲面，如壶嘴、皮带轮、波纹管等。

**1. 胀形的方法**

胀形方法一般分为刚性模具胀形和软模胀形两种。

图 4.5 为刚性模具胀形，利用锥形芯块将分瓣凸模顶开，使工序件胀出所需的形状。分瓣凸模的数目越多，工件的精度越好。这种胀形方法的缺点是很难得到精度较高的正确旋转体，变形的均匀程度差，模具结构复杂。

图 4.6 是柔性凸模胀形，其原理是利用橡胶（或聚氨酯）、液体、气体或钢丸等代替刚性凸模。软凸模胀形时材料的变形比较均匀，容易保证零件的精度，便于成型复杂的空心零件，所以在生产中广泛采用。

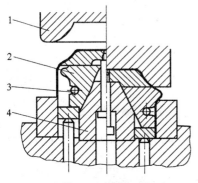

1—凹模；2—分瓣凸模；
3—拉簧；4—锥形芯块形

**图 4.5 刚性凸模胀形**

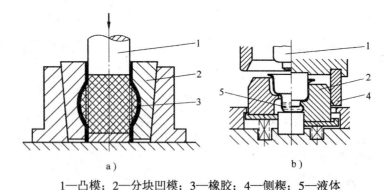

1—凸模；2—分块凹模；3—橡胶；4—侧楔；5—液体

**图 4.6 柔性凸模胀形**

图 4.6a 是橡皮胀形，图 4.6b 是液压胀形的一种，胀形前要先在预先拉深成的工序件内灌注液体，上模下行时侧楔使分块凹模合拢，然后在凸模的压力下将工序件胀形成所需的零件。由于工序件经过多次拉深工序，伴随有冷作硬化现象，故在胀形前应该进行退火，

以恢复金属的塑性。

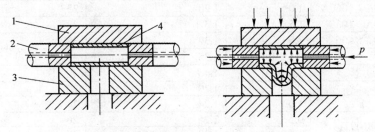

1—上模；2—轴头；3—下模；4—管坯

**图 4.7　加轴向压缩的液体胀形**

图 4.7 是采用轴向压缩和高压液体联合作用的胀形方法。首先将管坯置于下模，然后将上模压下，再使两端的轴头压紧管坯端部，继而由轴头中心孔通入高压液体，在高压液体和轴向压缩力的共同作用下胀形而获得所需的零件。用这种方法加工高压管接头、自行车的管接头和其他零件效果很好。

**2. 胀形变形过程**

空心坯料胀形的变形过程主要是依靠材料的切向拉伸，故胀形的变形过程常用胀形系数 $K$ 来表示，如图 4.8 所示。

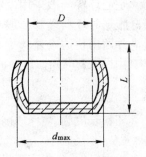

**图 4.8　空心坯料胀形尺寸**

$$K = \frac{d_{max}}{D} \tag{4.4}$$

式中：$d_{max}$——胀形后零件的最大直径；
　　　$D$——坯料的原始直径。

胀形系数 $K$ 和坯料延伸率 $\delta$ 的关系是：

$$\delta = \frac{d_{max} - D}{D} = K - 1 \tag{4.5}$$

或

$$K = 1 + \delta \tag{4.6}$$

由于坯料的变形程度受到材料的伸长率限制，所以只要知道材料的伸长率便可以按上式求出相应的极限胀形系数。表 4.2 是一些材料的胀形系数，可供参考。

**表 4.2　常用材料的极限膨胀系数和切向许用伸长率**

| 材　　料 | | 厚度/mm | 极限膨胀系数 $K$ | 切向许用伸长率 $\delta \times 100\%$ |
| --- | --- | --- | --- | --- |
| 铝合金 | 3A21-M | 0.5 | 1.25 | 25 |

（续表）

| 材　料 | | 厚　度/mm | 极限膨胀系数 $K$ | 切向许用伸长率 $\delta \times 100\%$ |
|---|---|---|---|---|
| 纯铝 | 1070A、1060A | 1.0 | 1.28 | 25 |
|  | 1050A、1035 | 1.5 | 1.32 | 32 |
|  | 1200、8A06 | 2.0 | 1.32 | 32 |
| 黄铜 | H62 | 0.5～1.0 | 1.35 | 35 |
|  | H68 | 1.5～2.0 | 1.40 | 40 |
| 低碳钢 | 08F | 0.5 | 1.20 | 20 |
|  | 10、20 | 1.0 | 1.24 | 24 |
| 不锈钢 | 1Cr18Ni9Ti | 0.5 | 1.26 | 26 |
|  |  | 1.0 | 1.28 | 28 |

3. 胀形坯料的计算

空心坯料一般采用空心管坯或拉深件。为了便于材料的流动，减小变形区材料的变薄量，胀形时坯料端部一般不予固定，使其能自由收缩，因此坯料长度要考虑增加一个收缩量，并留出切边余量。

由图 4.8 可知，坯料直径 $D$ 为

$$D = \frac{d_{\max}}{K} \tag{4.7}$$

坯料长度为

$$L = l[1+(0.3 \sim 0.4)\delta] + b \tag{4.8}$$

式中：$l$——变形区母线的长度，mm；

$\delta$——坯料切向拉伸的伸长率；

$b$——切边余量，一般取 $b = 5 \sim 15$ mm。

0.3～0.4 为切向伸长而引起坯料高度减少所需的系数。

4. 胀形力的计算

空心坯料胀形时，所需的胀形力 $F$ 可以按下式计算

$$F = pA \tag{4.9}$$

式中：$p$——胀形时所需的单位面积压力，MPa；

$A$——胀形面积，mm$^2$；

胀形时所需的单位面积压力 $p$ 可用下式近似计算

$$p = 1.15 \sigma_b \frac{2t}{d_{\max}} \tag{4.10}$$

式中：$\sigma_b$——材料的抗拉强度，MPa；

$d_{\max}$——胀形最大直径，mm；

$t$——材料原始厚度，mm。

### 4.1.4 胀形模设计要点

胀形模的凹模一般采用钢、铸铁、锌基合金、环氧树脂等材料制造,其结构有整体式和分块式两类。整体式凹模工作时承受较大的压力,必须要有足够的强度。增加凹模强度的方法是采用加强筋,也可以在凹模外面套上模套,凹模和模套间采用过盈配合,构成预应力组合凹模,这比单纯增加凹模壁厚更有效。

分块式胀形凹模必须根据胀形零件的形状合理选择分模面,分块数应尽量少。在模具闭合状态下,分模面应紧密贴合,形成完整的凹模型腔,在拼缝处不应有间隙和不平。分模块用整体模套固紧并采用圆锥面配合,其锥角应小于自锁角,一般取 $\alpha = 5° \sim 10°$ 为宜。为了防止模块之间错位,模块之间应有定位销连接。

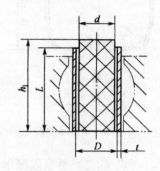

图 4.9 圆柱形橡胶凸模的尺寸确定

橡胶胀形凸模的结构尺寸需设计合理。由于橡胶凸模一般在封闭状态下工作,其形状和尺寸不仅要保证能顺利进入空心坯料,还要有利于压力的合理分布,使胀形的零件各部位都能很好地紧贴凹模型腔。为了便于加工,橡胶凸模一般简化成柱形、锥形和环形等简单的几何形状,其直径应略小于坯料内径。圆柱形橡胶凸模的直径和高度可按下式计算(见图 4.9)

$$d = 0.895D \tag{4.11}$$

$$h_1 = K \frac{LD^2}{d^2} \tag{4.12}$$

式中:$d$——橡胶凸模的直径,mm;
$D$——空心坯料内径,mm;
$h_1$——橡胶凸模高度,mm;
$L$——空心坯料的长度,mm;
$K$——考虑橡胶凸模压缩后体积缩小和提高变形力的系数,一般取 $K = 1.1 \sim 1.2$。

### 4.1.5 胀形模设计实例

图 4.10 所示为罩盖胀形件,材料为 10 钢,料厚为 0.5 mm,中批量生产,试设计胀形模。

**1. 工艺分析**

由零件形状可知,其侧壁是由空心坯料胀形而成,底部凸包是由平板坯料胀形而成,实质为两种胀形同时成型。

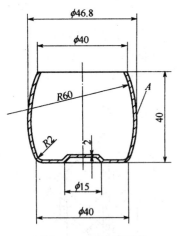

图 4.10 罩盖胀形件

2. 胀形工艺计算

(1) 底部平板坯料胀形计算

零件底部凸包胀形的许用成型高度为
$$h = (0.15 + 0.2)d = (2.25 \sim 3) \text{ mm}$$
此值大于零件底部凸包的实际高度，所以可一次胀形成形。

胀形力由式（4.3）计算（取 $K = 250$）
$$F_t = KAt^2 = (250 \times \frac{\pi}{4} \times 15^2 \times 0.5^2) \text{ N} = 11039 \text{ N}$$

(2) 侧壁胀形计算

已知 $D = 40$ mm，$d_{max} = 46.8$ mm，由式（4.4）算得零件侧壁的胀形系数为
$$K = \frac{d_{max}}{D} = \frac{46.8}{40} = 1.17$$

查表（4.2）得极限胀形系数 $[K] = 1.20$，该零件的胀形系数小于极限胀形系数，故侧壁可一次胀形成型。

零件胀形前的坯料长度 $L$ 由式（4.8）计算
$$L = l[1 + (0.3 \sim 0.4)\delta] + b$$

式中：$\delta$——坯料伸长率，$\delta = \frac{d_{max} - D}{D} = \frac{46.8 - 40}{40} = 0.17$。

$l$——零件胀形部位母线长度，即图 4.10 中 $A$ 所指的 $R60$ mm 一段圆弧的长，由几何关系可以算出 $l = 8$ mm；$b$ 是切边余量，取 $b = 3$ mm。则
$$L = \{40.8 \times [1 + (0.3 \sim 0.4) \times 0.17] + 3\} \text{ mm} = \{40.8 \times [1 + 0.35 \times 0.17] + 3\} \text{ mm} = 46.23 \text{ mm}$$

取整数 $L = 46$ mm

橡胶胀形凸模的直径及高度分别由式（4.11）和式（4.12）计算
$$d = 0.895D = [0.859 \times (40 - 1)] \text{ mm} \approx 35 \text{ mm}$$
$$h_1 = K\frac{LD^2}{d^2} = (1.1 \times \frac{46 \times 39^2}{35^2}) \text{ mm} \approx 63 \text{ mm}$$

侧壁的胀形力近似按两端不固定的形式计算，$\sigma_b = 430$ MPa，可由式（4.10）得单位胀形力为
$$p = 1.15\sigma_b \frac{2t}{d_{max}} = (1.15 \times 430 \times \frac{2 \times 0.5}{46.8}) \text{MPa} = 10.6 \text{ MPa}$$

故胀形力为 $F_2 = pA = p\pi d_{max} l = (10.6 \times \pi \times 46.8 \times 40.8)$ N $= 63.554$ N

总胀形力为 $F = F_1 + F_2 = (11039 + 63554)$ N $= 74593$ N $\approx 75$ kN

3. 胀形模具设计

图 4.11 所示为罩盖胀形模,该模具采用聚氨酯橡胶进行软模胀形,为了使工件在胀形后便于取出,将胀形凹模分成上凹模 6 和下凹模 5 两部分。上、下凹模之间通过止口定位,单边间隙取 0.05 mm。工件侧壁靠橡胶 7 直接胀开成型,底部由橡胶通过压包凹模 4 和压包凸模 3 成型。上模下行时,先由弹簧 13 压紧上、下凹模,然后上固定板 9 压紧橡胶进行胀形。

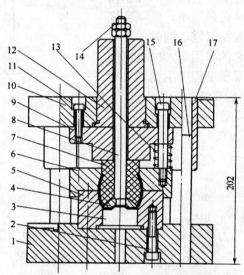

1—下模座;2、11—螺钉;3—压包凸模;4—压包凹模;5—胀形下凹模;
6—胀形上凹模;7—聚氨酯橡胶;8—拉杆;9—上固定板;10—上模座;
12—模柄;13—弹簧;14—螺母;15—阶形螺钉;16—导柱;17—导套

图 4.11 罩盖胀形模

4. 压力机的选择

虽然总胀形力不大(75 kN),但由于模具的闭合高度较大(202 mm),故压力机的选用应以模具尺寸为依据。查表,选用型号为 J23—25 的开式双柱可倾压力机,其公称压力为 250 kN,最大装模高度为 220 mm。

## 4.2 缩 口

**缩口**是将管坯或预先拉深好的圆筒形件通过缩口模将其口部直径缩小的一种成型方

法。缩口工艺在国防工业和民用工业中有广泛应用，如枪炮的弹壳、钢气瓶等。

### 4.2.1 缩口变形程度

缩口的应力应变特点如图 4.12 所示。在缩口变形过程中，坯料变形区受两向压应力的作用而切向压应力是最大主应力，使坯料直径减小，壁厚和高度增加，因而切向可能产生失稳起皱。同时，在非变形区的筒壁，在缩口压力 $F$ 的作用下，轴向可能产生失稳变形。故缩口的极限变形程度主要受失稳条件限制，防止失稳是缩口工艺要解决的主要问题。

缩口的变形程度用缩口系数 $m$ 表示：

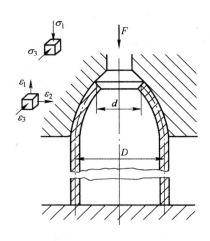

图 4.12 缩口的应力和应变特点

$$m = \frac{d}{D} \tag{4.13}$$

式中：$d$——缩口后的直径，mm；
　　　$D$——缩口前的直径，mm。

缩口系数的大小与材料的力学性能、料厚、模具形式与表面质量、制件缩口端边缘情况及润滑条件等有关。表 4.3 和表 4.4 所列为各种材料的缩口系数。

表 4.3　平均缩口系数 $m_0$

| 材　料 | 材料厚度 $t$/mm | | |
|---|---|---|---|
| | ～0.5 | >0.5～1 | >1 |
| 黄铜 | 0.85 | 0.70～0.80 | 0.65～0.70 |
| 钢 | 0.80 | 0.75 | 0.65～0.70 |

表 4.4　极限缩口系数 $[m]$

| 材　料 | 支撑方式 | | |
|---|---|---|---|
| | 无支撑 | 外支撑 | 内外支撑 |
| 软钢 | 0.70～0.75 | 0.55～0.60 | 0.30～0.35 |
| 黄铜 H62、H68 | 0.65～0.70 | 0.50～0.55 | 0.27～0.32 |
| 铝 | 0.68～0.72 | 0.53～0.57 | 0.27～0.32 |
| 硬铝（退火） | 0.73～0.80 | 0.60～0.63 | 0.35～0.40 |
| 硬铝（淬火） | 0.75～0.80 | 0.68～0.72 | 0.40～0.43 |

注：支撑方式参考图 4.13。

当工件需要进行多次缩口时,其各次缩口系数的计算为:
首次缩口系数:
$$m_1 = 0.9m_0 \tag{4.14}$$
以后各次缩口系数:
$$m_n = (1.05 \sim 1.10)m_0 \tag{4.15}$$

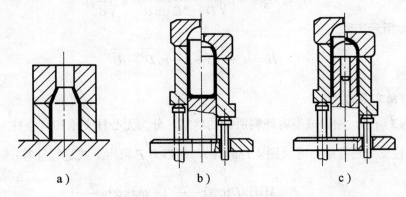

a)无支承  b)外支承  c)内外支承

图 4.13　不同支承方法的缩口模

## 4.2.2　缩口工艺计算

**1. 缩口坯料尺寸**

缩口后,工件高度发生变化。对于不同形状的缩口零件,其计算方法也有所不同。各种形状零件的缩口前坯料展开方法如下(图 4.14)。

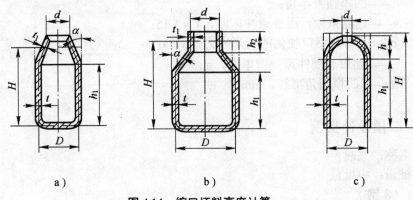

图 4.14　缩口坯料高度计算

图 4.14a 所示工件

$$H = 1.05[h_1 + \frac{D^2 - d^2}{8D\sin\alpha}(1 + \sqrt{\frac{D}{d}})] \tag{4.16}$$

图 4.14b 所示工件

$$H = 1.05[h_1 + h\sqrt{\frac{d}{D}} + \frac{D^2 - d^2}{8D\sin\alpha}(1 + \sqrt{\frac{D}{d}})] \tag{4.17}$$

图 4.14c 所示工件

$$H = h_1 + \frac{1}{4}(1 + \sqrt{\frac{D}{d}})\sqrt{D^2 - d^2} \tag{4.18}$$

2. 缩口所需压力

如图 4.13 所示,缩口成型时坯料所处的状态,分为无心柱支承和有心柱支承两类。

在无心柱支承进行缩口时（图 4.13a,b）,缩口力 $P$ 可用下式进行计算:

$$P = k[1.1\pi D t \sigma_s (1 - \frac{d}{D})(1 + \mu \mathrm{ctg}\alpha)\frac{1}{\cos\alpha}] \tag{4.19}$$

在有心柱支承进行缩口时（图 4.13c）,缩口力 $P$ 可用下式进行计算:

$$P = k\{1.1\pi D t \sigma_s (1 - \frac{d}{D})(1 + \mu \mathrm{ctg}\alpha)\frac{1}{\cos\alpha} + 1.82\sigma_b' t_1^2 [d + R_A(1 - \frac{1}{\cos\alpha})]\frac{1}{R_A}\} \tag{4.20}$$

式中：$D$——缩口前直径（中径）,mm；

$t$——缩口前料厚,mm；

$\sigma_s$——材料屈服点,MPa；

$d$——工件缩口部分直径,mm；

$\mu$——工件与凹模间的摩擦系数；

$\alpha$——凹模圆锥半角；

$k$——速度系数,用普通冲床时,$k = 1.15$；

$\sigma_b'$——材料缩口硬化的变形应力,MPa；

$t_1$——缩口后制件颈部壁厚度,mm；

$R_A$——凹模圆角半径,mm。

## 4.2.3 缩口模设计实例

工件名称：气瓶

生产批量：中批量

材料：08 钢

料厚：1 mm

工件简图：如图 4.15 所示。

1. 工件工艺性分析

气瓶为带底的筒形缩口工件，可采用拉深工艺制成圆筒形件，再进行缩口成型。因为该零件是有底的缩口件，所以采用无心柱支撑的缩口模。同时为了提高缩口时坯料的稳定性，模具采用外支撑方式。

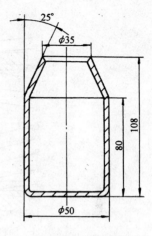

图 4.15 气瓶零件图

2. 工艺计算

（1）计算缩口系数

由图 4.15 可知，$d=35$ mm，$D=50-1=49$ mm。则缩口系数为：$m=\dfrac{d}{D}=\dfrac{35}{49}=0.71$

因该工件为有底缩口件，所以只能采用外支承方式的缩口模具，且无心柱支撑，查表 4.4 得许用缩口系数为 0.6，则该工件可一次缩口成型。

（2）计算缩口前毛坯高度

由图 4.15 可知，$h=79$ mm 则毛坯高度为：

$$H=1.05[h_1+\frac{D^2-d^2}{8D\sin\alpha}(1+\sqrt{\frac{D}{d}})]=\{1.05\times[79+\frac{49^2-35^2}{8\times49\times\sin25°}\times(1+\sqrt{\frac{49}{39}})]\}\text{ mm}=99.2\text{ mm}$$

取 $H=99.5$ mm

（3）计算缩口力

$\sigma_s=430$ MPa，凹模与工件的摩擦系数为 $\mu=0.1$，则缩口力 $P$ 为：

$$P=k[1.1\pi Dt_0\sigma_s(1-\frac{d}{D})(1+\mu\text{ctg}\alpha)\frac{1}{\cos\alpha}]$$

$$=\{1.15\times[1.1\times\pi\times49\times1\times430\times(1-\frac{35}{49})\times(1+0.1\times\text{ctg}25°)\times\frac{1}{\cos25°}]\}\text{kN}=32.057\text{ kN}$$

3. 缩口模结构设计

缩口模采用外支承式一次成型，缩口凹模工作表面粗糙度为 $R_a=0.4$ m，采用后侧导柱、导套模架，导柱、导套加长为 210 mm。因模具闭合高度为 275 mm，则选用 400 kN 开式可倾式压力机。缩口模结构如图 4.16 所示。

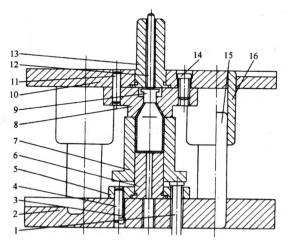

1—顶杆；2—下模座；3、14—螺栓；4、11—销钉；
5—下固定板；6—垫板；7—外支撑套；8—凹模；
9—口型凸模；10—上模座；12—打料杆；13—模柄；
15—导柱；16—导套

图 4.16　气瓶缩口模装配图

## 4.3　翻　　边

**翻边**是在模具的作用下，将坯料的孔边缘或外边缘冲制成竖立边的成型方法。根据坯料的边缘状态和应力、应变状态的不同，翻边可以分为内孔翻边和外缘翻边（图 4.17），也可分为伸长类翻边和压缩类翻边。

### 4.3.1　内孔翻边

**1. 内孔翻边的变形特点和变形系数**

内孔翻边主要的变形是坯料受切向和径向拉伸，愈接近预孔边缘变形愈大，因此，内孔翻边的失效往往是边缘拉裂，拉裂与否主要取决于拉伸变形的大小。内孔翻边的变形程度用翻边系数 $K$ 表示。

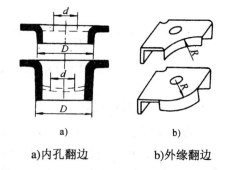

a) 内孔翻边　　b) 外缘翻边

图 4.17　翻边形式

$$K = \frac{d}{D} \tag{4.21}$$

即翻边前预制孔直径 $d$ 与翻边后的平均直径 $D$ 的比值。$K$ 值愈小，则变形程度愈大。圆孔翻边时孔边不破裂所能达到的最小翻边系数称为**极限翻边系数**，用 $[K]$ 表示。$[K]$ 可从表 4.5 中查得。

表 4.5　低碳钢圆孔翻孔的极限弯曲系数 $[K]$

| 凸模形式 | 孔的加工方法 | 比值 $d/t$ | | | | | | | | | |
|---|---|---|---|---|---|---|---|---|---|---|---|
| | | 100 | 50 | 35 | 20 | 15 | 10 | 8 | 6.5 | 5 | 3 | 1 |
| 球形 | 钻孔去毛刺 | 0.70 | 0.60 | 0.52 | 0.45 | 0.40 | 0.36 | 0.33 | 0.31 | 0.30 | 0.25 | 0.20 |
| | 冲孔 | 0.75 | 0.65 | 0.57 | 0.52 | 0.48 | 0.45 | 0.44 | 0.43 | 0.42 | 0.42 | — |
| 圆柱形平底 | 钻孔去毛刺 | 0.80 | 0.60 | 0.60 | 0.50 | 0.45 | 0.42 | 0.40 | 0.37 | 0.35 | 0.30 | 0.25 |
| | 冲孔 | 0.85 | 0.65 | 0.65 | 0.60 | 0.55 | 0.52 | 0.50 | 0.50 | 0.48 | 0.47 | — |

极限翻边系数与许多因素有关，主要有：

（1）材料的塑性：塑性好的材料，极限翻边系数小；

（2）孔的边缘状况：翻边前孔边缘断面质量好、无撕裂、无毛刺，则有利于翻边成型，极限翻边系数就小；

（3）材料的相对厚度：翻边前预制孔的孔径 $d$ 与材料厚度 $t$ 的比值 $d/t$ 越小，则断裂前材料的绝对伸长可大些，故极限翻边系数相对小；

（4）凸模的形状：球形、抛物面形和锥形的凸模较平底凸模有利，故极限翻边系数相应小些。

2. 非圆孔翻边

非圆孔翻边的变形性质比较复杂，它包括有圆孔翻边、弯曲、拉深等变形性质。对于非圆孔翻边的预制孔，可以分别按翻边、弯曲、拉深展开，然后用作图法把各展开线光滑连接。在非圆孔翻边中，由于变形性质不相同（应力应变状态不同）的各部分相互毗邻，对翻边和拉深均有利，因此翻边系数可取圆孔翻边系数的 85%～90%。

3. 翻孔的工艺设计

（1）平板坯料翻孔的工艺计算

在平板坯料上翻孔前，需要在坯料上预先加工出待翻孔的孔，如图 4.18 所示。由于翻孔时径向尺寸近似不变，故预孔孔径 $d$ 可按弯曲展开的原则求出，即

$$d = D - 2(H - 0.43r - 0.72t) \tag{4.22}$$

竖边高度为

$$H = \frac{D-d}{2} + 0.43r + 0.72t = \frac{D}{2}(1-K) + 0.43r + 0.72t \tag{4.23}$$

如将极限翻孔系数$[K]$代入，便可求出一次翻孔可达到的极限高度$H_{max}$为

$$H_{max} = \frac{D}{2}(1-K_{min}) + 0.43r + 0.72t \tag{4.24}$$

当零件要求的翻孔高度$H > H_{max}$时，说明不能一次翻孔成型，这时可以采用加热翻孔。多次翻孔或先拉深后冲预制孔再翻孔的方法。采用多次翻孔时，应在每两次工序间进行退火，第一次翻孔以后的极限翻孔系数$[K']$可取为

$$[K'] = (1.25 \sim 1.20)[K] \tag{4.25}$$

（2）先拉深后冲预制孔再翻孔的工艺计算

采用多次翻孔所得的零件壁部变薄较严重，若对壁部变薄有要求时，则可采用先拉深，在底部冲预孔后再翻孔的方法。在这种情况下，应先确定拉深后翻孔所能达到的最大高度$h$，然后根据翻孔高度$h$及零件高度$H$再来确定拉深高度$h'$及预孔直径$d$。

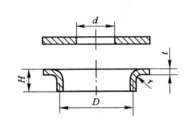

图4.18　平板坯料翻孔尺寸计算

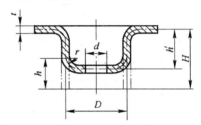

图4.19　先拉深再翻孔的尺寸计算

由图4.19可知，先拉深后翻孔的翻孔高度$h$可由下式计算（按板厚的中线尺寸计算）

$$h = \frac{D-d}{2} + 0.57r = \frac{D}{2}(1-K) + 0.57r \tag{4.26}$$

如将极限翻孔系数$[K]$代入，便可求出一次翻孔可达到的极限高度$h_{max}$为

$$h_{max} = \frac{D}{2}(1-K_{min}) + 0.57r \tag{4.27}$$

此时，预制孔直径

$$d = K_{min}D \tag{4.28}$$

或

$$d = D + 1.14r - 2h_{max} \tag{4.29}$$

拉深高度

$$h' = H - h_{max} + r \tag{4.30}$$

（3）翻孔力的计算

圆孔翻孔力$F$一般不大，用圆柱形平底凸模翻孔时，可按下式计算

$$F = 1.1\pi(D-d)t\sigma_s \tag{4.31}$$

用锥形或球形模翻边的力略小于上式计算值。

4. 翻边模工作部分设计

翻边凹模圆角半径一般对翻边成型影响不大,可取该值等于零件的圆角半径。

翻边凸模圆角半径应尽量取大些,以便有利于翻边变形。图 4.20 是几种常用的圆孔翻边凸模的形状和主要尺寸:图 4.20a～图 4.20c 所示为较大孔的翻边凸模,从利于翻边变形看,以抛物线形凸模(如图 4.20c)最好,球形凸模(图 b)次之,平底凸模再次之;而从凸模的加工难易看则相反。图 4.20d～图 4.20e 所示的凸模端部带有较长的引导部分,图 4.20d 用于圆孔直径为 10 mm 以上的翻边,图 4.20e 用于圆孔直径为 10 mm 以下的翻边,图 4.20f 用于无预孔的不精确翻边。

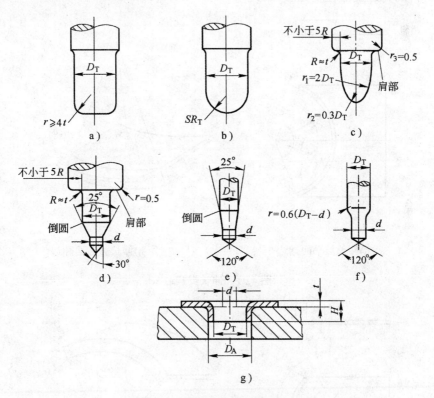

图 4.20 圆孔翻边凸模的形状和尺寸

## 4.3.2 外缘翻边

按变形的性质,外缘翻边可分为伸长类翻边和压缩类翻边。

伸长类翻边如图 4.21 所示。图 4.21a 为沿不封闭内凹曲线进行平面翻边,图 4.21b 为在曲面坯料上进行的伸长类翻边。它们的共同特点是坯料变形区域主要在切向拉应力的作

用下产生切向伸长变形,边缘容易被拉裂。其变形程度由下式表示:

$$\varepsilon_{伸} = \frac{b}{R-b} \tag{4.32}$$

如图 4.22a 所示为沿不封闭内凸曲线进行平面翻边,图 4.22b 为压缩类曲面翻边。其共同特点是并行区主要在切向压应力的作用下产生切向压缩,在变形过程中材料容易起皱。其变形程度由下式表示:

$$\varepsilon_{压} = \frac{b}{R+b} \tag{4.33}$$

常用材料的允许变形程度见表 4.6。

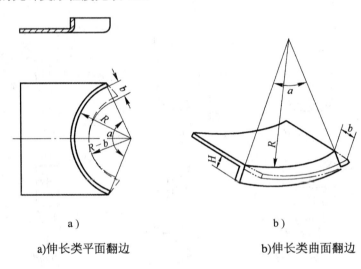

a)伸长类平面翻边　　　　b)伸长类曲面翻边

图 4.21　伸长类翻边

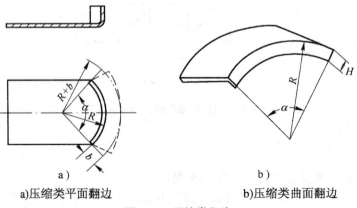

a)压缩类平面翻边　　　　b)压缩类曲面翻边

图 4.22　压缩类翻边

表 4.6 外缘翻边允许的极限变形程度

| 材料名称及牌号 | | $\varepsilon_压$（%） | | $\varepsilon_伸$（%） | |
|---|---|---|---|---|---|
| | | 橡胶成型 | 模具成型 | 橡胶成型 | 模具成型 |
| 铝 | 1035（软）(L4M) | 25 | 30 | 6 | 40 |
| | 1035（硬）(L4Y1) | 5 | 8 | 3 | 12 |
| | 3A21（软）(LF21M) | 23 | 30 | 6 | 40 |
| | 3A21（硬）(LF21Y1) | 5 | 8 | 3 | 12 |
| | 5A02（软）(LF2M) | 20 | 25 | 6 | 35 |
| | 5A03（硬）(LF2Y1) | 5 | 8 | 3 | 12 |
| | 2A12（软）(LY12M) | 14 | 20 | 6 | 30 |
| | 2A12（硬）(LY12Y) | 6 | 8 | 0.5 | 9 |
| | 2A11（软）(LY11M) | 14 | 20 | 4 | 30 |
| | 2A11（硬）(LY11Y) | 5 | 6 | 0 | 0 |
| 黄铜 | H62 软 | 30 | 40 | 8 | 45 |
| | H62 半硬 | 10 | 14 | 4 | 16 |
| | H68 软 | 35 | 45 | 8 | 55 |
| | H68 半硬 | 10 | 14 | 4 | 16 |
| 钢 | 10 | — | 38 | — | 10 |
| | 20 | — | 22 | — | 10 |
| | 1Cr18Ni9 软 | — | 15 | — | 10 |
| | 1Cr18Ni9 硬 | — | 40 | — | 10 |

### 4.3.3 翻边模结构

图 4.23 所示为内孔翻边模，其结构与拉深模基本相似。图 4.24 所示为内、外缘同时翻边的模具。

图 4.25 所示为落料、拉深、冲孔、翻边复合模。凸凹模 8 与落料凹模 4 均固定在固定板 7 上，以保证同轴度。冲孔凸模 2 压入凸凹模 1 内，并以垫片 10 调整它们的高度差，以此控制冲孔前的拉深高度，确保翻出合格的零件高度。该模的工作顺序是：上模下行，首先在凸模 1 和凹模 4 的作用下落料。上模继续下行，在凸凹模 1 和凸凹模 8 相互作用下将坯料拉深，冲床缓冲器的力通过顶杆 6 传递给顶件块 5 并对坯料施加压料力。当拉深到一定深度后由凸模 2 和凸凹模 8 进行冲孔并翻边。当上模回升时，在顶件块 5 和推件块 3 的作用下将工件顶出，条料由卸料板 9 卸下。

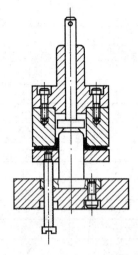

图 4.23 内孔翻边模

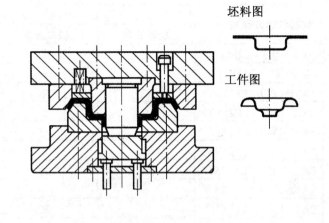

图 4.24 内、外缘翻边模

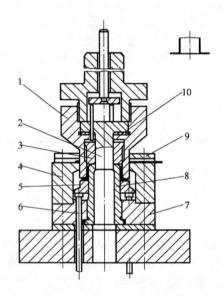

1、8—凸凹模；2—冲孔凸模；3—推件块；4—落料凹模；
5—顶件块；6—顶杆；7—固定板；9—卸料板；10—垫片

图 4.25 落料、拉深、冲孔、翻孔复合模

## 4.4 思 考 题

1. 什么是胀形？什么是缩口？各有什么特点？
2. 如何确定胀形和缩口的变形程度？
3. 缩口工艺有几种支撑方式？并考察它们对缩口力的影响？
4. 内孔翻边和外缘翻边各自有什么特点？
5. 如何描述内孔翻边和外缘翻边的变形程度？

# 第 5 章 塑料模具设计基础

塑料模具用于成型塑料制件，塑料的种类繁多性能各异，与塑料制品的质量密切相关。同时，成型工艺和塑件制品的设计也决定了其质量特性。本章主要介绍塑料特性、成型工艺和制品设计的结构工艺性，为设计高质量的塑料模具奠定基础。

## 5.1 塑料概述

### 5.1.1 塑料的组成、分类与应用

#### 1. 塑料的组成

**塑料**是一种以合成树脂为主要成分，加入一定量的添加剂制成的高分子有机化合物。在一定的温度、压力和时间条件下，塑料可以通过模具成型出具有一定形状和尺寸的制件，并且当外力解除后，在常温下仍能使形状保持不变。成型所用的模具称为**塑料模**，它是型腔模的一种。

塑料属于高分子有机材料，其基本成分主要是人工合成树脂。所谓**合成树脂**，就是由有机化合物通过聚合反应或缩聚反应而成的高分子化合物，简称**聚合物**。其中聚合反应制得聚合物，其低分子化合物（单体）结合成高分子化合物时，不放出低分子物质，其链节结构的化学式与单体的分子式相同，如聚乙烯、聚苯乙烯、聚四氟乙烯等。缩聚反应制得聚合物，是由单体相互作用而生成高分子化合物（即高聚物），同时析出低分子物质的反应过程，其结构单元的化学式与单体的分子式不同，如酚醛树脂、氨基树脂、环氧树脂等。

常用的塑料添加剂包括：填充剂、稳定剂、增塑剂、润滑剂、固化剂及着色剂等。

**填充剂**又称**填料**，在塑料中主要起增强作用，有时还可以使塑料具有树脂所没有的性能。正确使用填料，可以改善塑料的性能，扩大其使用范围，也可减少树脂的含量，降低成本。对填料的一般要求是：易被树脂浸润；与树脂有很好的粘附性；本身性质稳定；价格便宜；来源丰富。填料按其形状分类，有粉状、纤维状和片状。常用的粉状填料有木粉、滑石粉、铁粉、石墨粉等；纤维状填料有玻璃纤维、石棉纤维等；片状填料有麻布、棉布、玻璃布等。

**稳定剂**能减缓材料变质，延长使用寿命。常用的稳定剂有硬脂酸盐、铅的化合物和环氧树脂等。对稳定剂的要求是：除对聚合物的稳定效果好外，还应能耐水、耐油、耐化学药品腐蚀并与树脂有很好的相溶性，在成型过程中不分解、挥发小、无色。

有些树脂（如硝酸纤维、醋酸纤维、聚氯乙烯等）可塑性很低，柔软性也很差，为了降低树脂熔体粘度和熔融温度，改善其成型加工性能，改进塑料的柔软性以及其他各种必要的性能，常常加入一些能与树脂相溶的物质，这类物质称为**增塑剂**。对增塑剂的要求是：与树脂有良好的相溶性；挥发性小，不易从塑件中析出；无毒、无色、无臭味；对光和热比较稳定；不吸湿。常用的增塑剂有邻苯二甲酸酯类、磷酸酯类、氧化石蜡等。

添加**润滑剂**的目的是改善成型塑料的流动性，并减小和防止塑料熔体对设备和模具的粘附与摩擦。常用的润滑剂有烃类、酯类、金属皂类、脂肪酸类和脂肪酸酰胺类等。润滑剂分为两类：内润滑剂和外润滑剂。

**固化剂**又称硬化剂、交联剂。成型热固性塑料时，线型高分子结构的合成树脂需转变成体型高分子结构（称**交联反应**或称**硬化、固化**）。添加固化剂的目的是促进交联反应。例如，在酚醛树脂中加入六亚甲基四胺；在环氧树脂中加入乙二胺、三乙醇胺等。

为了使得塑件获得所需色彩，需要在塑料组分中加入**着色剂**。着色剂品种很多，大体可分为有机颜料、无机颜料和染料三大类。要求着色剂着色力强；与树脂有很好的相溶性；不与塑料中其他成分起化学反应；成型过程中不因温度、压力变化而分解变色；而且在塑件的长期使用中可以保持稳定。

塑料添加剂除上述几种外，还有阻燃剂、防静电剂、防霉剂、导电剂和导磁剂等。注意并非每种塑料都加入全部添加剂，而是依塑料品种和使用要求加入所需的某些添加剂。

2. 塑料的分类

塑料的品种众多，分类方法也很多，主要有如下两种分类方法：

（1）按照塑料合成树脂的分子结构和受热特性分类，可分为热塑性塑料和热固性塑料两大类。这种分类方法反应了高聚物的结构特点、物理特性、化学性能和成型特性。

**热塑性塑料**：在一定的温度范围内加热时软化并熔融，成为可流动的粘稠液体，可成型为一定形状的制品，冷却后变硬，保持已成型的形状，并且该过程可以反复进行。这类塑料在成型过程中只有物理变化而无化学变化，其树脂分子链都是线型或带支链的结构，分子链之间无化学键产生。常见的热塑性塑料有聚乙烯、聚丙烯、聚苯乙烯、聚氯乙烯、聚甲基丙稀酸甲脂（有机玻璃）、丙烯腈-丁二烯-苯乙烯（**ABS**）、聚酰胺（尼龙）、聚甲醛、聚碳酸酯、聚苯醚、聚砜和聚四氟乙烯等。

**热固性塑料**：第一次加热时可以软化流动，加热到一定温度，产生化学反应，交联固化而变硬，此时树脂变得不可熔而硬化，塑件形状被固定不再发生变化。正是借助这种特性进行成型加工，利用第一次加热时的塑化流动，在压力下充满型腔，进而固化成为确定形状和尺寸的制品。热固性塑料的树脂固化前是线型或带支链的，固化后分子链之间形成化学键，成为三维体型的网状结构,不仅不能再熔融,在溶剂中也不能溶解,即**固化**。上述过程既有物理变化又有化学变化,与热塑性塑料不同的是,该类制品一旦损坏则不能再回收。酚醛塑料、氨基塑料、环氧塑料、有机硅塑料、不饱和聚酯塑料是常用的热固性塑料。

(2)按照塑料的性能和用途分,可分为通用塑料、工程塑料和特种塑料。

**通用塑料**:这类塑料生产产量大、货源广、价格低,适用于大量应用。通用塑料一般都具有良好的成型工艺性,可以采用多种工艺成型出各种用途制品。主要包括:聚乙烯、聚氯乙烯、聚苯乙烯、聚丙烯、酚醛塑料和氨基塑料六大品种,其产量占塑料总产量的一半以上,构成了塑料工业的主体。

**工程塑料**:是指那些具有突出力学性能、耐热性,或优异耐化学试剂、耐溶剂性,或在变化的环境条件下可保持良好绝缘介电性能的塑料。工程塑料一般可以作为承载结构件,升温环境下的耐热件和承载件,升温条件、潮湿条件、大范围的变频条件下的介电制品和绝缘用品。工程塑料的生产批量小,价格也较昂贵,用途范围相对狭窄,一般都是按某些特殊用途生产一定批量的材料。目前常用的工程塑料包括聚酰胺、聚甲醛、聚碳酸酯、**ABS**、聚砜、聚苯醚、聚四氟乙烯等几种。

**特种塑料**:这类塑料具有某种特殊功能,适于某种特殊用途,例如用于导电、压电、热电、导磁、感光、防辐射、光导纤维、液晶、高分子分离膜、专用于摩擦磨损用途等塑料。特种塑料又称**功能塑料**。特种塑料的主要成分是树脂,有些是专门合成的特种树脂,但也有一些是采用上述通用塑料或工程塑料用树脂经特殊处理或改性后获得特殊性能的。

3. 塑料的特点和应用

作为日常用品,塑料的用途已经广为人知,而且由于它们的一些特殊优点,使其在工业中的应用也非常普遍。为了正确地选用塑料和分析评价塑料制品的质量,就必须了解塑料的特点。同时塑料的特点决定了塑料的应用领域。

(1)质量轻。塑料的密度一般在 0.9~2.3 g/cm³ 范围内,约为铝的 1/2,钢的 1/6。这样的特性使得在同样体积下,塑料制品比金属轻的多。利用该特性,可以将金属制品的工业产品改成塑料制品,实现所谓的"以塑代钢"。典型的例子就是汽车塑料化,可以减轻车重、降低油耗,节约能源。

(2)比强度和比刚度高。塑料的强度和刚度虽然不如金属好,但塑料的密度小,所以其比强度($\sigma/\rho$)和比刚度($E/\rho$)相当高。如玻璃纤维增强塑料和碳纤维增强塑料的比强度和比刚度都比钢材好,该类塑料常用于制造人造卫星、火箭、导弹上的零件。

(3)化学稳定性能好。绝大多数塑料对酸、碱等化学药物具有良好的抗腐蚀能力。因此,在化工设备以及日用工业品中得到广泛应用。常用的耐腐蚀塑料是硬质聚氯乙烯,它可以加工成管道、容器和化工设备中的零部件。聚四氟乙烯塑料的化学稳定性最高,其抗腐蚀能力超过黄金,可以承受"王水"(镪酸)的腐蚀,被称作"塑料王"。

(4)电绝缘性能好。塑料具有优越的电绝缘性能和耐电弧特性,所以广泛应用于电机、电器和电子工业中做结构零件和绝缘材料。

（5）耐磨和减摩性能好。塑料制成的机械零件，绝大多数都具有良好的减摩和耐磨性能，同时可以在水、油或带腐蚀性的液体中工作，也可以在半干摩擦或者完全干摩擦的条件下工作，这种性能一般金属零件无法相比。现代工业已有许多齿轮、轴承和密封圈等机械零件开始用塑料制造，特别是对塑料的配方进行特殊设计后，可以制造自润滑轴承。

（6）消声和吸震性能好。塑料制件的消声和吸震性能来自聚合物大分子的柔韧性和弹性。塑料制成的传动摩擦零件，噪声小，吸震性好。虽然塑料具有上述优点和用途，但仍具有例如不耐热、容易在阳光、大气、压力和某些特定介质作用下老化的缺陷。例如被成为耐高温塑料的聚酰亚胺和聚四氟乙烯等，能够连续工作的最高温度不超过 200℃，与大多数金属材料无法相比。在成型加工中，塑料还具有加热后线膨胀系数大，冷却后成型收缩率大等工艺问题，使得塑件的精度不易控制。也就是说采用成型加工的方法生产塑料制品，要达到某级精度所遇到的加工难度要比金属制品成型的难度大。因此，塑料制品的精度（即公差等级）有自己单独的标准，一般不套用金属制品的精度。

## 5.1.2 常用塑料的性能和用途

1. 热塑性塑料

（1）聚乙烯（Polyethylene，PE）

**聚乙烯塑料**是塑料工业中产量最大的品种。按聚合时采用的压力不同可分为高压、中压和低压三种。低压聚乙烯高分子链上支链较少，相对分子质量、结晶度和密度较高，故又称**高密度聚乙烯**（HDPE），所以比较硬、耐磨、耐腐蚀、耐热及电绝缘性较好。高压聚乙烯高分子带有许多支链，因而相对分子质量较小，结晶度和密度较低，故又称**低密度聚乙烯**（LDPE），且具有较好的柔软性、耐冲击及透明性。

低压聚乙烯可用于制造塑料管、塑料板、塑料绳以及承载不高的零件，如齿轮、轴承等；高压聚乙烯常用于制作塑料薄膜、软管、塑料瓶以及电气工业的绝缘零件和包覆电缆等。

（2）聚丙烯（Polypropylene，PP）

**聚丙烯**无色、无味、无毒。外观似聚乙烯，但比聚乙烯更透明、更轻。它不吸水，光泽好，易着色。屈服强度、抗拉强度、抗压强度和硬度及弹性比聚乙烯好。定向拉伸后聚丙烯可制作铰链，有特别高的抗弯曲疲劳强度。如用聚丙烯注射成型一体铰链（盖和本体合一的各种容器），经过 $7\times10^7$ 次开闭弯折未产生损坏和断裂现象。聚丙烯熔点为 164～170℃，耐热性好，能在 100℃ 以上的温度下进行消毒灭菌。其低温使用温度达 －15℃，低于 －35℃ 时会脆裂。聚丙烯的高频绝缘性能好，而且不吸水，绝缘性能不受湿度的影响。但在氧、热、光的作用下极易解聚、老化，所以必须加入防老化剂。

聚丙烯可用作各种机械零件如法兰、接头、泵叶轮、汽车零件和自行车零件，水、蒸汽，各种酸碱等的输送管道，化工容器和其他设备的衬里、表面涂层。制造盖和本体合一的箱壳，各种绝缘零件，并用于医药工业中。

（3）聚氯乙烯（Polyvinyl chloride，PVC）

**聚氯乙烯**是世界上产量最大的塑料品种之一。聚氯乙烯树脂为白色或浅黄色粉末。根据不同的用途可以加入不同的添加剂，使聚氯乙烯塑件呈现不同的物理性能和力学性能。在聚氯乙烯树脂中加入适量的增塑剂，就可制成多种硬质、软质和透明制品。纯聚氯乙烯的密度为 1.4 g/cm$^3$，加入了增塑剂和填料等的聚氯乙烯塑件的密度一般在 1.15～2.00 g/cm$^3$ 范围内。硬聚氯乙烯不含或含有少量的增塑剂，有较好的抗拉、抗弯、抗压和抗冲击性能，可单独用作结构材料。软聚氯乙烯含有较多的增塑剂，它的柔软性、断裂伸长率、耐寒性增加，但脆性、硬度、抗拉强度降低。聚氯乙烯有较好的电气绝缘性能，可以用作低频绝缘材料。其化学稳定性也较好。但聚氯乙烯的热稳定性较差，长时间加热会导致分解，放出氯化氢气体，使聚氯乙烯变色。其应用温度范围较窄，一般在-15～55℃之间。

由于聚氯乙烯的化学稳定性高，所以可用于防腐管道、管件、输油管、离心泵、鼓风机等。聚氯乙烯的硬板广泛用于化学工业上制作各种贮槽的衬里，建筑物的瓦楞板、门窗结构、墙壁装饰物等建筑用材。由于电气绝缘性能优良而在电气、电子工业中，用于制造插座、插头、开关、电缆。在日常生活中，用于制造凉鞋、雨衣、玩具、人造革等。

（4）聚苯乙烯（Polystyrene，PS）

**聚苯乙烯**是仅次于聚氯乙烯和聚乙烯的第三大塑料品种，通常作单组分塑料进行加工和应用，主要特点是质轻、透明、易染色，成型加工性能良好，所以广泛应用于日用塑料、电器零件、光学仪器及文教用品。但耐热性低，热变形温度一般在 70～98℃，只能在不高的温度下使用。质地硬而脆，有较高的热膨胀系数，因此，限制了它在工程上的应用。近几十年来，发展了改性聚苯乙烯和以苯乙烯为基体的共聚物，在一定程度上克服了聚苯乙烯的缺点，又保留了它的优点，从而扩大了它的用途。

（5）丙烯腈-丁二烯-苯乙烯（Acrylonitrile butadiene styrene，ABS）

ABS 是由丙烯腈、丁二烯、苯乙烯共聚而成的，这三种组分的各自特性，使得 ABS 具有良好的综合力学性能。丙烯腈使 ABS 有良好的耐化学腐蚀性及表面硬度，丁二烯使 ABS 坚韧，苯乙烯使它有良好的加工性和染色性能。

ABS 有极好的抗冲击强度，且在低温下也不迅速下降。有良好的机械强度、硬度和一定的耐磨性、耐寒性、耐油性、耐水性、化学稳定性及电气性能。水、无机盐、碱、酸类对 ABS 几乎无影响，在酮、醛、酯、氯代烃中会溶解或形成乳浊液，不溶于大部分醇类及烃类溶剂，但与烃长期接触会软化溶胀。ABS 塑料表面受冰醋酸、植物油等化学药品的侵蚀会引起应力开裂。ABS 有一定的硬度和尺寸稳定性，易于成型加工。经过调色可配成任意颜色，其缺点是耐热性不高，连续工作温度为 70℃左右，热变形温度约为 93℃左右。耐气候性差，在紫外线作用下易变硬而发脆。由于 ABS 中三种组分之间的比例不同，其性质也略有差异，从而适应各种不同的应用。根据应用不同可分为超高冲击型、高冲击型、中冲击型、低冲击型和耐热型等。

ABS 在机械工业上用来制造齿轮、泵叶轮、轴承、把手、管道、电机外壳、仪表壳、仪表盘、水箱外壳、蓄电池槽、冷藏库和冰箱衬里等。

(6) 聚酰胺（Polyamide，PA）

**聚酰胺**通称尼龙（Nylon），是含有酰胺基的线型热塑性树脂，尼龙为这一类塑料的总称。根据所用原料不同，常见的尼龙品种有尼龙 1010、尼龙 610、尼龙 66、尼龙 6、尼龙 9 和尼龙 11 等。

尼龙有优良的力学性能，抗拉、抗压、耐磨。其抗冲击强度比一般塑料有显著提高，其中尼龙 6 更优。作为机械零件材料具有良好的消音效果和自润滑性能。尼龙耐碱、耐弱酸，但强酸和氧化剂能侵蚀尼龙。尼龙本身无毒、无味、不霉烂。其吸水性强、收缩率大，常常因吸水而引起尺寸变化。其稳定性较差，一般只能在 80～100℃之间使用。为了进一步改善尼龙的性能，常在尼龙中加入减摩剂、稳定剂、润滑剂、玻璃纤维填料等，克服了尼龙存在的一些缺点，提高了其强度。

由于尼龙有较好的力学性能，被广泛地使用在工业上制作各种机械、化学和电器零件，如轴承、齿轮、滚子、辊轴、滑轮、泵叶轮、风扇叶片、蜗轮、高压密封扣圈、垫片、阀座、输油管、储油容器、绳索、传动带、电池箱、电器线圈等零件。

(7) 聚甲醛（Polyoxymethylene，POM）

**聚甲醛**是继尼龙后发展起来的一种性能优良的热塑性工程塑料，其性能不亚于尼龙，而价格却比尼龙低廉。

聚甲醛表面硬而滑，呈淡黄或白色，薄壁部分半透明。有较高的机械强度及抗拉、抗压性能和突出的耐疲劳强度，特别适合于用作长时间反复承受外力的齿轮材料。聚甲醛尺寸稳定、吸水率小，具有优良的减摩、耐磨性能。能耐扭变，有突出的回弹能力，可用于制造塑料弹簧制品，常温下一般不溶于有机溶剂，能耐醛、酯、醚、烃、弱酸和弱碱，但不耐强酸。耐汽油及润滑油性能也很好。有较好的电气绝缘性能。其缺点是成型收缩率大，在成型温度下的热稳定性较差。

聚甲醛特别适合于制作轴承、凸轮、滚轮、辊子、齿轮等耐磨传动零件，还可用于制造汽车仪表板、汽化器、各种仪器外壳、罩盖、箱体、化工容器、泵叶轮、鼓风机叶片、配电盘、线圈座、各种输油管、塑料弹簧等。

(8) 聚碳酸脂（Polyethylene，PC）

**聚碳酸酯**是一种性能优良的热塑性工程塑料，抗冲击性在热塑性塑料中名列前茅。成型零件可达到很好的尺寸精度，并在很宽的温度范围内保持其尺寸的稳定性，成型收缩率恒定为 0.5%～0.8%。抗蠕变、耐磨、耐热、耐寒。脆化温度在 -100℃以下，长期工作温度达 120℃。聚碳酸酯吸水率较低，能在较宽的温度范围内保持较好的电性能。耐室温下的水、稀酸、氧化剂、还原剂、盐、油、脂肪烃，但不耐碱、胺、酮、脂、芳香烃，并有良好的耐气候性，其最大的缺点是塑件易开裂，耐疲劳强度较差。用玻璃纤维增强聚碳酸，克服了上述缺点，使聚碳酸酯具有更好的力学性能，更好的尺寸稳定性，更小的成型收缩率，并提高了耐热性和耐药性，降低了成本。

聚碳酸脂在机械上主要用作各种齿轮、蜗轮、蜗杆、齿条、凸轮、芯轴、轴承、滑轮、铰链、螺母、垫圈、泵叶轮、灯罩、节流阀、润滑油输油管、各种外壳、盖板、容器、冷冻和冷却装置零件等。在电气方面用作电机零件、电话交换器零件、信号用继电器、风扇部件、拨号盘、仪表壳、接线板等。还可制作照明灯、高温透镜、视孔镜、防护玻璃等光学零件。

（9）聚甲基丙烯酸甲酯（Polymethyl methacrylate，PMMA）

**聚甲基丙烯酸甲酯**俗称有机玻璃，其产品有模塑成型料和型材两种。模塑成型料中性能较好的是改性有机玻璃 372#、373# 塑料。372# **有机玻璃**为甲基丙烯酸甲酯与少量苯乙烯的共聚体，其模塑成型性能较好。373# **有机玻璃**是 372# 粉料 100 份加上丁腈橡胶 5 份的共混料，有较高的耐冲击性。有机玻璃密度为 1.18 g/cm$^3$，比普通硅玻璃轻一半。机械强度为普通硅玻璃的 10 倍以上。它轻而坚韧，容易着色，有较好的电气绝缘性能。化学性能稳定，能耐一般的化学腐蚀，但能溶于芳烃、氯代烃等有机溶剂。在一般条件下尺寸较稳定。其最大缺点是表面硬度低，容易被硬物擦伤拉毛。有机玻璃用于制造要求具有一定透明度和强度的防振、防爆和观察等方面的零件，如飞机和汽车的窗玻璃、飞机罩盖、油杯、光学镜片、透明模型、透明管道、车灯灯罩、油标及各种仪器零件，也可用作绝缘材料、广告牌等。

（10）聚四氟乙烯（Polytetrafluoroethylene，PTFE）

**聚四氟乙烯树脂**为白色粉末，外观蜡状、光滑不粘，是最重要的一种塑料。聚四氟乙烯具有卓越的性能，非一般热塑性塑料所能比拟，因此有"塑料王"之称。化学稳定性是目前已知塑料中最优越的一种，它对强酸、强碱及各种氧化剂等腐蚀性很强的介质，甚至是沸腾的"王水"，都完全稳定。原子工业中用的强腐蚀剂五氟化铀对它都不起作用，其化学稳定性超过金、铂、玻璃、陶瓷及特种钢等。在常温下还没有找到一种溶剂能溶解它，它有优良的耐热、耐寒性能，可在 −195～250℃ 范围内长期使用而不发生性能变化。聚四氟乙烯的电气绝缘性能良好，且不受环境湿度、温度和电频率的影响。其摩擦系数是塑料中最低的。聚四氟乙烯的缺点是热膨胀系数大，而耐磨性和机械强度差、刚性不足、成型困难。一般将粉料冷压成坯料，然后再烧结成型。

聚四氟乙烯在防腐化工机械上用于制造管子、阀门、泵、涂层衬里等。在电绝缘方面广泛应用在要求有良好高频性能并能高度耐热、耐寒、耐腐蚀的场合，如喷气式飞机、雷达等方面。也可用于制造自润滑减摩轴承、活塞环等零件。由于它具有不粘性，在塑料加工及食品工业中被广泛用作脱模剂。在医学上还可用作代用血管、人工心肺装置等。

2. 热固性塑料

（1）酚醛塑料（PF）

**酚醛塑料**是以酚醛树脂为基础而制得的，酚醛树脂通常由酚类化合物和醛类化合物缩聚而成。酚醛树脂本身很脆，呈琥珀玻璃态。必须加入各种纤维或粉末状填料后才能获得具有一定性能要求的酚醛塑料。酚醛塑料大致可分为四类：层压塑料；压塑料；纤维状压塑料；碎屑状压塑料。

酚醛塑料与一般热塑性塑料相比，刚性好，变形小，耐热耐磨，能在150~200℃的温度范围内长期使用。在水润滑条件下，有极低的摩擦系数，其电绝缘性能优良。缺点是质脆，冲击强度差。

酚醛层压塑料用浸渍过酚醛树脂溶液的片状填料制成，可制成各种型材和板材。根据所用填料不同，有纸质、布质、木质、石棉和玻璃布等各种层压塑料。布质及玻璃布酚醛层压塑料具有优良的力学性能、耐油性能和一定的介电性能，用于制造齿轮、轴瓦、导向轮、无声齿轮、轴承及电工结构材料和电气绝缘材料、木质层压塑料适用于作水润滑冷却下的轴承及齿轮等。石棉布层压塑料主要用于高温下工作的零件。

酚醛纤维状压塑料可以加热模压成各种复杂的机械零件和电器零件，具有优良的电气绝缘性能、耐热、耐水、耐磨。可制作各种线圈架、接线板、电动工具外壳、风扇叶子、耐酸泵叶轮、齿轮、凸轮等。

（2）氨基塑料

**氨基塑料**是由氨基化合物与醛类（主要是甲醛）经缩聚反应而制得的塑料，主要包括脲-甲醛、三聚氰胺-甲醛等。

脲-甲醛塑料（UF），是脲-甲醛树脂和漂白纸浆等制成的压塑粉。可染各种鲜艳的色彩外观光亮部分透明，表面硬度较高，耐电弧性能好，还具有耐矿物油、耐霉菌的作用。但耐水性较差，在水中长期浸泡后电气绝缘性能下降。脲-甲醛塑料大量用于压制日用品及电气照明用设备的零件、电话机、收音机、钟表外壳、开关插座及电气绝缘零件。

**三聚氰胺-甲醛塑料**（MF）由三聚氰胺-甲醛树脂与石棉滑石粉等制成，也称**密胺塑料**。三聚氰胺-甲醛塑料可制成各种色彩、耐光、耐电弧、无毒的塑件，在-20~100℃的温度范围内性能变化小，能耐沸水而且耐茶、咖啡等污染性强的物质。能像陶瓷一样方便地去掉茶渍一类污染物，且有重量轻、不易碎的特点。密胺塑料主要用作餐具、航空茶杯及电器开关、灭弧罩和防爆电器的配件。

（3）环氧树脂（EP）

**环氧树脂**是含有环氧基的高分子化合物。未固化之前，是线型的热塑性树脂。只有在加入固化剂（如胺类和酸酐等化合物）之后，才交联成不熔的体型结构的高聚物，才有作为塑料的实用价值。环氧树脂种类繁多，应用广泛，有许多优良的性能。其最突出的特点是粘结能力很强，是人们熟悉的"万能胶"的主要成分。此外还耐化学药品、耐热，电气绝缘性能良好，收缩率小。比酚醛树脂有较好的力学性能。其缺点是耐气候性差，耐冲击性低，质地脆。

环氧树脂可用作金属和非金属材料的粘合剂，用于封装各种电子元件，还可用环氧树脂配以硅砂粉等来浇铸各种模具，也可以作为各种产品的防腐涂料。

## 5.2 塑料的成型工艺

**成型**是塑料制品生产过程中最重要的工序，塑料的种类很多，其成型方法也很多，主要有注射成型、挤出成型、压缩成型、压注成型、气动成型和泡沫成型等，其中前四种方法最为常用。热塑性塑料多采用注射和挤出方法成型。热固性塑料多采用压缩和压注成型，同时其注射成型工艺也有较大的发展。

### 5.2.1 注射成型工艺

**注射成型**又称**注射模具**，是热塑性塑料制件的一种主要成型方法。除个别热塑性塑料外，几乎所有的热塑性塑料都可用此方法成型。近年来，注射成型已成功地用来成型某些热固性塑料制件。

注射成型可成型各种形状的塑料制件，它的特点是成型周期短，能一次成型外形复杂、尺寸精密、带有嵌件的塑料制件，且生产效率高，易于实现自动化生产，所以广泛用于塑料制件的生产中，但注射成型的设备及模具制造费用较高，不适合单件及批量较小的塑料制件的生产。

注射成型所用的设备是注射机。目前注射机的种类很多，但普遍采用的是柱塞式注射机和螺杆式注射机。注射成型所使用的模具即为**注射模**（也称**注塑模**）。

1. 注射成型工艺原理

注射成型的原理是将颗粒状态或粉状塑料从注射机的料斗送进加热的料筒中经过加热熔融塑化成为粘流态熔体，在注射机柱塞或螺杆的高压推动下，以很大的流速通过喷嘴注入模具型腔，经一定时间的保压冷却定型后可保持模具型腔所赋予的形状，然后开模分型获得成型塑件。这样就完成了一次注射工作循环，如图 5.1 所示。图 5.2 为注射成型工作循环。

2. 注射成型工艺过程

注射成型工艺过程包括：成型前的准备、注射成型过程以及塑件的后处理三个阶段。

（1）成型前的准备

原料与处理：为了保证注射成型按质量要求完成，在注射之前要对原料的外观进行检验，必要时对原料工艺的性能进行测定。检验内容包括色泽、粒度及均匀性；测定内容有流动性（熔体指数、粘度）、热稳定性及收缩率等。对于吸水性强的塑料，在成型前应进行干燥处理，否则塑件表面会出现斑纹和气泡等缺陷，甚至发生降解，严重影响塑料制件的外观和内在质量。

料筒的清洗：当改变产品、更换原料或颜色时均需清洗料筒。通常，柱塞式料筒可拆卸清洗，而螺杆式料筒可采用对空注射法清洗。

预热嵌件：对于有嵌件的制件，特别是带有较大嵌件的塑件时，由于金属与塑料的收缩率不同，嵌件放入模具之前必须预热，以减少物料和嵌件的温度差，降低嵌件周围塑料的收缩应力，保证塑件质量。有时在成型前，需对模具进行预热。

选择脱模剂：塑件脱模主要依赖于合理的工艺条件和正确的模具设计。在生产上为顺利脱模，通常使用脱模剂。常用的脱模剂有硬酯酸锌、液态石蜡和硅油等。

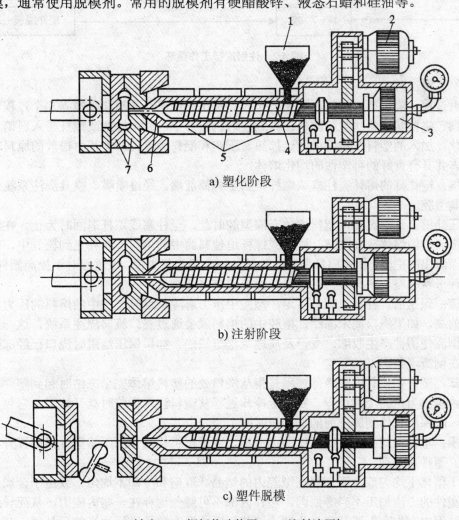

1—料斗；2—螺杆传动装置；3—注射液压缸；
4—螺杆；5—加热器；6—喷嘴；7—模具

**图 5.1 螺杆式注射机注射成型原理**

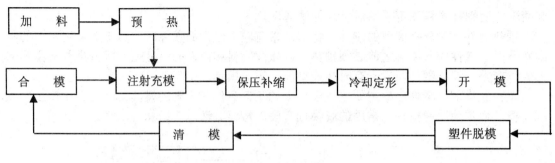

图 5.2 注射成型工作循环

（2）注射过程

注射过程一般包括：加料、塑化、充模、保压、倒流、冷却和脱模等几个过程。

**加料：** 将粒状或粉状塑料原料加入到注射机料斗中，并由柱塞或螺杆带入料筒。

**塑化：** 加入的塑料在料筒中经过加热、压实和混料等过程，使其由松散的原料转变成熔融状态并具有良好的可塑性的均化熔体。

**充模：** 塑化好的熔体被柱塞或螺杆推挤至料筒前端，经过喷嘴、模具浇注系统进入并充满模具型腔。

**保压补缩：** 这一过程从塑料熔体充满型腔时起，至柱塞或螺杆退回时为止。在该段时间里，模具中的熔体冷却收缩，柱塞或螺杆迫使料筒中的熔料不断补充到模具中，以补充因收缩而流出的空隙，保持模具型腔内的熔体压力仍为最大值。该过程对于提高塑件密度，保证塑件形状完整、质地致密，克服表面缺陷有重要意义。

**倒流：** 保压后，柱塞或螺杆后退，型腔中压力解除，这时型腔中的熔料的压力将比浇口前方的高，如果浇口尚未冻结，型腔中的熔料就会通过浇口流向浇注系统，这一过程为倒流。倒流使塑件产生收缩、变形及质地疏松等缺陷。如果保压结束时浇口已经冻结，就不会存在倒流现象。

**冷却：** 塑件在模具内的冷却过程是指从浇口处的塑料熔体完全冻结时起到塑件将从模具型腔内推出为止的全部过程。实际上冷却过程从塑料注入型腔时就开始了，它包括从充模完成，即保压开始到脱模前的这一段时间。

**脱模：** 塑件冷却到一定的温度即可开模，在推出机构的作用下将塑件推出模外。

（3）塑件后处理

由于塑化不均匀或由于塑料在型腔内的结晶、取向和冷却不均匀，或由于金属嵌件的影响和塑件的二次加工不当等原因，塑件内部不可避免地存在一些内应力，从而导致塑件在使用过程中产生变形或开裂。为解决这些问题，要对塑件进行适当的后处理，其主要方法是退火和调湿处理。

**退火处理：退火热处理**是将塑件在定温的加热液体介质（如热水、热的矿物油、甘油、乙二醇和液体石蜡等）或热空气循环烘箱中静置一段时间，然后缓冷至室温，从而消除塑件的内应力，提高塑件的性能。

调湿处理：调湿处理主要用于吸湿性很强且又容易氧化的聚酰胺等塑料制件，调湿处理除了能在加热条件下消除残余应力外，还能使塑件在加热介质中达到吸湿平衡，以防止在使用过程中发生尺寸变化。调湿处理所用的介质一般为沸水或醋酸钾溶液（沸点为121℃），加热温度为 100～121 ℃。调湿时间取决于塑件厚度，厚度在 1.5～6 mm 范围内的尼龙 6，调湿时间取 2～96 h。

3. 注射成型工艺参数

对于一定的塑件，当选择了适当的塑料品种、成型方法及设备，设计了合理的成型工艺过程及模具结构之后，在生产中，工艺条件（参数）的选样及控制就是保证成型顺利进行和塑件质量的关键。注射成型最主要的工艺参数是塑化流动和冷却的温度、压力，以及相应的各个作用时间。

（1）温度。注射过程需控制的温度有料筒温度、喷嘴温度和模具温度等。前两种温度主要影响塑料的塑化和流动，后一种温度主要影响塑料的充模和冷却定形。

料筒温度：料筒温度的选择应保证塑料塑化良好，能顺利实现注射，又不引起塑料分解。料筒温度应根据塑料的热性能确定，各种塑料具有不同的流动温度。对非结晶型塑料而言，料筒末端最高温度应高于流动温度；而对结晶型塑料应高于熔点，但必须低于塑料的分解温度，否则将导致熔体分解。除了严格控制最高温度外，还应控制塑料在加热筒中停留的时间，因为时间过长时（即使是温度不十分高的情况下），塑料也会发生降解。

塑料在不同类型注射机内的塑化过程是不同的，因此选择料筒温度也不相同。对于柱塞式注射机，料筒温度应高些，以使塑料内外层受热、塑化均匀。对于螺杆式注射机，由于螺杆转动的搅动，同时使物料受高剪切作用物料自身摩擦生热，使传热加快，因此料筒温度选择可低一些。

选择料筒温度还应结合制品及模具的结构特点。由于薄壁制件的模腔比较狭窄，塑料熔体注入的阻力大，冷却快，因此，为了提高物料的流动性，使其顺利充模，料筒温度应选择高一些。相反，注射厚壁制件时，料筒温度可选择低一些。对于形状复杂或带有嵌件的制件，或者熔体充模流程曲折较多或较长的，料筒温度也应选择高一些。

料筒温度的分布，一般从料斗一侧起至喷嘴是逐步升高的，以利于塑料逐步均匀塑化。

喷嘴温度：喷嘴温度通常略低于料筒的最高温度，这是为了防止熔料在喷嘴处产生流涎现象。喷嘴低温产生的影响可从熔料注射时所产生的摩擦得到一定程度的补偿。但是，喷嘴温度不能过低，否则熔料在喷嘴处会出现早凝而将喷嘴堵塞，或者有早凝料注入模腔而影响塑件的质量。料筒温度和喷嘴温度最佳值的确定一般是通过试模来确定的。

模具温度：模具温度对塑料熔体在型腔内的流动和塑料制品的内在性能与表面质量影响很大。模具温度的高低决定于塑料的特性、塑件尺寸与结构、性能要求及其他工艺条件等。模具温度通常是由通入定温的冷却介质来控制的,也有靠熔料注入模具自然升温和自然散热得到平衡而保持一定的模温,在特殊情况下,也有采用电阻加热圈和加热棒对模具加热而保持定温的。不管是加热或冷却,对塑料熔体来说进行的都是冷却降温过程,以使塑件成型和脱模。

对于非结晶型塑料,在熔体注入型腔后,随着温度的不断降低而固化,但不发生相的转变,模具温度主要影响熔体的粘度,也就是影响充模的能力和冷却时间。如果充模顺利,采用低模温是可取的,这样可以缩短冷却时间,提高生产率。

对于结晶型塑料在熔体注入型腔后,当温度降到熔点以下时即开始结晶,结晶速率受冷却速率的控制而冷却速率又受模具温度的控制,因此,模具温度直接影响到塑料制品的结晶度和结晶构造,从而影响塑料制品的性能。

(2)压力。注射成型过程中的压力包括塑化压力和注射压力。它们关系到塑化和成型的质量。

塑化压力:**塑化压力**是指采用螺杆式注射机时,螺杆顶部塑料熔体在螺杆旋转后退时所受的压力,亦称背压,其大小可以通过液压系统中的溢流阀来调整。注射中,塑化压力的大小是随着螺杆的设计、塑件质量的要求以及塑料的种类不同而异的。如果这些条件和螺杆的转速都不变,则增加塑化压力会提高熔体的温度及其均匀性,使色料的混合均匀,并排出熔体中的气体。但增加塑化压力会降低塑化速率,从而延长成型周期,而且增加了塑料分解的可能性。所以,塑化压力应在保证塑件质量的前提下越低越好,其具体数值是随所用塑料的品种而异的,通常不超过 2 MPa。

注射压力:**注射压力**是指柱塞或螺杆顶部对塑料熔体所施加的压力。其作用是克服熔体流动充模过程中的流动阻力,使熔体具有一定的充模速率,对熔体进行压实。

注射压力的大小取决于注射机的类型、塑料的品种、模具结构、模具温度、塑件的壁厚及流程的大小等,尤其是浇注系统的结构和尺寸。为了保证塑件的质量,对注射速率有一定要求,而注射速率与注射压力有直接关系。在同样条件下,高压注射时,注射速率高,反之,低压注射时则注射速率低。对于熔体粘度高的塑料,其注射压力应比粘度低的塑料高;对薄壁、面积大、形状复杂及成型时熔体流程长的塑件,注射压力也应该高;对于面积结构简单,浇口尺寸较大的,注射压力可以较低;对于柱塞式注射机,因料筒内压力损失较大,故注射压力应比螺杆式注射机的高;料筒温度高、模具温度高的,注射压力也可以较低。

型腔充满后,注射压力的作用在于对模具体内熔体的压实。在生产中,压实时的压力等于或小于注射时所用的注射压力。如果注射时和压实时的压力相等,则往往可以使塑件的收缩率减小,并且尺寸稳定性及力学性能较好。缺点是会造成脱模时的残余压力过大,使塑件脱模困难,因此,压实压力应适当。

(3)时间(成型周期)。完成一次注射成型所需要的时间,称为**成型周期**。它是决定注射成型生产率及塑件质量的一项重要因素。它包括以下几部分:

成型周期 ⎰ 注射时间 ⎰ 充模时间（柱塞或螺杆前进时间）
　　　　 ⎱　　　　 ⎱ 保压时间（柱塞或螺杆停留在前进位置的时间）
　　　　   闭模冷却时间（柱塞后退或螺杆传动后退的时间均包括在这段时间内）
　　　　   闭模冷却时间（只开模、脱模涂拭脱模剂、安放嵌件和闭模等时间）

成型周期直接影响生产效率和设备利用率，应在保证产品质量的前提下，尽量缩短成型周期中各阶段的时间。在整个成型周期中，注射时间和冷却时间是基本组成部分，注射时间和冷却时间的多少对塑料制品的质量有决定性影响。注射时间中的充模时间不长，一般不超过 10 s。保压时间较长，一般为 20~120 s（特厚塑件可达 5~10 min），通常以塑料制品收缩率最小为保压时间的最佳值。

冷却时间主要决定于塑料制品的壁厚、模具温度、塑料的热性能和结晶性能。冷却时间的长短应以保证塑料制品脱模时不引起变形为原则，一般为 30~120 s。此外，在成型过程中应尽可能缩短开模、脱模等其他时间，以提高生产率。

### 5.2.2 挤出成型工艺

**1. 挤出成型工艺原理及特点**

**挤出成型**又称**挤出模塑**，它在热塑性塑料成型中是一种用途广泛、所占比例很大的加工方法。挤出成型主要用于生产连续的型材，如管、棒、丝、板、薄膜、电线电缆的涂覆和涂层塑料等，此外还可用于中空塑件型坯、粒料等的加工。

挤出成型是将颗粒状或粉状的塑料加入到挤出机料筒内经外部加热和料筒内螺杆机械作用而熔融成粘流态，并借助螺杆的旋转加压，连续地将熔融状态的塑料从料筒中挤出，通过机头里具有一定形状的孔道（口模），成为截面与口模形状相仿的连续体，经冷却凝固则得连续的塑料型材制品。挤出成型所使用的模具即为**挤出模**（也称**挤出机头**）。

图 5.3 为管材挤出成型原理示意图。

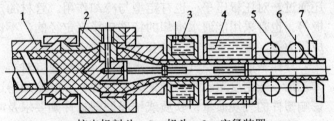

1—挤出机料斗；2—机头；3—定径装置；
4—冷却装置；5—牵引装置；6—塑料管；7—切割装置

**图 5.3 挤出成型**

挤出成型所用的设备为挤出机，其所得塑件均为具有恒定断面形状的连续型材。挤出成型工艺还可用于塑料的着色、造粒和共混改性等。这种成型方法有以下特点：

(1) 连续成型，产量大，生产率高，成本低，经济效益显著；
(2) 塑件的几何形状简单，横截面形状不变，因此模具结构也较简单，制造维修方便；
(3) 塑件内部组织均衡紧密，尺寸比较稳定准确；
(4) 适应性强，除氟塑料外，所有的热塑性塑料都可采用挤出成型，部分热固性塑料也可采用挤出成型。变更机头口模，产品的断面形状和尺寸相应改变，这样可生产出不同规格的各种塑料制件；
(5) 挤出工艺所用设备结构简单，操作方便，应用广泛。

2. 挤出成型工艺过程

热塑性塑料的挤出成型工艺过程可分为如下四个过程。

(1) 塑化过程

成型物料由挤出机料斗加入料筒后，在料筒温度和螺杆旋转、压实及混合作用下，由固态的粉料或粒料转变为具有一定流动性的均匀连续熔体，这一过程称为**塑化**。

(2) 挤出成型过程

均匀塑化的塑料熔体随螺杆的旋转而向料筒前端移动，到达料筒内多孔板后在螺杆的旋转挤压作用下，通过多孔板流入模具（机头），得到截面与口模形状一致的连续型材。

(3) 冷却定型过程

被挤出的高温管状塑料在挤出压力和牵引力作用下，经冷却后，形成具有一定强度、刚度和一定尺寸精度的连续制品。

大多数情况下，定型和冷却是同时完成的，只有在挤出各种棒料和管材时，才有一个独立的定径过程，而挤出薄膜、单丝等无需定型，仅通过冷却便可。挤出板材与片材有时还通过一对压辊压平，也有定型与冷却作用。管材的定型方法可用定径套、定径环和定径板等。也有采用能通水冷却的特殊口模来定径的，不论采用哪种方法，都是使管坯内外形成压力差，使其紧贴在定径套上而冷却定型。

冷却一般采用空气冷却或水冷却，冷却速度对塑件性能有很大影响。硬质塑件（如聚苯乙烯、低密度聚乙烯和硬聚氯乙烯等）不能冷却得过快，否则容易造成残余内应力，并影响塑件的外观质量；软质或结晶型塑料件则要求及时冷却，以免塑件变形。

(4) 塑件的牵引、卷取和切割

塑件自口模挤出后，一般都会因压力突然解除而发生离模膨胀现象，而冷却后又会发生收缩现象，从而使塑件的尺寸和形状发生改变。此外，由于塑件被连续不断地挤出，自重越来越大，如果不加以引导，会造成塑件停滞，使塑件不能顺利挤出。因此，在冷却的同时，要连续均匀地将塑件引出，这就是**牵引**。

牵引过程由挤出机辅机之一的牵引装置来完成。牵引速度要与挤出速率相适应，一般是牵引速度略大于挤出速率，以便消除塑件尺寸的变化值，同时对塑件进行适当的拉伸可提高质量。不同的塑件牵引速度不同。通常薄膜和单丝的牵引速度可以快些，其原因是牵引速度大，塑件的厚度和直径减小，纵向抗断裂强度增高，扯断伸长率降低。对于挤出硬质塑件，牵引速度则不能大，通常需将牵引速度规定在一定范围内，并且要十分均匀，不然就会影响其尺寸均匀性和力学性能。

通过牵引的塑件可根据使用要求在切割装置上裁剪（如棒、管、板、片等），或在卷取装置上绕制成卷（如薄膜、单丝、电线电缆等）。此外某些塑件，如薄膜等有时还需要进行后处理，以提高尺寸稳定性。

### 5.2.3 压缩成型工艺

#### 1. 压缩成型原理及特点

**压缩成型**又称压塑成型、模压成型、压制成型等，它的基本成型原理是将松散状（粉状、粒状、碎屑状或纤维状）的固态成型物料直接加入到成型温度下的模具型腔中，使其逐渐软化熔融，并在压力作用下使物料充满模腔，这时塑料中的高分子产生化学交联反应，最终经过固化转变成为塑料制件。其成型过程如图 5.4 所示。压缩成型所使用的模具即为压缩模（也称压塑模），压缩成型多用于热固性塑料制件的成型，所使用的设备为液压机。压缩成型是塑料成型中较早采用的一种方法。

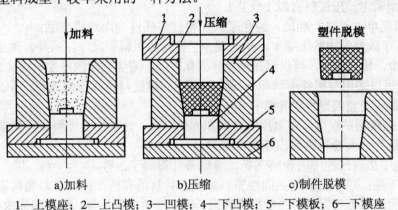

a) 加料  b) 压缩  c) 制件脱模

1—上模座；2—上凸模；3—凹模；4—下凸模；5—下模板；6—下模座

图 5.4 压缩成型

与注射成型相比，压缩成型的优点是，可采用普通液压机，而且压缩模结构由于无浇注系统而变得简单，生产过程也较简单。此外，压缩塑件内部取向组织少，塑件成型收缩率小，性能均匀。其缺点是成型周期长，生产效率低，劳动强度大，塑件精度难以控制，模具寿命短，不易实现自动化生产。典型的压缩制件有：仪表壳、电闸板、电器开关、插座等。

压缩成型主要用于热固性塑料，也可用于热塑性塑料。其区别在于成型热塑性塑料时不存在交联反应。因此，在充满型腔后，需将模具冷却使其凝固，才能脱模而获得制件。由于热塑性塑料压缩成型时需要交替地加热和冷却，生产周期长，效率低，故生产中很少采用，只是对于一些流动性很差的热塑性塑料（如聚四氟乙烯等）无法进行注射成型时，才考虑使用压缩成型。由于热固性塑料的注射成型及其成型方法的相继出现，目前压缩成型的应用受到一定的限制，但是生产某些大型的特殊产品时还常采用这种成型方法。用于压缩成型的塑料主要有酚醛塑料、氨基塑料、环氧树脂、不饱和聚酯塑料和聚酰亚氨等。本小节主要阐述热固性塑料压缩成型的工艺方法。

2. 压缩成型工艺过程

压缩工艺过程一般包括压缩成型前的准备和压缩成型阶段。

（1）压缩成型前的准备

压缩成型前的准备工作主要是指预压、预热和干燥等预处理工序。

预压：压缩成型前，为了成型时操作的方便和提高塑件的质量，常利用预压模将物料在预压机上压成重量一定、形状相似的锭料。在成型时以一定数量的锭料放入压缩模内。锭料的形状一般以既能是整数又能十分紧凑地放入模具中便于预热为宜。通常使用的锭料形状多为圆片状，也有长条状、扁球状、空心体状或仿塑件形状。

压缩成型采用预压锭料有以下优点：

① 加料简单、迅速、准确，避免了因加料过多或过少而造成废品；

② 降低了成型时物料压缩率，从而减少了模具的加料腔尺寸；另外，预压锭料中空气含量较粉料少，传热加快，可以缩短预热和固化时间，避免气泡的产生，提高塑件的质量；

③ 由于可以采用与塑件形状相仿的锭料或空心体锭料进行压缩成型，所以能够压缩成型形状复杂或带有精细嵌件的塑件；

④ 可以提高预热温度，缩短预热时间和固化时间，这是由于锭料在较高温度下预热不易出现烧焦现象，而粉料则易出现烧焦现象；

⑤ 避免了加料过程中的粉料飞扬，劳动条件得到了改善。

预热与干燥：成型前应对热固性塑料加热，其目的有两个：一是对塑料进行干燥，除去其中的水分和其他挥发物；二是提高料温，便于缩短成型周期，提高塑件内部的均匀性，从而改变塑件的物理力学性能。同时还能提高塑料熔体的流动性，降低成型压力，减少模具磨损。

生产中预热与干燥的常用设备是烘箱和红外加热炉。

（2）压缩成型过程

模具装上液压机后要进行预热。一般热固性塑料压缩过程可以分为加料、合模、排气、固化和脱模等几个阶段，在成型带有嵌件的塑料制件时，加料前应预热嵌件并将其安放定位于模内。

**加料**：加料的关键是加料量。因为加料的多少直接影响塑件的尺寸和密度，所以必须严格定量。定量的方法有重量法、容积法和计数法三种。重量法比较准确，但操作麻烦；容积法虽然不及重量法准确，但操作方便；计数法只用于预压锭料的加料。物料加入型腔时，应根据其成型时的流动情况和各部位大致需要量合理地堆放，以免造成塑件局部疏松等现象，尤其对流动性差的塑料更应注意。

**合模**：加料后即进行合模。合模分为两步：当凸模尚未接触物料时，为缩短成型周期，避免塑料在合模之前发生化学反应，加料速度应尽快；当凸模接触到塑料之后为避免嵌件或模具成型零件的损坏，并使模腔内空气充分排除，应放慢合模速度。即所谓先快后慢的合模方式。

**排气**：压缩热固性塑料时，在模具闭合后，有时还需卸压将凸模松动少许时间，以便排出其中的气体。排气不但可以缩短固化时间，而且还有利于塑件性能和表面质量的提高。排气的次数和时间要按需要而定，通常排气的次数为 1~2 次，每次时间由几秒至几十秒。

**固化**：压缩成型热固性塑料时，塑料依靠交联反应固化定型，生产中常将这一过程称为**固化**。在这一过程中，呈粘流态的热固性塑料在模腔内与固化剂反应，形成交联结构，并在成型温度下保持一段时间，使其性能达到最佳状态。对固化速率不高的塑料，为提高生产率，有时不必将整个固化过程放在模具内完成，只需塑件能完整脱模即可结束成型，然后采用后处理（后烘）的方法来完成固化。

模内固化时间应适中，一般为 30 s 至数分钟不等，视塑料品种、塑件厚度、预热状况与成型温度而定。时间过短，热固性塑件的机械强度、耐蠕变性、耐热性、耐化学稳定性、电气绝缘性等性能均下降，热膨胀后收缩增加，有时，还会出现裂纹；时间过长，会造成塑件机械强度不高、脆性大、表面出现密集小泡等。

**脱模**：制品脱模方法有机动推出脱模和手动推出脱模。带有侧向型芯或嵌件时，必须先用专用工具将它们拧脱，才能成出塑件。

（3）后处理

塑件脱模后，对模具应进行清理，有时对塑件要进行后处理。

**模具的清理**：脱模后必要时需用铜刀或铜刷去除残留在模具内的塑料废边，然后用压缩空气吹净模具。如果塑料有粘模现象，用上述方法不易清理时，则用抛光剂拭刷。

**后处理**：为了进一步提高塑件的质量，热固性塑料制件脱模后常在较高的温度下保温一段时间。后处理能使塑料固化更趋完全，同时减少或消除塑件的内应力，减少水分及挥发物等，有利于提高塑件的电性能及强度。后处理方法和注射成型塑件的后处理方法一样，在一定的环境或条件下进行，所不同的只是处理温度不同而已。一般处理温度约比成型温度提高 10~50℃。

3. 压缩成型工艺参数

压缩成型的工艺参数主要是指成型压力、成型温度和成型时间。

（1）成型压力

**成型压力**是指压缩时压力机通过凸模对塑料熔体充满型腔和固化时在分型面单位投影面积上施加的压力。其主要作用是压实成型物料，并促使融熔后的物料在压缩模内充模流动，以保证压缩成型塑件的密度合适、尺寸精度好、并具有清晰的表面轮廓。

（2）成型温度

**成型温度**是指压缩成型时所需的模具温度。在压缩成型过程中，物料在成型温度作用下，须经由玻璃态转变为粘流态而充满型腔，并在一定温度下产生交联反应而固化定型，因此，它决定了成型过程中聚合物交联反应的速度，从而影响塑件制件的最终性能。如果成型温度过高，将使交联反应过早发生，即早熟且反应速度加快，虽有利于缩短固化时间，但因物料熔融充模时间变短，故而发生充模困难现象。此外，模温过高还将导致塑件表面暗淡、缺乏光泽，甚至造成塑件变形、开裂、收缩率增大等缺陷。反之，成型温度过低，则固化时间长，固化速度慢，导致塑件过熟，物理性能和力学性能下降。此外，成型温度低还需要较高的成型压力。

（3）压缩时间

热固性塑料压缩成型时，需在一定压力和一定温度下保持一定的时间，能使其充分固化，成为性能优良的塑件，这一时间称为**压缩时间**。压缩时间与塑料的品种（树脂种类、挥发物含量等）、塑件形状、压缩成型的工艺条件（温度、应力）以及操作步骤（是否排气、预压、预热）等有关。压缩成型温度升高，塑件固化速度加快，所需压缩时间减少，因而压缩周期随模温提高而减少。压缩成型压力对模压时间的影响虽不及模压温度那么明显，但随压力增大，压缩时间也略有减少；由于预热减少了塑料充模和开模时间，所以压缩时间比不预热时要短。通常压缩时间还随塑件厚度增加而增加。

压缩时间的长短对塑件的性能影响很大，压缩时间太短，则树脂固化不完全，塑件内层欠熟，塑件物理和力学性能差，外观无光泽，脱模后易出现翘曲、变形等现象。但过分延长压缩时间会使塑料外层"过熟"，不仅延长成型时间，降低生产率，多消耗热能，而且树脂交联过度会使塑件收缩率增加，引起树脂和填料之间产生内应力，从而使塑件力学性能下降，严重时会使塑件破裂。

## 5.2.4 压注成型工艺

1. 压注成型原理及特点

**压注成型**又称**传递成型**，它是在压缩成型的基础上发展起来的一种热固性塑料的成型方法。其成型原理如图 5.5 所示，先将固态成型物料（最好是预压成锭或经预热的物料）

加入装在闭合的压注模具上的加料腔内,使其受热软化转变为黏流态,并在压力机柱塞压力作用下塑料熔体经过浇注系统充满型腔,塑料在型腔内继续受热受压,产生交联反应而固化定型,最后开模取出塑件。压注成型所使用的模具即为**压注模**(也称传递模),与压缩成型一样,压注成型也主要用于热固性塑料制件的成型。

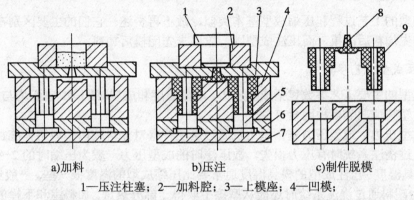

a) 加料　　　　　b) 压注　　　　　c) 制件脱模

1—压注柱塞；2—加料腔；3—上模座；4—凹模；
5—凸模；6—凸模固定板；7—下模座；8—浇注系统凝料；9—制件

图5.5　压注成型

压注成型和注射成型的相同之处是熔料均是通过浇注系统进入型腔,不同之处在于,前者塑料是在模具加料室内塑化,而后者则是在注射机的料筒内塑化。压注成型是在克服压缩成型缺点,吸收注射成型优点的基础上发展起来的。它的主要特点如下:

(1) 压注成型前模具已经闭合,塑料在加热腔内加热和熔融,在压力机通过压注柱塞将其挤入型腔,并经过狭窄分流道和浇口时,由于摩擦作用,塑料能很快均匀地热透和硬化,因此,制品性能均匀密实,质量好;

(2) 压注成型时的溢料较压缩成型时少,而且飞边厚度薄,容易去除,因此,塑件的尺寸精度较高,特别是制件的高度尺寸精度较压缩制件高得多;

(3) 由于成型物料在进入型腔前已经塑化,因此对型芯或嵌件所产生的挤压力小,因此能成型深腔薄壁塑件或带有深孔的塑件,也可成型形状较复杂以及带精细或易碎嵌件塑件,还可成型难以用压缩法成型的塑件;

(4) 由于成型物料在加料腔内已经受热熔融,因此,进入模腔时,料温及吸热量均匀,所需的交联固化时间较短,因此成型周期较短,生产效率高。

压注成型虽然有上述诸多优点,同时也存在如下缺点:

(1) 压注模比压缩模结构复杂(如必须设置浇注系统、加料室、压注柱塞);

(2) 成型压力比压缩成型高,操作比压缩成型麻烦;

(3) 成型后加料腔内留有余料,在高温下余料容易交联固化,从而影响下一次压注成型;

(4) 与注射成型相似,压注成型也存在浇注系统的凝料赘物和取向问题,前者由于不能回收将会增加生产中原材料消耗，后者容易使塑件产生在取向应力和各向异性，特别是成型纤维增强塑料时，塑料大分子的取向与纤维的取向结合在一起，更易使塑料的各向异性程度提高。

2. 压注成型工艺过程

压注成型的工艺过程和压缩成型基本类似，故不再赘述。它们的主要区别在于，压缩成型过程是先加料后闭模，而压注成型则一般要求先闭模后加料。

3. 压注成型工艺参数

压注成型的主要工艺参数包括成型压力、成型温度和成型时间等，它们均与塑料品种、模具结构、塑料情况等多种因素有关。

（1）成型压力。**成型压力**是指压力机通过压注柱塞对加料腔内塑料熔体施加的压力。由于熔体通过浇注系统时有压力损失，故压注时的成型压力一般为压缩时的 2～3 倍。

（2）模具温度。压注成型的模具温度通常要比压缩成型的温度低一些。一般约为 130～190℃，因为塑料通过浇注系统时还能从摩擦中取得一部分热量。加料室和下模的温度要低一些，而中模的温度要高一些。这样可保证塑料进料畅通而不会出现溢料现象。同时也可以避免塑料之间出现缺料、起泡、接缝等缺陷。

（3）成型时间。压注成型时间包括加料时间、充模时间、交联固化时间、塑件脱模和模具清除时间等。压注成型时的充模时间通常为 5～50 s，而固化时间取决于塑料品种、塑件的大小、形状、壁厚、预热条件和模具结构等，通常为 30～180 s。

# 5.3　塑料的成型工艺特性

**成型工艺特性**是塑料在成型过程中表现出来的特性，表现在很多方面。有些特性直接影响成型方法和塑件质量，同时与模具设计密切相关，模具设计者必须对此有充分的考虑。

1. 收缩性

塑件自模具中取出冷却至室温后，其尺寸或者体积会发生收缩变化，这种性质称为塑料的**收缩性**。塑料的收缩性常用收缩率表示。

塑料的品种不同，收缩率也不同。制品的形状复杂、壁薄、嵌件数量多且对称分布时，塑料的收缩率较小。成型前对塑料进行预热，降低温度，提高注射压力，延长保压时间，能有效减小收缩率。此外，成型方法及模具结构、浇注系统的形式、布局和尺寸等，对塑料的收缩率也有较大的影响。

收缩率是影响塑料制品尺寸精度的主要因素之一，也是模具设计时确定模具成型尺寸的主要参数。一般要求的塑料制品通常只按有关手册或资料大致确定塑料收缩率的大小；精度要求较高的塑料制品应按照实际工艺技术条件精确地测定塑料的收缩率，同时在设计模具时留有试模后的修正余量。

2. 流动性

**流动性**是指成型加工时，塑料熔体在一定的温度和压力作用下充满模腔各个部分的能力。塑料流动性差时，熔体充模能力不足，容易产生制品缺料现象。流动性好时，便于熔体充模，但流动性太好，又会使熔体产生流涎现象或使制品产生飞边，还可能在挤出成型时难以控制制品的截面形状。

塑料的流动性主要取决于它本身的性质。常用热塑性塑料中，流动性较好的有聚乙烯、聚苯乙烯、聚丙烯、聚酰胺、醋酸纤苯素等；流动性中等的有 ABS、AS、改性聚苯乙烯、聚甲基丙烯酸甲酯、聚甲醛、氯化聚醚等；流动性较差的有硬聚氯乙烯、聚碳酸酯、聚苯醚、聚砜、氟塑料等。

成型工艺技术条件对塑料的流动性也有较大的影响。熔体和模具的温度高、成型压力大，塑料的流动性就好。塑料制品的面积大、嵌件多、有狭窄深槽、壁薄、形状复杂，塑料的流动性就差。降低模腔表面的粗糙度，适当增加模具浇注系统截面尺寸，合理选择浇注系统类型位置，避免浇口正对型芯，减少熔体充模流程，都能提高塑料的流动性。

3. 相容性

**相容性**是指两种或两种以上的不同品种塑料，在熔融状态下不产生相分离现象的能力。如果两种塑料不相容，则混熔时制件会出现分层、脱皮等表面缺陷。不同塑料的相容性与其分子结构有一定关系，分子结构相似则较易相容，例如高压聚乙烯、低压聚乙烯、聚丙烯彼此之间的混熔等；分子结构不同时较难混熔，例如聚乙烯和聚苯乙烯之间的混熔。塑料的相容性又俗称为共混性。

利用该性质可以得到类似共聚物综合性能的塑料，这是改进塑料性能的重要途径之一。例如聚碳酸脂和 ABS 塑料相容，就能改善聚碳酸脂的工艺性能。

4. 结晶性

部分塑料在冷却固化过程中，树脂分子能够有规则地排列，形成一定的晶相结构，这种现象称为塑料的**结晶性**，具有结晶性的塑料称为**结晶型塑料**。无结晶现象的塑料称为**无定形塑料**。常用的结晶型塑料有聚乙烯、聚丙烯、聚酰胺、聚甲醛、氯化聚醚等。常用的无定形塑料有 ABS、AS、聚苯乙烯、聚碳酸酯、聚甲基丙烯酸甲酯、聚砜等。结晶型塑料一般只能有一定的结晶程度，结晶度的大小与成型工艺条件有关。熔体和模具温度高，熔体冷却速度慢，塑料的结晶度就高；反之，塑料的结晶度就低。

结晶度高时，塑料制品的密度大，强度高，耐磨性、耐腐蚀性和电气性能好。结晶度低时，塑料制品的柔软性、透明性好，伸长率大，冲击韧性高。一般而言，结晶型塑料为不透明或半透明的，无定形塑料为透明的。但也有例外情况，如聚 4－甲基戍烯为结晶型塑料，却有高度的透明性，ABS 为无定形塑料，但并不透明。

5. 吸湿性

**吸湿性**是指塑料吸附水分的倾向。ABS、聚碳酸酯、聚酰胺、聚甲基丙烯酸甲酯、聚砜、聚苯醚等塑料的吸湿性较高，聚乙烯、聚苯乙烯、聚氯乙烯、聚丙烯、聚甲醛、氯化聚醚等塑料的吸湿性较低。吸湿性高的塑料如果在成型前吸附了过多的水分，这些水分在成型时会在设备的料筒内挥发成气体，或使塑料发生水解，导致树脂起泡，熔体粘度下降，从而显著降低制品的外观质量和力学性能。因此，这些塑料在成型加工前必须进行干燥处理。

6. 热敏性

**热敏性**是指某些塑料对热比较敏感，成型时若温度较高，或受热时间过长就会产生变色、降解、分解等现象。具有这种特性的塑料称为**热敏性塑料**。如聚氯乙烯、聚甲醛、氯乙烯和醋酸乙烯共聚物、聚偏二氯乙烯等。热敏性塑料的变色、分解会影响制品的外观质量和使用性能，其分解产物尤其是某些气体对人体、设备和模具有较大的损害作用。为了防止热敏性塑料的变色和过热分解，可以采取在塑料中加入稳定剂。合理选择成型设备，正确调节成型温度和成型周期等工艺措施。

7. 应力开裂

有些塑料如聚苯乙烯、聚碳酸酯、聚砜等在成型时容易产生内应力，质地较脆，制品在成型、储存和使用时容易因外力或溶剂的作用而产生开裂。在塑料中加入增强材料（如玻璃纤维）加以改性，对塑料进行干燥处理，提高制品的结构工艺性，增加脱模斜度，合理设计模具浇注系统和推出装置，正确选择和调节成型工艺条件，成型后对制品进行热处理，防止制品与溶剂接触等，都是减少或消除应力开裂的有效途径。

8. 熔体破裂

**熔体破裂**是指一定熔融指数的塑料熔体，在恒定温度下通过固定截面积的细小孔径（如注射喷嘴孔、挤出口模具间隙等）时，当其流动速度超过某一速度值（称临界速度）时，就会在熔体表面产生横向裂纹。熔体破裂的产生既影响制品的外观质量，又会危及制品的物理、力学性能。容易出现熔体破裂现象的塑料有聚乙烯、聚丙烯、聚碳酸酯、聚砜、聚三氟氯乙烯、聚全氟氯乙烯等。成型加工这些塑料时，应适当放大注射喷嘴孔径或挤出口模间隙，尽可能提高成型速度，特别是喷嘴或口模温度，适当减慢注射或挤出速度。

9. 比容和压缩率

**比容**是单位重量所占的体积；**压缩率**为塑粉与塑件两者体积或比容之比值，其值恒大于 1。比容与压缩率均表示塑料的松散程度，可作为确定压缩模加料腔容积的依据。其数值大则要求加料腔体积要大，同时也说明塑粉内充气多排气困难，成型周期长生产率低。比容小，则反之，而且有利于压锭、压缩。同种塑料的比容值常常因塑料的形状、颗粒度及其均匀性不同而异。

**10. 固化速率**

热固性塑料在成型时树脂分子从线型结构转化为体型结构的过程称为**固化**。固化速度慢的塑料成型周期长，生产率低；固化速度快的塑料难以成型大型复杂的制品。固化速度与塑料品种、制品形状和壁厚有关，也与成型工艺条件有关。对塑料进行预热，提高成型温度和压力，延长保压时间，能显著加快固化速度。

上述各性能指标中，用于热塑性塑料的有收缩性、流动性、相容性、结晶性、吸湿性、热敏性、应力开裂、熔体破裂等；用于热固性塑料的有收缩性、流动性、比容和压缩率、固化速度等。

## 5.4 塑料制品的结构工艺性

### 5.4.1 塑料制品的几何结构设计

**1. 设计原则**

塑件设计不仅要考虑使用要求，而且要考虑塑料的结构工艺性，并且尽可能使得模具结构简化。因为这样不但可以使成型工艺稳定，保证塑件的质量，又可使生产成本降低。在进行塑件结构设计时，可考虑如下设计原则：

（1）在保证塑件的使用性能、物理化学性能、电性能和耐热性能等前提下，尽量选用价格低廉和成型性好的塑料，并力求结构简单、壁厚均匀和成型方便；

（2）在设计塑件结构时应同时考虑模具结构，使模具型腔易于制造，模具抽芯和推出机构简单；

（3）设计塑件应考虑原料的成型工艺性，塑件形状应有利于分型、排气、补缩和冷却。

**2. 形状设计**

塑件的内外表面形状应在满足使用要求的情况下尽可能易于成型。由于侧抽芯和瓣合模不但使模具结构复杂制造成本提高，而且还会在分型面上留下飞边，增加塑件的修整量。因此，塑件设计时可适当改变塑件的结构，尽可能避免侧孔与侧凹，以简化模具的给构。表5.1为改变塑件形状以利于成型的典型实例。

表 5.1 塑件形状有利于塑件成型的典型实例

| 序号 | 不合理 | 合理 | 说明 |
|---|---|---|---|
| 1 | 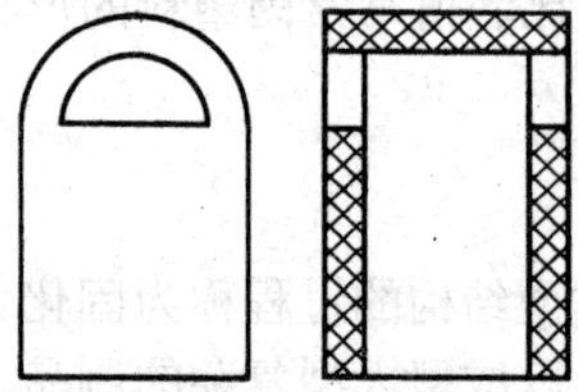 |  | 改变形状后,不需采用侧抽芯,使模具结构简单 |
| 2 | 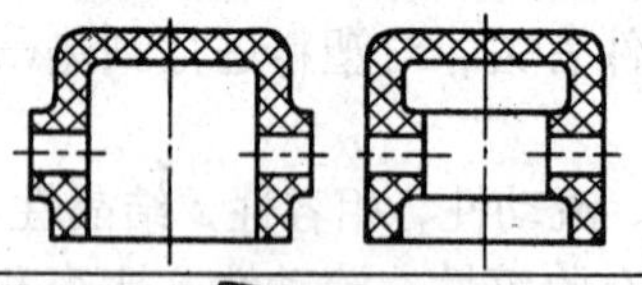 | 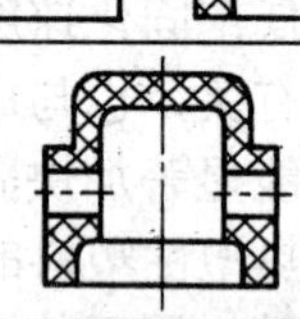 | 应避免塑件表面横向凸台,便于脱模 |
| 3 | 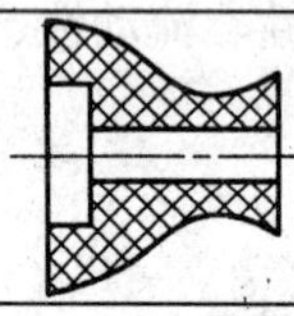 | 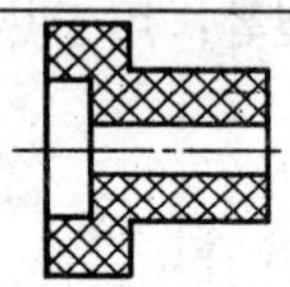 | 塑件有外侧凹时必须采用瓣合凹模,故模具结构复杂,塑件外表面有接痕 |
| 4 | 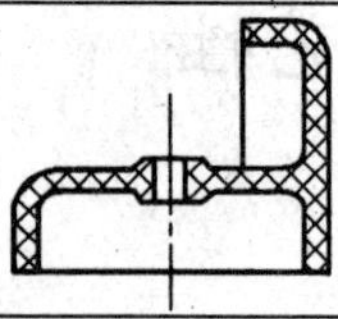 | 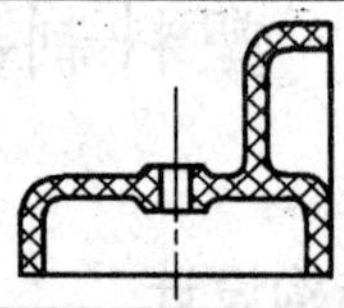 | 内凹模孔改为外凹孔,有利于抽芯 |
| 5 | 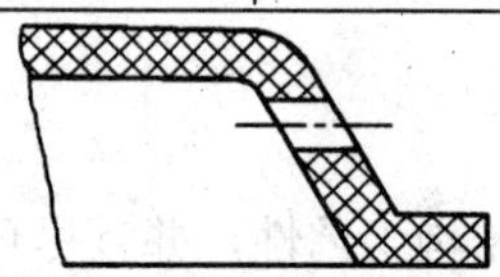 | 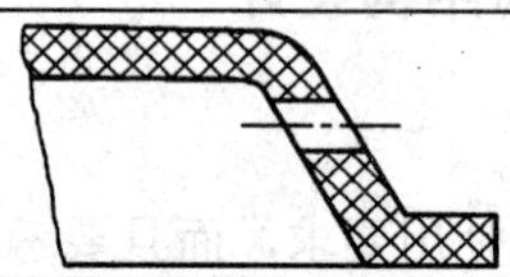 | 横向孔改为纵向孔可避免侧抽芯 |

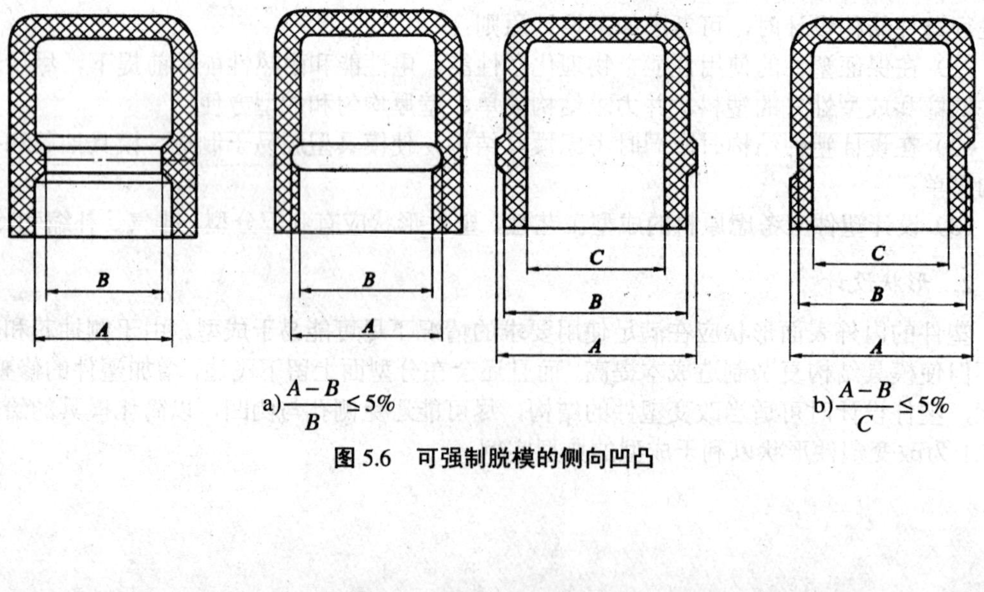

a) $\dfrac{A-B}{B} \leq 5\%$     b) $\dfrac{A-B}{C} \leq 5\%$

图 5.6 可强制脱模的侧向凹凸

塑件内侧凹较浅并允许带有圆角时，则可以用整体凸模采取强制脱模的方法使塑件从凸模上脱下，如图5.6a所示。但此时塑件在脱模温度下应具有足够的弹性，以使塑件在强制脱下时不会变形，例如聚乙烯、聚丙烯、聚甲醛等能适应这种情况。塑件外侧凹凸也可以强制脱模，如图5.6b所示。但是，多数情况下塑件的侧向凹凸不可以强制脱模，此时应采用侧向分型抽芯结构的模具。

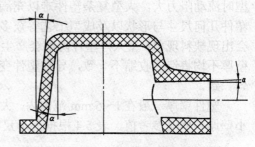

图5.7 塑件的脱模斜度

**3. 脱模斜度**

由于塑料冷却后产生收缩，会紧紧包在凸模型芯上，或由于粘附作用，塑件紧贴在凹模型腔内。为了便于脱模，防止塑件表面在脱模时划伤等，在设计时必须使塑件内外表面沿脱模方向具有合理的脱模斜度，如图5.7所示。

脱模斜度的大小取决于塑件的性能和几何形状等。硬质塑料比软质塑料脱模斜度大；形状较复杂，或成型孔较多的塑件取较大的脱模斜度；塑料高度较大，孔较深，则取较小的脱模斜度；壁厚增加，内孔包紧型芯的力大，脱模斜度也应取大些。

脱模斜度的取向根据塑件的内外尺寸而定：塑件内孔，以型芯小端为准，尺寸符合图样要求，斜度由扩大的方向取得；塑件外形，以型腔（凹模）大端为准，尺寸符合图样要求，斜度由缩小方向取得。一般情况下，脱模斜度不包括在塑件的公差范围内。表5.2列出塑件常用的脱模斜度。

表5.2 塑件的脱模斜度

| 塑料名称 | 脱模斜度 | |
|---|---|---|
| | 型 腔 | 型 芯 |
| 聚乙烯、聚丙烯、软聚氯乙烯、聚酰胺、氯化聚醚、聚碳酸脂 | 25′～45′ | 20′～45′ |
| 硬聚氯乙烯、聚碳酸脂、聚砜 | 35′～40′ | 30′～50′ |
| 聚苯乙烯、有机玻璃、ABS、聚甲醛 | 35′～1°30′ | 30′～40′ |
| 热固性塑料 | 25′～40′ | 20′～50′ |

注：本表所列的脱模斜度适用于开模后塑件留在凸模上的情况。

若需开模后塑件留在型腔内，塑件内表面的脱模斜度应大于塑件外表面的脱模斜度；反之，若要求开模后塑件留在型芯一边，塑件内表面的脱模斜度应小于外表面的脱模斜度。

**4. 壁厚设计**

塑件的壁厚对塑件质量有很大影响，壁厚过小难以满足使用时的强度及刚度要求，成型时流动阻力大,大型复杂塑件难以充满型腔。所以,塑件壁厚受使用要求、塑料性能、塑件几何尺寸与形状以及成型工艺等众多因素的制约。壁太薄熔体充满型腔的流动阻力大,会出现缺料现象;壁太厚塑件内部会产生气泡,外部易产生凹陷等缺陷,同时增加了成本。壁厚不均将造成收缩不一致,导致塑件变形或翘曲,因此在可能的条件下应使壁厚尽量均匀一致。

塑件壁厚一般在 1~6 mm 范围内,大型塑件的壁厚可达 8 mm。表 5.3 为热塑性塑料最小壁厚和壁厚参考值,表 5.4 根据外形尺寸推荐的热固性塑件壁厚值。

表 5.3　热塑性塑料最小壁厚及推荐壁厚

| 塑料种类 | 制件流程 50 mm 的最小壁厚 | 一般制件壁厚 | 大型制件壁厚 |
| --- | --- | --- | --- |
| 聚酰胺(PA) | 0.45 | 1.75~2.60 | >2.4~3.2 |
| 聚苯乙烯(PS) | 0.75 | 2.25~2.60 | >3.2~5.4 |
| 改性聚苯乙烯 | 0.75 | 2.29~2.60 | >3.2~5.4 |
| 有机玻璃(PMMA) | 0.80 | 2.50~2.80 | >4.0~6.5 |
| 聚甲醛(POM) | 0.80 | 2.40~2.60 | >3.2~5.4 |
| 软聚氯乙烯(LPVC) | 0.85 | 2.25~2.50 | >2.4~3.2 |
| 聚丙稀(PP) | 0.85 | 2.45~2.75 | >2.4~3.2 |
| 氯化聚醚(CPT) | 0.85 | 2.35~2.80 | >2.5~3.4 |
| 聚碳酸脂(PC) | 0.95 | 2.60~2.80 | >3.0~4.5 |
| 硬聚氯乙烯(HPVC) | 1.15 | 2.60~2.80 | >3.2~5.8 |
| 聚苯醚(PPO) | 1.20 | 2.75~3.10 | >3.5~6.4 |
| 聚乙烯(PE) | 0.60 | 2.25~2.60 | >2.4~3.2 |

表 5.4　热固性塑件壁厚

| 塑料名称 | 塑件外形高度 | | |
| --- | --- | --- | --- |
| | ~50 | >50~100 | >100 |
| 粉状填料的酚醛树脂 | 0.7~2.0 | 2.0~3.0 | 5.0~6.5 |
| 纤维状填料的酚醛树脂 | 1.5~2.0 | 2.5~3.5 | 6.0~8.0 |
| 氨基塑料 | 1.0 | 1.3~2.0 | 3.0~4.0 |
| 聚酯玻璃纤维填料的塑料 | 1.0~2.0 | 2.4~3.2 | >4.8 |
| 聚酯无机物填料的塑料 | 1.0~2.0 | 3.2~4.8 | >4.8 |

同一塑件的壁厚应尽可能一致,否则会因冷却或固化的速度的不同而产生内应力,使塑件产生翘曲、缩孔、裂纹,甚至开裂。显然要求塑件各处壁厚完全一致也是不可能的。因此,为了使壁厚尽量一致,在可能的情况下常常将壁厚的部分挖空。如果结构要求必须有不同壁厚时,不同壁厚的比例不应超过 1:3,且应采用适当的修饰半径,以减缓厚薄过渡部分的突然变化。表 5.5 为改善壁厚的设计实例。

表 5.5 热塑性塑料最小壁厚及推荐壁厚

| 序号 | 不合理 | 合理 | 说明 |
|---|---|---|---|
| 1 |  |  | 左图壁厚不均匀，易产生气泡、缩孔、凹陷等缺陷，使塑件变形；右图壁厚均匀，可以保证塑件质量 |
| 2 |  |  |  |
| 3 |  |  |  |
| 4 |  |  | 全塑齿轮轴应在轴芯放置钢芯 |

5. 加强筋设计

加强筋的主要作用是在不增加壁厚的情况下，加强塑件的强度和刚度，避免塑件变形翘曲。此外合理布置加强筋还可以改善充模状况，减少塑件内应力，避免气孔、缩孔和凹陷等缺陷。

加强筋的厚度应小于塑件厚度，并与壁用圆弧过渡。加强筋的形状尺寸如图 5.8 所示。若塑件壁厚为 $t$，则加强筋高度 $L=(1\sim3)\delta$，筋条宽 $A=(1/4\sim1)\delta$，筋根过渡圆角 $R=(1/8\sim1/4)\delta$，收缩角 $\alpha=2°\sim5°$，筋端部圆角 $r=\delta/8$，当 $\delta\leq2$ mm 时，取 $A=\delta$。

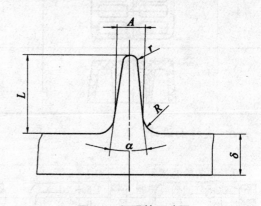

图 5.8 加强筋尺寸图

在塑件上设置加强筋有以下要求：

（1）加强筋的厚度应小于塑件厚度，并与壁用圆弧过渡；

（2）加强筋端面高度不应超过塑件高度，应低于 0.5 mm 以上；

（3）尽量采用数个高度较矮的加强筋代替孤立高筋，筋的间距离应大于筋宽的两倍；

（4）加强筋的设置方向除应与受力方向一致外，还应尽可能与熔体流动的方向一致，以免流料收到搅乱，使塑料的韧性降低。

表 5.6 加强筋设计的典型实例

| 序号 | 不合理 | 合理 | 说明 |
|---|---|---|---|
| 1 | | | 过厚处应减薄并设置加强筋以保持原有强度 |
| 2 | | | 过高的塑件应设置加强肋,以减薄塑件壁厚 |
| 3 | | | 平板状塑件,加强肋应与料流方向平行,以免造成充模阻力过大和降低塑件韧性 |
| 4 | | | 非平板状塑件,加强筋应交错排列,以免塑件产生翘曲变形 |
| 5 | | | 加强筋应设计得矮一些,与支撑面之间应有间隙 |

6. 支撑面设计

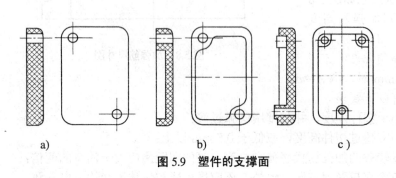

图 5.9 塑件的支撑面

塑件设计通常采用凸起的边框或底脚(三点或四点)来作支承面,如图 5.9 所示。图 5.9a 所示以整个底面作支承面不合理,因为塑件稍有翘曲或变形就会使底面不平;图 5.9b 和图 5.9c 分别以边框凸起和底脚作为支承面,设计较为合理。

### 7. 圆角设计

为了避免应力集中，提高塑件的强度，便于塑料熔体的流动和塑件脱模，在塑件的内外表面的各连接处均应设计过渡圆弧。在无特殊要求时，塑件各连接处均有半径不小于 0.5～1 mm 的圆角，如图 5.10 所示。一般外圆角半径 $R_1=1.5H$，内圆角半径 $R=0.5H$。

### 8. 孔的设计

塑件上常见的孔有通孔、盲孔和异形孔等，设计时应不能削弱塑件的强度，在孔与孔之间、孔与边壁之间应留有足够的距离。热固性塑件两孔之间及孔与边壁之间的关系见表 5.7（当两孔直径不一样时，按小孔径取值）。热塑性塑件两孔之间及孔与边壁之间的关系可按表 5.7 中所列数值的 75% 确定。塑件上固定用孔和其他受力孔的周围可设计一凸边或凸台来加强，如图 5.11 所示。

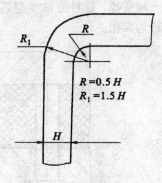

图 5.10 圆角半径尺寸

表 5.7 热固性塑件孔间距、孔边距 (mm)

| 孔 径 | <1.5 | 1.5～3 | 3～6 | >6～10 | >10～18 | >18～30 |
|---|---|---|---|---|---|---|
| 孔间距、孔边距 | 1～1.5 | 1.5～2 | >2～3 | >3～4 | >4～5 | >5～7 |

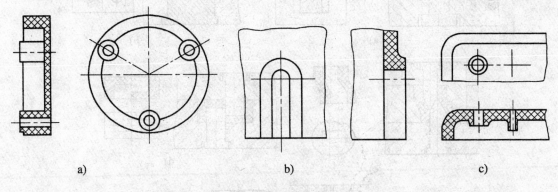

a)　　　　　　　　　　b)　　　　　　　　　　c)

图 5.11 孔的加强

（1）通孔。成型通孔一般采用安装型芯的方法。通孔设计时深度不能太大，否则会弯曲型芯。压缩成型时尤应注意，通孔深度应不超过孔径的 3.75 倍。成型通孔一般有以下几种方法，如图 5.12 所示。图 5.12a 结构简单，但会出现不易修整的横向飞边，且当孔较深或孔径较小时型芯易弯曲；图 5.12b 用两个型芯来成型，型芯长度缩短一半，稳定性增加，并且一个型芯径向尺寸比另一个大 0.5~1 mm，这样即使稍有不同心，也不会引起安装和使用上的困难，这种成型方式适用于孔较深且直径要求不高的场合；5.12c 型芯一端固定，一端支撑，这种方法使型芯有较好的强度和刚度，又能保证同心度，出现飞边也容易修整，较为常用。

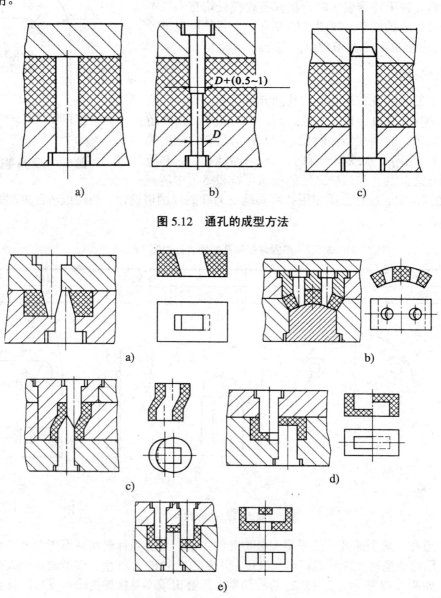

图 5.12　通孔的成型方法

图 5.13　异形孔成型方法

(2) 盲孔。盲孔只能用一端固定的型芯来成型，因此其深度应浅于通孔。注射成型或压注成型时，孔深不超过孔径的 4 倍。压缩成型时，平行于压制方向的孔深一般不超过直径的 2.5 倍，垂直于压制方向的孔深不超过直径的 2 倍。直径小于 1.5mm 的孔或深度太大（大于以上值）的孔最好采用成型后机械加工的方法获得，即在成型时在位于孔心的位置处压出定位浅孔，为以后的钻孔找正。

(3) 异形孔。当塑件孔为异形孔（斜孔或复杂形状孔）时，常常采用拼合的方法来成型，于是可以避免侧向抽芯，图 5.13 所示为几种异形孔及成型的方法。

## 5.4.2 塑料制品的尺寸、精度和表面粗糙度

1. 塑件的尺寸

该处所指的尺寸指的是塑件的总体尺寸，该尺寸主要取决于塑料品种的流动性。在一定的设备和工艺条件下，流动性好的塑料可以成型较大尺寸的塑件；反之流动性差，塑件尺寸不可过大，以免不能充满型腔或形成熔接痕。塑件外形尺寸还受成型设备的限制，注射成型的塑件尺寸要受到注射机的注射量、锁模力和模板尺寸的限制；压缩和压注成型的塑件尺寸要受到压力机最大压力和压力机工作台面最大尺寸的限制。因此，从原材料性能、模具制造成本和成型工艺性等条件出发，只要能满足塑件的使用要求，应将塑件设计得尽量紧凑、尺寸小巧一些。

2. 塑件的尺寸精度

**塑件的尺寸精度**是指所获得的塑件尺寸与产品图中尺寸的符合程度，即所获得塑件尺寸的准确度。影响塑件尺寸精度的因素很多，如模具制造精度及使用后的磨损程度，塑料收缩率的波动，成型工艺条件的变化，塑料制件的形状等。一般来讲，为了降低模具的加工难度和模具制造成本，在满足塑件使用需求的前提下应尽可能把塑件尺寸精度设计得低一些。

塑件尺寸公差应根据国标 GB/T14486－1993 确定，该表可参考相关手册。该标准中塑件尺寸公差的代号为 MT，公差等级分为 7 级，该标准只规定公差，基本尺寸的上下偏差可根据塑件的配合性质来分配。对于孔类尺寸可取表中数值冠以（+）号；对于轴类尺寸可取表中数值冠以（－）号；对于中心距尺寸及其他位置尺寸可取表中数值之半再冠以（±）号。常用塑件材料的选用见表 5.8。对塑件的精度要求，要根据具体情况来分析。一般配合部分尺寸精度高于非配合尺寸精度、塑件的精度要求越高，模具的制造要求也越高，模具的制造难度及成本亦越高，而塑件的废品率也会增加。因此，应合理地选用精度等级。

表 5.8 常用塑件公差等级的选用

| 类别 | 塑料品种 | 公差等级 | | |
|---|---|---|---|---|
| | | 标注公差尺寸 | | 未标注公差尺寸 |
| | | 高精度 | 一般精度 | |
| 1 | 聚苯乙烯（PS）、聚丙烯（PP、无机填料填充）、ABS 丙烯腈-苯乙烯共聚物(AS)、聚甲基丙烯酸甲酯(PMMA)、聚碳酸酯（PC）、聚醚砜（PESU）、聚砜（PSU）、聚苯醚（PPO）、聚苯硫醚（PPS）、硬聚氯乙烯（RPVC）、尼龙（PA、玻璃纤维填充）、聚对苯二甲酸丁二醇酯（PBTP、玻璃纤维填充）、聚邻苯二甲酸二丙烯酯（PDAP）、聚对苯二甲酸乙二醇酯（PETP、玻璃纤维填充）、环氧树脂（EP）、酚醛塑料（PF、无机填料填充）、氨基塑料和氨基酚醛塑料（VF/WF 无机填料填充） | MT2 | MT3 | MT5 |
| 2 | 醋酸纤维素塑料（CA）、尼龙（PA、无填料填充）、聚甲醛（≤150 mm POM）、聚对苯二甲酸丁二醇酯（PBTP、无填料填充）、聚对苯二甲酸乙二醇酯（PETP、无填料填充）、聚丙烯（PP、无填料填充）、氨基塑料和氨基酚醛塑料（VF/WF 有机填料填充）、酚醛塑料（PF、有机填料填充） | MT3 | MT4 | MT6 |
| 3 | 聚甲醛（>150 mm POM） | MT4 | MT5 | MT7 |
| 4 | 软聚氯乙烯（SPVC）、聚乙烯（PE） | MT5 | MT6 | MT7 |

3. 塑件的表面粗糙度

塑件的外观要求越高，表面粗糙度值应越低。塑件表面粗糙度的高低，主要与模具型腔表面的粗糙度有关。一般来说，模具表面的粗糙度等级要比塑件低 1~2 级，因此塑料制品的表面粗糙度不宜过高，否则会增加模具的制造费用。模具在使用过程中，由于模具型腔磨损而使表面粗糙度值不断加大，所以应随时根据情况给予抛光复原。对于不透明的塑料制品，由于外观对外表面有一定要求，而对内表面只要不影响使用，可比外表面粗糙度增大 1~2 级。对于透明的塑料制品，内外表面的粗糙度应相同，表面粗糙度 $Ra$ 需达 0.8~0.05 μm（镜面），因此需要经常抛光型腔表面。

### 5.4.3 塑料制品螺纹与齿轮设计

1. 塑件的螺纹设计

塑件上的螺纹既可以直接用模具成型，也可以在成型后用机械加工获得，对于经常装拆和受力较大的螺纹，则应采用金属的螺纹嵌件。

塑件上的螺纹，一般精度低于 IT8 级，并选用螺牙尺寸较大者。细牙螺纹尽量不采用直接成型，而是采用金属螺纹嵌件，因为螺牙过细将影响使用强度。一般塑件螺纹的螺距不小于 0.7 mm，塑件螺纹极限尺寸见表 5.9。

表 5.9 塑件螺纹的选用范围

| 螺纹公称直径/mm | 螺纹种类 | | | | |
|---|---|---|---|---|---|
| | 公称标准螺纹 | 1 级细牙螺纹 | 2 级细牙螺纹 | 3 级细牙螺纹 | 4 级细牙螺纹 |
| ≤3 | + | − | − | − | − |
| >3～6 | + | − | − | − | − |
| >6～10 | + | + | − | − | − |
| >10～18 | + | + | + | − | − |
| >18～30 | + | + | + | + | − |
| >30～50 | + | + | + | + | + |

塑料螺纹与金属螺纹的配合长度应不大于螺纹直径的 1.5 倍（一般配合长度为 8～10 牙），过长会产生附加内应力，致使连接强度降低。

为了增加塑件螺纹的强度，防止最外圈螺纹崩裂或变形，其始端和末端均不应突然开始和结束，应有一过渡段。如图 5.14 和图 5.15 所示，过渡长度为 $l$，其数值按表 5.10 选取。

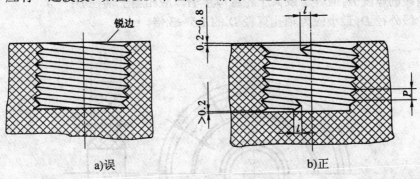

图 5.14 塑件内螺纹的正误形状

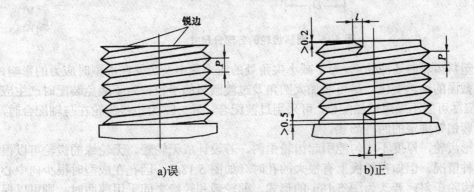

图 5.15 塑件外螺纹的正误形状

表 5.10　塑料螺纹始末端的过渡长度

| 螺纹直径/mm | 螺距 $P$/mm | | |
|---|---|---|---|
| | <0.5 | 0.5~1.0 | >1.0 |
| | 纹始末端的过渡长度 $l$/mm | | |
| ≤10 | 1 | 2 | 3 |
| >10~20 | 2 | 2 | 4 |
| >20~34 | 2 | 4 | 6 |
| >34~52 | 3 | 6 | 8 |
| >52 | 3 | 8 | 10 |

**2. 塑件的齿轮设计**

塑料齿轮主要用于强度不太高的传动机构，用做齿轮的塑料有尼龙、聚碳酸酯、聚甲醛、聚砜等。为了满足注射成型工艺，齿轮的各部分尺寸（如图 5.16）作如下规定：

（1）轮缘最小宽度 $t_1$ 为齿高 $t$ 的 3 倍；

（2）辐板的厚度 $H_1$ 应等于或小于轮缘厚度 $H$；

（3）轮毂的厚度 $H_2$ 应等于或大于轮缘厚度 $H$，应相当于轴径 $D$；

（4）轮毂外径 $D_1$ 最小应为轴孔直径 $D$ 的 1.5~3 倍。

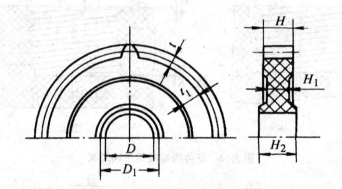

图 5.16　塑料齿轮的各部分尺寸

在设计塑料齿轮时还应注意，为了减小尖角处的应力集中及齿轮在成型时应力的影响，应尽量避免截面的突然变化，尽可能加大圆角及过渡圆弧的半径；为了避免装配时产生应力，轴与孔应尽可能不采用过盈配合，可采用过渡配合。图 5.17 为塑料齿轮在与轴配合时，采用半月形和销钉固定的两种形式。

对于薄形齿轮，厚度不均匀能引起齿轮歪斜，若设计成无轮毂、无轮缘的齿轮可以很好地改善这种情况。但如在辐板上有很大的孔时（如图 5.18a），因孔在成型时很少向中心收缩，会使齿轮歪斜；若改为图 5.18b 的形式，即轮毂和轮缘之间采用薄肋时，则可以保证轮缘向中心收缩。由于塑料的收缩率较大，所以一般只宜用收缩率相同的塑料齿轮相互的啮合工作。

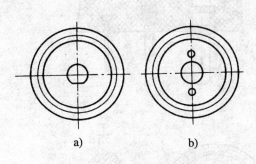

图 5.17 塑料齿轮的固定形式

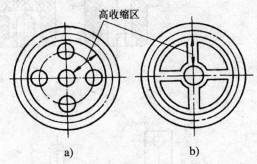

图 5.18 塑料齿轮的辐板结构

### 5.4.4 塑料制品金属嵌件设计

塑件内部镶嵌的金属件、非金属件或已经成型的塑件等称为**嵌件**。使用嵌件的目的在于提高塑件的强度和刚度，满足塑件某些特殊要求，如导电、导磁、耐磨、增加塑件尺寸稳定性与提高塑件和装配连接等。但嵌件的设置往往使模具结构复杂化，成型周期延长，制造成本增加，难于实现自动化生产等问题。

金属是常见的嵌件材料。嵌件形式繁多，图 5.19 为几种常见形式，图 5.19a 为圆筒形嵌件，有通孔和不通孔两种；图 5.19b 为带台阶的圆柱形嵌件；图 5.19c 为片状塑件常用作塑件内导体、焊片；图 5.19d 为细杆状贯穿嵌件，如汽车方向盘。

设计金属嵌件一般应遵守如下设计原则：

（1）嵌件应可靠地固定在塑件中：为了防止嵌件受力时在塑件内转动或脱出，嵌件表面必须设计有适当的凸凹状，以提高嵌件与塑件的连接强度，常用的结构有菱形滚花、直纹滚花、六角嵌件、孔眼、切口和局部弯折等形式；

（2）嵌件在模具内的定位应可靠：模具中的嵌件在成型时要受到高压熔体的冲击，可能发生位移和变形，同时熔料还可能挤入嵌件上预制的孔或者螺纹中，因此嵌件必须在模具内可靠定位，并要求嵌件的高度不得超过定位部分直径的 2 倍，常用的方法是用嵌件上的光杆或凸肩和模具配合，其配合公差为 H8/f7；

（3）嵌件周围的壁厚应足够大：由于金属嵌件与塑件的收缩率相差较大，致使嵌件周围的塑料存在很大的内应力，如果设计不当，可能会造成塑件的开裂，而保证嵌件周围有一定的塑料层厚度可以减少塑件的开裂倾向。

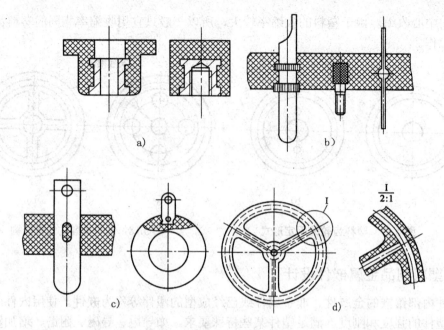

a)圆筒形嵌件  b)带台阶的圆柱形嵌件  c)片状塑件  d)细杆状贯穿嵌件

图5.19  几种常见的金属嵌件

## 5.5 塑料成型设备

塑料成型设备因成型工艺的不同而不同,塑料成型设备主要包括用于注射成型工艺的注射机,用于挤出成型的挤出机,用于压缩成型和压注成型的压力机。

### 5.5.1 塑料注射机

**塑料注射机**是利用塑料成型模具,将热塑性塑料或热固性塑料制成塑料制件的主要成型设备。塑料注射机是目前塑料成型设备中,增长最快、产量最多、应用最广的塑料成型设备。

**1. 注射机的类型和组成结构**

塑料注射机按用途可以分为热塑性塑料通用注射机和专用注射机(热固性塑料注射机、注射吹塑机、发泡注射机、排气注射机等);按外形可以分为卧式注射机、立式注射机和直角式注射机；按塑料在料筒内的塑化方式可以分为柱塞式注射机和螺杆式注射机。目前，在生产中应用最为广泛的是卧式螺杆式热塑性塑料通用注射机。

塑料注射机一般由注射装置、合模装置、液压和电气控制系统、机架等四个部分组成，图 5.20 所示为卧式热塑性塑料通用注射机的外形结构图。注射装置的作用是：将一定量的塑料加入料筒；将加入料筒内的塑料加热并均匀地塑化成熔体；以足够的速度和压力将一定量的塑料熔体注射进模具型腔；注射完成后保持一定时间的压力，进行补缩并防止熔体返流。合模装置的作用是：准确可靠地实现模具的开、合模动作，注射时保证可靠地锁紧模具；开模时保证制件顶出脱模。液压和电气控制系统的作用是控制注射机的工作循环过程和成型工艺条件，使注射机按注射工艺预定的动作要求和工作要求准确有效地工作。机架的作用是将上述三个部分组合在一起同时作为液压系统的油箱。

塑料注射机规格型号的命名尚无统一的标准。旧型号的注射机常用 SYS、XS－Z、XS－ZY 分别表示立式注射机、卧式柱塞式注射机和卧式螺杆式注射机。用公称注射量表示注射机的规格，例如 SYS－30、XS－Z－60、XS－ZY－125A、XS－ZY－250 等，主参数后的字母为改型设计序号。新型号的注射机常用 SZ、SZL、SZG 分别表示卧式注射机、立式注射机和热固性塑料注射机，用理论注射量/合模力表示注射机的规格，例如 SZL－15/30、SZ300/1400、SZG－500/1500 等。

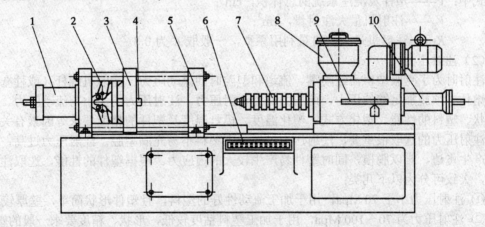

1—锁模液压缸；2—锁模机构；3—移动模板；4—顶杆；5—固定模板；6—控制台；
7—料筒及加料器；8—料斗；9—定量供料装置；10—注射液压缸

图 5.20　卧式注射机外形图

2. 注射机的选用

**塑料注射机的规格**是指决定注射机加工能力和适用范围的一些主要技术参数，在设计塑料注射模时，应根据实际情况对这些技术参数进行校核。

(1) 注射量

**注射量**是指注射机进行一次注射成型所能注射出熔料的最大容积，它决定了一台注射机所能成型塑件的最大体积。一台注射机的最大注射量受注射成型工艺条件的影响而有一定的波动，因而在实际生产中常用公称注射量或理论注射量来间接表示注射机的加工能力。

**公称注射量**是指在对空注射条件下，注射螺杆或柱塞作一次最大注射行程时，注射机所能达到的最大注射量，它近似等于注射机实际能够达到的最大注射量。

**理论注射量**是指注射机在理论上能够达到的最大注射量，它与注射机实际能够达到的最大注射量之间的关系可用下式表示：

$$V_g = cV_l \tag{5.1}$$

式中：$V_g$——注射机最大注射量，$cm^3$；
　　　$V_l$——注射机理论注射量，$cm^3$；
　　　$c$——射出系数。

射出系数 $c$ 受注射成型工艺条件的影响，实际生产中常取 0.7～0.9。

注射机的注射量应与塑件的体积相适应，一般用下式校核：

$$V < KV_g \tag{5.2}$$

式中：$V$——塑件及浇注系统的总体积，$cm^3$；
　　　$V_g$——注射机最大注射量，$cm^3$；
　　　$K$——注射机最大注射量利用系数，一般取 $K$ 为 0.8。

(2) 注射压力

注射时为了克服塑料流经喷嘴、流道和型腔时的流动阻力，注射机螺杆（或柱塞）对塑料熔体必须施加足够的压力，此压力称为**注射压力**。注射压力的大小与流动阻力、塑件的形状、塑料的性能、塑化方式、塑化温度、模具温度及塑件的精度要求等因素有关。

注射压力的选取很重要，注射压力过低，则塑料不易充满型腔；注射压力过高，塑件容易产生飞边，难以脱模，同时塑件易产生较大的内应力。根据塑件的性能，选取注射压力时，大致可分为以下几类：

① 注射压力小于 70 Mpa，用于加工流动性好的塑料，且塑件形状简单，壁厚较大；
② 注射压力为 70～100 Mpa，用于加工塑料粘度较低，形状、精度要求一般的塑件；
③ 注射压力为 100～140 MPa，用于加工中、高粘度的塑料，且塑件的形状、精度要求一般；
④ 注射压力为 140～180 MPa，用于加工较高粘度的塑料，且塑件壁薄或不均匀、流程长、精度要求较高，对于一些精密塑件的注射成型，注射压力可用到 230～250 MPa。

(3) 锁模力

当高压的塑料熔体充满模具型腔时，会产生使模具分型面胀开的力。为了夹紧模具，保证注射过程顺利进行，注射机合模机构必须有足够的锁模力，锁模力必须大于胀开力，用公式表示为：
$$F_z = p(nA + A_l) < F_p \tag{5.3}$$

式中：$F_z$——塑料熔体在分型面的胀开力，N；

$p$——型腔压力，一般为注射压力的80%左右，参考表5.11和表5.12；

$n$——型腔数量；

$A$——单个塑件在模具分型面上的投影面积，$mm^2$；

$A_l$——浇注系统在模具分型面上的投影面积，$mm^2$；

$F_p$——额定锁模力，N。

表5.11 常用塑料可选用的型腔压力

| 塑料品种 | 高压聚乙烯（PE） | 低压聚乙烯（PE） | PS | AS | ABS | POM | PC |
|---|---|---|---|---|---|---|---|
| 型腔压力 | 10~15 | 20 | 15~20 | 30 | 30 | 35 | 40 |

表5.12 塑件形状和精度不同时可选用的型腔压力

| 条　件 | 型腔平均压力/MPa | 举　例 |
|---|---|---|
| 易于成型的制品 | 25 | 聚乙烯、聚苯乙烯等壁厚均匀日用品 |
| 普通制品 | 30 | 薄壁容器类 |
| 高粘度、高精度制品 | 35 | ABS、聚甲醛等机械零件、高精度制品 |
| 粘度和精度特别高的制品 | 40 | 高精度的机械零件 |

（4）安装部分的配合、连接尺寸

模板尺寸和拉杆间距：模具最大外形尺寸不能超过注射机的动、定模板的外形尺寸，同时必须保证模具能通过拉杆间距安装到动、定模板上，模板上还应留有足够的余地用于装夹模具。模具定位圈的直径与模板定位孔的直径按 H9/f9 配合，以保证模具主浇道轴线与喷嘴孔轴线的同轴度。

最大、最小模具厚度：**模具最大厚度 $H_{max}$ 和最小厚度 $H_{min}$** 是指注射机移动模板闭合后达到规定锁模力时，移动模板与固定模板之间所达到的最大和最小距离，这两者之差就是调模机构的调模行程，这两个基本尺寸对模具安装尺寸的设计十分重要；若模具实际厚度小于注射机的模具最小厚度，则必须设置模厚调整块，使模具厚度尺寸大于 $H_{min}$，否则就不能实现正常合模；若模具实际厚度大于注射机模具最大厚度，则模具也不能正常合模，达不到规定的锁模力，一般模具厚度设定在 $H_{max}$ 和 $H_{min}$ 之间。

开模行程：注射机的开模行程是有限的，塑件从模具中取出时所需的开模行程必须小于注射机的最大开模距离，否则塑件无法从模具中取出。一般最大开模行程为塑件最大高度的3~4倍，移动模板的行程要大于塑件高度的2倍。

### 5.5.2　其他塑料成型设备

#### 1. 挤出机

挤出成型设备包括主机和辅机两个组成部分。

主机即挤出机，它的作用是完成塑料的加料、熔融、塑化和输送工作。挤出机的基本工作原理是：螺杆在料筒内转动，料被不断的推动压实，料在强力剪切、摩擦和外加热器的作用下，逐渐熔化并均匀后，以一定的压力和流量从机头中挤出。挤出机的外形和原理同注射机十分相似，所不同的是挤出机是连续供料，螺杆做连续运动。螺杆挤出工艺最基本和最常用的是单螺杆挤出机。按螺杆在空间的位置挤出机可分为卧式挤出机和立式挤出机。卧式挤出机可方便完成各种制件的生产，应用广泛。挤出机的参数主要有螺杆直径、螺杆转数、螺杆的长径比（螺杆的有效长度与直径之间的比值）。

辅机的作用是将由挤出模挤出的已获得初步形状和尺寸的连续塑料体进行定型，使其形状和尺寸固定下来，再经切割加工等工序，最终成为可供应用的塑料型材或其他塑料制品。挤出成型不同品种的塑料制品需要应用不同种类的挤出辅机，常用的挤出辅机有挤管辅机、挤板辅机、薄膜吹塑辅机等。不同种类的挤出辅机在配置和结构上有很大的差别，但一般均由定型、冷却、牵引、切割、卷取（或堆放）等五个环节组成。

#### 2. 液压机

塑料液压机按工作液压缸数量及布置可分为上压式液压机、下压式液压机、上下压式液压机、角式液压机等四类。其中用于压缩和压注成型的主要是上压式液压机、下压式液压机。上压式液压机适用于移动式、固定式压缩模和移动式压注模；下压式液压机适用于固定式压注模。

设计压缩、压注模时通常按公称压力确定液压机的规格，除此以外，还需校核液压机封闭高度、滑块行程、模具安装尺寸等参数。公称压力按下式核算：

$$P = p_1 A / K \tag{5.4}$$

式中：$p_1$——单位成型压力，MPa；

　　　$P$——液压机公称压力，kN；

　　　$A$——塑件及浇注系统在垂直于加压方向的平面上的投影面积；

　　　$K$——液压机效率及压力损失系数，常取 $K$ 为 0.62～0.82。

## 5.6　思考题

1. 塑料的组成成分有哪些？各组分的作用是什么？

2. 有些塑料里为什么要加增塑剂，其作用是什么？
3. 根据塑料中树脂的分子结构和热性能，塑料分为哪几种，其特点是什么？
4. 塑料有哪些主要使用性能？
5. 塑料的成型方法和塑料模的种类有哪些？
6. 阐述注射成型的成型原理和工艺过程。
7. 何谓注射成型压力？注射成型压力的大小取决于哪些因素？
8. 挤出成型方法有什么特点？其主要工艺过程分哪几部分？
9. 阐述压注成型工艺的优缺点。
10. 什么是塑料的成型工艺特性？常用的塑料成型工艺特性有哪些？对塑料的成型过程有何影响？
11. 影响热塑性塑料收缩率的主要因素有哪些？
12. 影响热固性塑料流动性的基本因素有哪些？
13. 塑件结构工艺性设计应遵循的总体原则？
14. 如何确定塑件尺寸公差和偏差？
15. 塑件孔结构的种类有哪些？其成型方法有哪些？
16. 阐述螺杆注射机的工作原理，并说明其主要技术参数有哪些？
17. 说明 XS-ZY-125 型号注射机各参数所代表的含义。
18. 选用注射机时主要需要校核的参数有哪些？
19. 对题图所示各塑件的结构进行合理化分析，对不合理的结构设计进行修改。

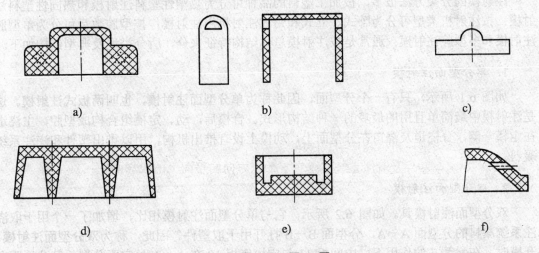

图 5.21 题 19 图

# 第 6 章　注射模具设计

塑料注射模主要用于热塑性塑料制品的成型,也已成功地用于成型某些热固性塑料制品,它是塑料制品生产中十分重要的工艺装置。现以热塑性塑料注射模为例,介绍其基本原理和设计方法。

## 6.1　注射模概述

注射模的结构是由塑料制品结构、注射机种类与规格所决定的。塑料制品结构根据用途不同千变万化,注射机的种类和规格也有很多,从而导致注射模的结构形式也十分繁多。不管其结构如何变化,总有规律可循。

### 6.1.1　注射模的分类及典型结构

注射模的分类方法很多,按加工塑料的品种可分为热塑性塑料注射模和热固性塑料注射模;按注射机类型可分为卧式、立式和角式注射机用注射模;按型腔数目可分为单型腔注射模和多型腔注射模;通常是按注射模总体结构特征来分,所分类型及典型结构如下。

1. 单分型面注射模

如图 6.1 所示,只有一个分型面,因此称为**单分型面注射模**,也叫**两板式注射模**。这是注射模中最简单且用的最多的一种结构形式。合模后,动、定模组合构成型腔,主浇道在定模一侧,分浇道及浇口在分型面上,动模上设有推出机构,用以推出塑件和浇注系统凝料。

2. 双分型面注射模

双分型面注射模具。如图 6.2 所示,它与单分型面注射模相比,增加了一个用于取浇注系统凝料的分型面 A—A,分型面 B—B 打开用于取塑件。因此,称为**双分型面注射模**。开模时,在弹簧 7 的作用下,中间板 11 与定模座板 10 在 A—A 处定距分型,其分型距离由定距拉板 8 和限位钉 6 联合控制,以便取出这两板间的浇注系统凝料。继续开模时,模具便在 B—B 分型面分型,塑件与凝料拉断并留在型芯上的动模一侧,最后在注射机的固定顶出杆的作用下，推动模具的推出机构，将型芯上的塑件推出。双分型面注射模的结构复杂，制造成本较高，适于点浇注形式浇注系统的注射模。

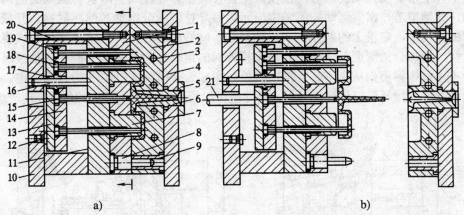

1—动模板；2—定模板；3—冷却水道；4—定模座板；5—定位圈；6—浇口套；7—型芯；8—导柱；9—导套；10—动模座板；11—支承板；12—支承钉；13—推板；14—推杆固定板；15—拉料杆；16—推板导柱；17—推板导套；18—推杆；19—复位杆；20—垫板；21—注射机顶杆

图 6.1 单分型面注射模的结构

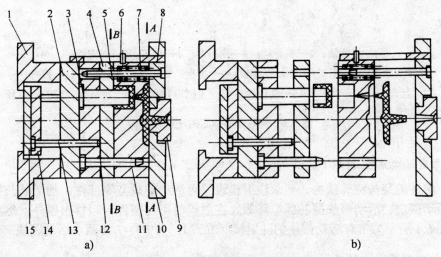

1—支架；2—支承板；3—凸模固定板；4—推件板；5—导柱；6—限位钉；7—弹簧；8—定距拉板；9—主浇道衬套；10—定模座板；11—中间板（浇道板）；12—导柱；13—推杆；14—推杆固定板；15—推板

图 6.2 双分型面注射模的结构

## 3. 斜导柱侧向分型与抽芯注射模

当塑件上带有侧孔或侧凹时,在模具中要设置由斜导柱或斜滑块等组成的侧向分型抽芯机构,使侧型芯作横向运动。图 6.3 所示为斜导柱侧向分型抽芯的注射模。开模时,在开模力的作用下,定模上的斜导柱 2 驱动复杂,制造成本较高,适于点浇注形式浇注系统的注射模。模部分的侧型芯 3 作垂直于开模方向的运动,使其从塑件侧孔中抽拔出来,然后再由推出机构将塑件从主型芯上推出模外。图 a 为合模状态,图 b 为开模状态。与侧型芯作用的弹簧支撑钉可以保证闭模时,斜导柱可以很准确地插入滑块的斜孔,使滑块复位。

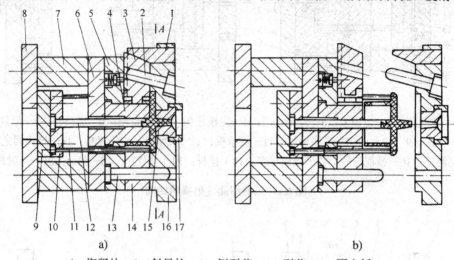

1—楔紧块;2—斜导柱;3—侧型芯;4—型芯;5—固定板;
6—支承板;7—支架;8—动模座板;9—推板;10—推杆固定板;11—推杆;
12—拉料杆;13—导柱;14—动模板;15—主浇道衬套;16—定模板;17—定位环

图 6.3 侧向分型抽芯的注射模结构

## 4. 带有活动成型零部件的注射模

由于塑件的某些特殊结构,要求注射模设置可活动的成型零部件,加活动凸模、活动凹模、活动镶块、活动螺纹型芯或型环等,在脱模时可与塑件一起移出模外,然后与塑件分离。图 6.4 所示为带有活动镶块的注射模(立式)。其中件 7 为两块活动镶块。

## 5. 自动卸螺纹注射模

对带有螺纹的塑件,当要求自动脱模时,可在动模上设置能够转动的螺纹型芯或螺纹型环,利用开模动作或注射机的旋转机构,或设置专门的传动装置,带动螺纹型芯或螺纹型环转动,从而脱出塑件。图 6.5 为用于角式注射机的自动卸螺纹模具,由注射机开合螺母丝杠带动螺纹型芯 1 转动。

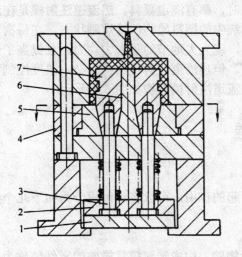

1—推板；2—推杆固定板；3—椎杆；4—动模板；
5—凸模滑套；6—导向楔块；7—活动镶块

图 6.4 带有活动镶块的注射模结构

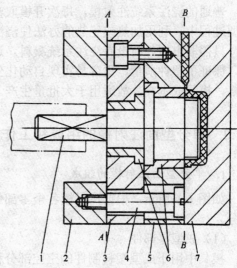

1—螺纹型芯；2—垫块；3—动模垫板；4—定距
螺钉；5—动模板；6—衬套；7—定模板

图 6.5 带有活动镶块的注射模结构

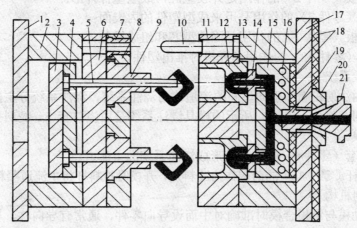

1—动模座板；2—支架；3—推板；4—推杆固定板；5—推杆；6—支承板；7—导套；8—动模板；
9—凸模；10—导柱；11—定模板；12—凹模；13—支架；14—喷嘴；15—热流道板；
16—加热器孔道；17—定模座板；18—绝热层；19—主浇道衬套；20—定位环；21—注射机喷嘴

图 6.6 热流道注射模结构

6. 热流道注射模

普通的浇注系统注射模，每次开模取塑件时，都有浇道凝料。**热流道注射模**是在注射成型过程中，利用加热或绝热的办法使浇注系统中的塑料始终保持熔融状态，在每次开模时，只需取出塑件而没有浇注系统凝料。这样，就大大地节约了人力物力，且提高了生产率，保证了塑件质量，更容易实现自动化生产。但热流道注射模结构复杂，温度控制要求严格，模具成本高，故适用于大批量生产。热流道注射模结构如图 6.6 所示。

## 6.1.2 单分型面注射模的组成和工作过程

1. 单分型面注射模的组成

如图 6.1 所示，根据注射模各个零部件所起的作用，可以将注射模分为如下几个组成部分。

（1）成型零部件

模具中用于成型塑料制件的空腔部分称为**模腔**。构成塑料模具模腔的零件统称为**成型零部件**。由于模腔是直接成型塑料制件的部分，因此模腔的形状应与塑件的形状一致，模腔一般是由型腔零件、型芯组成的。图 6.1 所示的模具型腔是由型腔（定模板）2、型芯 7、动模板 1 和推杆 18 组成的。

① 定模板（零件 2）的作用是开设型腔，成型塑件外形；
② 型芯（零件 7）的作用是用来成型塑件的内表面；
③ 动模板（零件 1）的作用是固定型芯和组成模腔；
④ 推杆（零件 18）的作用是开模时推出塑件。

（2）浇注系统

将塑料由注射机喷嘴引向型腔的流道称为浇注系统，浇注系统分主流道、分流道、浇口、冷料穴四个部分。图 6.1 所示的模具浇注系统是由浇口套 6、拉料杆 15 和定模板 2 上的流道组成。

① 浇口套（零件 6）的作用是形成浇注系统的主流道。
② 拉料杆（零件 15）的前端作为冷料穴，开模时拉料杆将主流道凝料从浇口套中拉出。

（3）导向机构

为确保动模与定模合模时准确对中而设导向零件，通常有导向柱、导向孔或在动模板和定模上分别设置互相吻合的内外锥面。图 6.1 所示 模具导向系统由导柱 8 和导套 9 组成。

① 导柱（零件 8）的作用是合模时与导套配合，为动模部分和定模部分导向；
② 导套（零件 9）的作用是合模时与导柱配合，为动模部分和定模部分导向。

（4）推出装置

**推出装置**是在开模过程中，将塑件从模具中推出的装置。有的注射模具的推出装置为避免在顶出过程中推出板歪斜,还设有导向零件,使推板保持水平运动。图 6.1 所示的模具推出装置由推杆 18、推板 13、推杆固定板 14、复位杆 19、支承钉 12、推板导柱 16 及推板导套 17 组成。

① 推杆(零件 18)的作用是开模时推出塑件;
② 推板(零件 13)的作用是注射机顶杆推动推板,推板带动推杆推出塑件;
③ 推杆固定板(零件 14)的作用是固定推杆;
④ 复位杆(零件 19)的作用是合模时,带动推出系统后移,使推出系统恢复原始位置;
⑤ 支承钉(零件 12)的作用是使推板与动模座板间形成间隙,以保证平面度,并有利于废料、杂物的去除;
⑥ 推板导套(零件 17)的作用是与推板导柱配合为推出系统导向,使其平稳推出塑件,同时起到了保护推杆的作用。

(5)温度调节和排气系统

为了满足注射工艺对模具温度的要求,模具设有冷却或加热系统。冷却系统一般为在模具内开设的冷却水道,加热系统则为模具内部或周围安装的加热元件,如电加热元件。图 6.1 所示的模具冷却系统由冷却水道 3 和水嘴组成。

在注射成型过程中,为了将型腔内的气体排除模外,常常需要开设排气系统。常在分型面处开设排气槽,也可以利用推杆或型芯与模具的配合间隙实现排气。

(6)结构零部件

用来安装固定或支承成型零部件及前述的各部分机构的零部件。支承零部件组装在一起,可以构成注射模具的基本框架。图 6.1 所示的模具结构零部件由定模座板 4、动模座板 10、垫板 20 和支承板 11 组成。

① 定模座板(零件 4)的作用是将定模座板和连接于定模座板的其他定模部分安装在注射机的定模板上,定模座板比其他模板宽 25~30 mm,便于用压板或螺栓固定。
② 动模座板(零件 10)的作用是将动模座板和连接于动模座板的其他动模部分安装在注射机的动模板上。动模座板比其他模板宽 25~30 mm,便于用压板或螺栓固定。
③ 垫板(零件 20)的作用是调节模具闭合高度,形成推出机构所需的推出空间。
④ 支承板(零件 11)的作用是注射时用来承受型芯传递过来的注射压力。

2. 单分型面注射模的工作过程

单分型面注射模的一般工作过程为:模具闭合—模具锁紧—注射—保压—补缩—冷却—开模—推出塑件。下面以图 6.1 为例来讲解单分型面注射模的工作过程。

在导柱 8 和导套 9 的导向定位下,动模和定模闭合。型腔零件由定模板 2 与动模板 1 和型芯 7 组成,并由注射机合模系统提供的锁模力锁紧;然后注射机开始注射,塑料熔体经定模上的浇注系统进入型腔;待熔体充满型腔并经过保压、补缩和冷却定型后开模,开模时,注射机合模系统带动动模后退,模具从动模和定模分型面分开,塑件包在型芯 7 上随动模一起后退，同时，拉料杆 15 将浇注系统的主流道凝料从浇口套中拉出。当动模移动一定距离后，注射机顶杆 21 接触推板 13，推出机构开始动作，使推杆 18 和拉料杆 15 分别将塑件及浇注系统凝料从型芯 7 和冷料穴中推出，塑件与浇注系统凝料一起从模具中落下，至此完成一次注射过程。合模时，推出机构靠复位杆复位，并准备下一次注射。

### 6.1.3 注射模具设计步骤

#### 1. 设计前的准备工作

模具的设计者应以设计任务书为依据设计模具，模具设计任务书通常由塑料制品生产部门提出，任务书包括如下内容：

（1）经过审签的正规塑件图纸，并注明所采用的塑料牌号、透明度等，若塑件图纸是根据样品测绘的，最好能附上样品，因为样品除了比图纸更为形象和直观外，还能给模具设计者许多有价值的信息，如样品所采用的浇口位置、顶出位置、分型面等；

（2）塑件说明书及技术要求；

（3）塑件的生产数量及所用注射机；

（4）注射模的基本结构、交货期及价格。

在模具设计前，设计者应注意以下几点：

（1）**熟悉塑件**

熟悉塑件的几何形状。对于没有样品的复杂塑件图纸，要借助于徒手画轴测图或计算机建模方法，在头脑中建立清晰的塑件三维图像，甚至用橡皮泥等材料制出塑件的模型，以熟悉塑件的几何形状。

明确塑件的使用要求。塑件的几何形状完全熟悉以后，塑件的用途及各部分的作用也是相当重要的，应当密切关注塑件的使用要求，注意为了满足使用要求的塑件尺寸公差和技术要求。

注意塑件的原料。塑料具有不同的物理化学性能、工艺特性和成型性能，应注意塑件的塑料原料，并明确所选塑料的各种性能，如材料的收缩率、流动性、结晶性、吸湿性、热敏性、水敏性等。

（2）**检查塑件的成型工艺性**

检查塑件的成型工艺性，以确认塑件的材料、结构、尺寸精度是否符合注射成型的工艺性条件。

（3）**明确注射机的型号和规格**

在设计前要根据产品和工厂的情况，确定采用什么型号和规格的注射机，这样在模具设计中才能有的放矢，正确处理好注射模和注射机的关系。

## 2. 制定成型工艺卡

将准备工作完成后,就应制定出塑件的成型工艺卡,尤其对于批量大的塑件或形状复杂的大型模具,更有必要制定详细的注射成型工艺卡,以指导模具设计工作和实际的注射成型加工。

工艺卡一般应包括以下内容:

(1) 产品的概况,包括简图、质量、壁厚、投影面积、外形尺寸、有无侧凹和嵌件等;

(2) 产品所用的塑料概况,如品名、出产厂家、颜色、干燥情况等;

(3) 所选的注射机的主要技术参数,如注射机可安装的模具最大尺寸、螺杆类型、额定功率等;

(4) 压力与行程简图;

(5) 注射成型条件,包括加料筒各段温度、注射温度、模具温度、冷却介质温度、锁模力、螺杆背压、注射压力、注射速度、循环周期(注射、固化、冷却、开模时间)等。

## 3. 注射模具结构设计步骤

制定出塑件的成型工艺卡后,就应进行注射模具结构设计,其步骤如下:

(1) 确定型腔数目

确定型腔的数目条件有:最大注射量、锁模力、产品的精度要求、经济性等。

(2) 选择分型面

分型面的选择应以模具结构简单、分型容易,且不破坏已成型的塑件为原则。

(3) 确定型腔的布置方案

型腔的布置应采用平衡式排列,以保证各型腔平衡进料。型腔的布置还要注意与冷却管道、推杆布置的协调问题。

(4) 确定浇注系统

浇注系统包括主流道、分流道、浇口和冷料穴。浇注系统的设计应根据模具的类型、型腔的数目及布置方式、塑件的原料及尺寸等确定。

(5) 确定脱模方式

脱模方式的设计应根据塑件留在模具的部分而不同。由于注射机的推出顶杆在动模部分,所以,脱模推出机构一般都设计在模具的动模部分。因此,应设计成使塑件能留在动模部分。设计中,除了将较长的型芯安排在动模部分以外,还常设计拉料杆,强制塑件留在动模部分。但也有些塑件的结构要求塑件在分型时,留在定模部分,在定模一侧设计推出装置。推出机构的设计也应根据塑件的不同结构设计出不同的形式,有推杆、推管和推板结构。

(6) 确定调温系统结构

模具的调温系统主要由塑料种类决定。模具的大小、塑件的物理性能。外观和尺寸精度都对模具的调温系统有影响。

(7) 确定凹模和型芯的固定方式

当凹模或型芯采用镶块结构时,应合理地划分铁块并同时考虑镶块的强度、可加工性及安装固定。

(8) 确定排气尺寸

一般注射模的排气可以利用模具分型面和推杆与模具的间隙;而对于大型和高速成型的注射模,必须设计相应的排气装置。

(9) 确定注射模的主要尺寸

根据相应的公式,计算成型零件的工作尺寸,以及决定模具型腔的侧壁厚度、动模板的厚度、拼块式型腔的型腔板的厚度及注射模的闭合高度。

(10) 选用标准模架

根据设计、计算的注射模的主要尺寸,来选用注射模的标准模架,并尽量选择标准模具零件。

(11) 绘制模具的结构草图

在以上工作的基础上,绘制注射模的完整的结构草图,绘制模具结构图是模具设计十分重要的工作,其步骤为先画俯视图(顺序为:画模架、型腔、冷却管道、支撑柱、推出机构),再画出主视图。

(12) 校核模具与注射机有关尺寸

对所使用的注射机的参数进行校核:包括最大注射量、注射压力、锁模力及模具的安装部分的尺寸、开模行程和推出机构的校核。

(13) 注射模结构设计的审查

对根据上述有关注射模结构设计的各项要求设计出来的注射模,应进行注射模结构设计的初步审查并征得用户的同意,同时,也有必要对用户提出的要求加以确认和修改。

(14) 绘制模具的装配图

装配图是模具装配的主要依据,因此应清楚地表明注射模的各个零件的装配关系、必要的尺寸(如外形尺寸、定位圈直径、安装尺寸、活动零件的极限尺寸等)、序号、明细表、标题栏及技术要求。技术要求的内容为以下几项:

① 对模具结构的性能要求,如对推出机构、抽芯结构的装配要求;
② 对模具装配工艺的要求,如分型面的贴合间隙、模具上下面的平行度;
③ 模具的使用要求;
④ 防氧化处理、模具编号、刻字、油封及保管等要求;
⑤ 有关试模及检验方面的要求。

如果凹模或型芯的镶块太多,可以绘制动模或定模的部件图,并在部件图的基础上绘制装配图。

（15）绘制模具零件图

由模具装配图或部件图拆绘零件图的顺序为：先内后外，先复杂后简单，先成型零件后结构零件。

（16）复核设计样图

注射模设计的最后审核是注射模设计的最后把关，应多关注零件的加工性能。注射模的最后审核要点如下。

4. 注射模具的审核

由于注射模具设计直接关系到能否成型、产品的质量、生产周期及成本等许多至关重要的问题，因此，当设计完成后，应该进行审核，审核的内容如下：

（1）基本结构方面
- 注射模的机构和基本参数是否与注射机匹配。
- 注射模是否具有合模导向机构，机构设计是否合理。
- 分型面选择是否合理，有无产生飞边的可能，塑件是否滞留在设有顶出脱模机构的动模（或定模）一侧。
- 型腔的布置与浇注系统的设计是否合理。浇口是否与塑料原料相适应，浇口位置是否恰当，浇口与流道几何形状及尺寸是否合适，流动比数值是否合理。
- 成型零部件设计是否合理。
- 顶出脱模机构与侧向分型或抽芯机构是否合理、安全和可靠。它们之间或它们与其他模具零部件之间有无干涉或碰撞的可能。
- 是否有排气机构，如果需要，其形式是否合理。
- 是否需要温度调节系统，如果需要，其热源和冷却方式是否合理。温控元件是否足够，精度等级如何，寿命长短如何，加热和冷却介质的循环回路是否合理。
- 支承零部件结构是否合理。
- 外形尺寸能否保证安装，固定方式选择的是否合理可靠，安装用的螺栓孔是否与注射机动、定模固定板上的螺孔位置一致。

（2）设计图纸方面
- 装配图。零部件的装配关系是否明确，配合代号标注得是否恰当合理。零件的标注是否齐全，与明细表中的序号是否对应，有关的必要说明是否具有明确的标记，整个注射模的标准化程度如何。
- 零件图。零件号、名称、加工数量是否有确切的标注，尺寸公差和形位公差标注是否合理齐全。成型零件容易磨损的部位是否预留了修磨量。哪些零件具有超高精度要求，这种要求是否合理。各个零件的材料选择是否恰当，热处理要求和表面粗糙度要求是否合理。
- 制图方法。制图方法是否正确，是否合乎有关国家标准，图面表达的几何图形与技术要求是否容易理解。
(3) 注射模设计质量
- 设计注射模时,是否正确地考虑了塑料原料的工艺特性、成型性能以及注射机类型可能对成型质量产生的影响。对成型过程中可能产生的缺陷是否在注射模设计时采取了相应的预防措施。
- 是否考虑了塑件对注射模导向精度的要求,导向结构设计得是否合理。
- 成型零部件的工作尺寸计算是否正确,能否保证产品的精度,其本身是否有足够的强度和刚度。
- 支承零部件能否保证模具具有足够的整体强度和刚度。
- 注射模设计时,是否考虑了试模和修模要求。

(4) 拆装及搬运条件方面

有无便于装拆时用的撬槽、装拆孔、牵引螺钉和起吊装置(如供搬运用的吊环或起重螺栓孔等),对其是否做出了标记。

## 6.2 塑件在模具中的位置

注射模每一次注射循环所能成型的塑件数量是由模具的型腔数量决定的,型腔数量及排列方式、分型面的位置确定等决定了塑料制件在模具中的成型位置。

### 6.2.1 型腔数量和排列方式

塑料制件的设计完成后,首先需要确定型腔的数量,与多型腔模具相比,单型腔模具有如下优点:塑料制件的形状和尺寸始终一致,在生产高精度零件时,通常使用单型腔模具;单型腔模具仅需根据一个塑件调整成型工艺条件,因此工艺参数易于控制;单型腔模具的结构简单紧凑,设计自由度大,其模具的推出机构、冷却系统、分型面设计较方便;单型腔模具还具有制造成本低、制造简单等优点。

对于长期、大批量生产来说,多型腔模具更为有益,它可以提高塑件的生产效率,降低塑件的成本。如果注射的塑件非常小而又没有与其相适应的设备,则采用多型腔模具是最佳选择。现代注射成型生产中,大多数小型的塑件成型都采用多型腔的。

1. 型腔数量的确定

在设计时,先确定注射机的型号,再根据所选用的注射机的技术规格及塑件的技术要求,计算出选取的型腔数目;也有根据经验先确定型腔数目,然后根据生产条件,如注射

机的有关技术规格等进行校核计算,但无论采用哪种方式,一般考虑的要点有:

(1) 塑料制件的批量和交货周期。如果必须在相当短的时间内制造大批量的产品,则采用多型腔模具可提供独特的优越条件。

(2) 质量的控制要求。塑料制件的质量控制要求是指其尺寸、精度、性能及表面粗糙度等,如前所述,每增加一个型腔,由于型腔的制造误差和成型工艺误差等影响,塑件的尺寸精度就降低约 4%～8%,因此多型腔模具 ($n > 4$) 一般不能生产高精度的塑件,高精度的塑件一般一模一件,保证质量。

(3) 成型的塑料品种与塑件的形状及尺寸。塑件的材料、形状尺寸与浇口的位置和形式有关,同时也对分型面和脱模的位置有影响,因此确定型腔数目时应考虑这方面的因素。

(4) 所选用的注射机的技术规格。根据注射机的额定注射量及额定锁模力算出型腔数目。

因此,根据上述要点所确定的型腔数目,既要保证最佳的生产经济性,技术上又要保证产品的质量,也就是应保证塑料制件最佳的技术经济性。

**2. 型腔数量的确定**

(1) 塑件在单型腔模具中的位置

单型腔模具有塑件在动模部分、定模部分及同时在动模和定模中的结构。塑件在单型腔模具中的位置如图 6.7 所示。图 6.7a 为塑件全部在定模中的结构;图 6.7b 为塑件在动模中的结构;图 6.7c、d 为塑件同时在定模和动模中的结构。

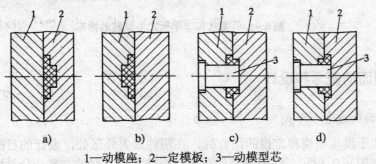

1—动模座;2—定模板;3—动模型芯

**图 6.7 塑件在单型腔模具中的位置**

(2) 多型腔模具型腔的分布

对于多型腔模具,由于型腔的排布与浇注系统密切相关,所以在模具设计时应综合考虑。型腔的排布应使每个型腔都能通过浇注系统从总压力中均等地分得所需的足够压力,以保证塑料熔体能同时均匀充满每一个型腔,从而使各个型腔的塑件内在质量均一稳定。多型腔排布方法如下:

① 平衡式排布。平衡式多型腔排布如图 6.8a、b、c 所示。其特点是从主流道到各型腔浇口的分流道的长度、截面形状、尺寸及分布对称性对应相同,可实现各型腔均匀进料和

达到同时充满型腔的目的。

② 非平衡式排布。非平衡式多型腔排布如图 6.8d、e、f 所示。其特点是从主流道到各型腔浇口的分流道的长度不相同，因而不利于均衡进料，但这种方式可以明显缩短分流道的长度，节约塑件的原材料。为了达到同时充满型腔的目的，往往各浇口的截面尺寸要制造的不相同。

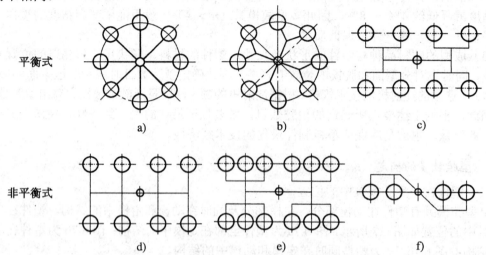

图 6.8 平衡式和非平衡式多型腔的排布

### 6.2.2 分型面的概念和设计

**1. 分型面的概念和形式**

分型面位于模具动模和定模的结合处，在塑件最大外形处，设计的目的是为了塑件和凝料取出，如图 6.9 所示。注射模有的只有一个分型面，有的有多个分型面，而且分型面有平面、曲面和斜面，如图 6.9 所示。图 6.9a 为平直分型面，图 6.9b 为倾斜分型面，图 6.9c 为阶梯分型面，图 6.9d 为曲面分型面。

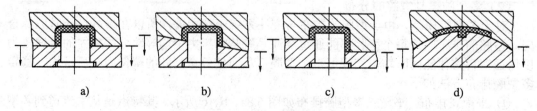

图 6.9 单分型面注射模的分型面

## 2. 分型面的设计原则（见表6.1）

表6.1 选择分型面的原则

| 序号 | 原 则 | 简 图 | 说 明 |
|---|---|---|---|
| 1 | 分型面应选择在塑件外形的大轮廓处 | | 图 b 正确，分型面取在塑件外形的最大轮廓处，才能使塑件顺利脱模 |
| 2 | 分型面的选取应有利于塑件的留模方式，便于塑件顺利脱模 | | 图 b 正确，分型面取在塑件外形的最大轮廓处，才能使塑件顺利脱模 |
| | | | 图 b 合理，分型塑件留在动模一侧，并由推板推出 |
| 3 | 保证塑件的精度要求 | | 图 b 合理，能保证双联塑料齿轮的同轴度的要求 |
| 4 | 满足塑件外观的要求 | | 图 b 合理，所产生的边不会影响塑件的外观，而且易清除 |
| | | | 图 b 合理，由于有 2°~3° 的锥面配合，不易产生飞边 |
| 5 | 便于模具的制造 | | 图 b 合理，图 a 的推管生产较困难，使用稳定性较差 |

（续表）

| 序号 | 原则 | 简图 | 说明 |
|---|---|---|---|
| 6 | 便于模具的制造 | a) b) | 图 b 合理，图 a 的型芯、型腔制造困难 |
| 7 | 减小成型面积 | a) b) | 图 b 合理，塑件在合模分型面上的投影面积小，保证了塑模可靠 |
| 8 | 增强排气效果 | a) b) | 图 b 合理，熔体料流末端在分型面上，有利于增强排气效果 |

# 6.3 成型零部件的设计

## 6.3.1 成型零部件的结构设计

**1. 型腔的结构设计**

型腔零件是成型塑料件外表面的主要零件。按结构不同可分为

（1）整体式型腔结构

整体式型腔结构如图 6.10 所示。**整体式型腔**是由整块金属加工而成的，其特点是牢固、不易变形、不会使塑件产生拼接线痕迹。但是由于整体式型腔加工困难，热处理不方便，所以常用于形状简单的中、小型模具上。

（2）组合式型腔结构

**组合式型腔结构**是指型腔是由两个以上的零部件组合而成的。按组合方式不同，组合式型腔结构可分为整体嵌入式、局部镶嵌式、侧壁镶嵌式和四壁拼合式等形式。

采用组合式凹模，可简化复杂凹模的加工工艺，减少热处理变形，拼合处有间隙，利

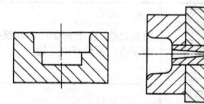

**图 6.10　整体式型腔**

于排气，便于模具的维修，节省贵重的模具钢。为了保证组合后型腔尺寸的精度和装配的牢固，减少塑件上的镶拼痕迹。要求镶块的尺寸、形位公差等级较高，组合结构必须牢固，镶块的机械加工、工艺性要好。因此，选择较好的镶拼结构是非常重要的。

① 整体嵌入式型腔。整体嵌入式型腔结构如图 6.11 所示。它主要用于成型小型塑件，而且是多型腔的模具，各单个型腔采用机加工、冷挤压、电加工等方法加工制成，然后压入模板中。这种结构加工效率高，拆装方便，可以保证各个型腔的形状尺寸一致。图 6.11a、b、c 称为通孔台肩式，即型腔带有台肩，从下面嵌入模板，再用垫板与螺钉紧固。如果型腔嵌件是回转体，而型腔是非回转体，则需要用销钉或键回转定位。图 6.11b 采用销钉定位，结构简单，装拆方便；图 6.11c 是键定位，接触面积大，止转可靠；图 6.11d 是通孔无台肩式，型腔嵌入模板内，用螺钉与垫板固定；图 6.11e 是盲孔式型腔嵌入固定板，直接用螺钉固定，在固定板下部设计有装拆型腔用的工艺通孔，这种结构可以省去垫板。

② 局部镶嵌组合式型腔。局部镶嵌组合式型腔结构如图 6.12 所示，为了加工方便或由于型腔的某一部分容易损坏，需经常更换，应采用这种局部镶嵌的办法。图 6.12a 所示异形型腔，先钻周围的小孔，再加工大孔，在小孔内嵌入芯棒，组成型腔；图 6.12b 所示型腔内有局部凸起，可将此凸起部分单独加工，再把加工好的镶块利用圆形槽（也可用 T 型槽、燕尾槽等）镶在圆形型腔内；图 6.12c 是利用局部镶嵌的办法加工圆形环的凹模；图 6.12d 是在型腔底部局部镶嵌；图 6.12e 是利用局部镶嵌的办法加工长条形型腔。

③ 底部镶拼式型腔。底部镶拼式型腔的结构如图 6.13 所示。为了机械加工、研磨、抛光、热处理方便，形状复杂的型腔底部可以设计成镶拼式结构。选用这种结构时应注意平磨结合面，抛光时应仔细，以保证结合处锐棱（不能带圆角）影响脱模。此外，底板还应有足够的厚度以免变形而进入塑料。

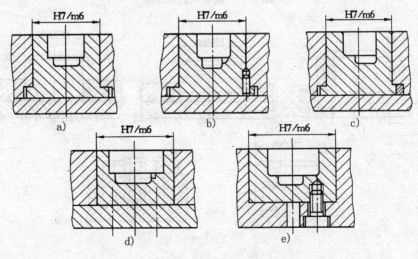

图 6.11 整体嵌入式型腔

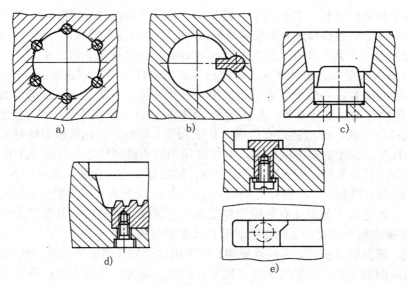

图 6.12 局部镶嵌式型腔

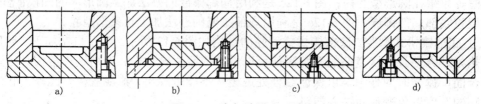

图 6.13 底部镶拼式型腔

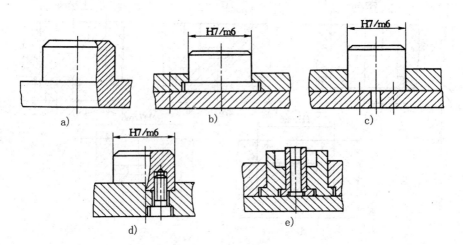

图 6.14 主型芯结构

## 2. 型芯的结构设计

成型塑件内表面的零件称**型芯**,主要有主型芯、小型芯等。对于简单的容器,如壳、罩、盖之类的塑件,成型起主要部分内表面的零件称**主型芯**,而将成型其他小孔的型芯称为**小型芯**或**成型杆**。

(1) 主型芯的结构设计

按结构主型芯可分为整体式和组合式两种。

整体式结构型芯如图 6.14a 所示的整体式主型芯结构,其结构牢固,但不便加工,消耗的模具钢多,主要用于工艺实验或小型模具上的简单型芯。

组合式主型芯结构如图 6.14b~e 所示。为了便于加工,形状复杂型芯往往采用镶拼组合式结构,这种结构是将型芯单独加工后,再镶入模板中。图 6.14b 为通孔台肩式,型芯用台肩和模板连接,再用垫板、螺钉紧固,连接牢固,是最常用的方法。对于固定部分是圆柱面,而型芯又有方向性的情况,可采用销钉或键定位。图 6.14c 为通孔无台肩式结构。图 6.14d 为盲孔式的结构。图 6.14e 适用于塑件内形复杂、机加工困难的型芯。

镶拼组合式型芯的优缺点和组合式型腔的优缺点基本相同。设计和制造这类型芯时,必须注意结构合理,应保证型芯和镶块的强度,防止热处理时变形且应避免尖角与壁厚突变。注意:

① 当小型芯靠主型芯太近,如图 6.15a 所示,热处理时薄壁部位易开裂,故应采用图 6.15b 的结构,将大的型芯制成整体式,再镶入小型芯;

② 在设计型芯结构时,应注意塑料的飞边不应该影响脱模取件,如图 6.16a 所示结构的溢料飞边的方向与塑料脱模方向相垂直,影响塑件的取出;而采用图 6.16b 的结构,其溢料飞边的方向与脱模方向一致,便于脱模。

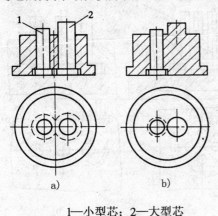

1—小型芯;2—大型芯

图 6.15 相近小型芯的镶嵌组合结构

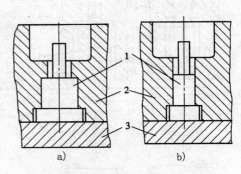

1—型芯;2—型腔零件;3—垫板

图 6.16 便于脱模的镶嵌型芯组合结构

（2）小型芯的结构设计

小型芯是用来成型塑件上的小孔或槽。小型芯单独制造后，再嵌入模板中。

圆形小型芯采用图6.17所示的几种固定方法。图6.17a使用台肩固定的形式，下面有垫板压紧；图6.17b中的固定板太厚，可在固定板上减小配合长度，同时细小的型芯制成台阶的形式；图6.17c是型芯细小而固定板太厚的形式，型芯镶入后，在下端用圆柱垫垫平；图6.17d适用于固定板厚、无垫板的场合，在型芯的下端用螺塞紧固；图6.17e是型芯镶入后，在另一端采用铆接固定的形式。

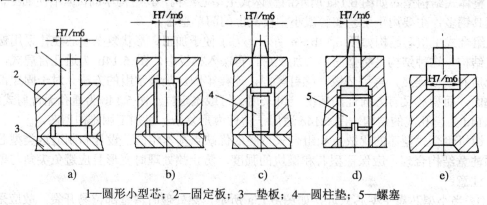

1—圆形小型芯；2—固定板；3—垫板；4—圆柱垫；5—螺塞

图6.17 圆形小型芯的固定形式

对于异形型芯，为了制造方便，常将型芯设计成两段。型芯的连接固定段制成圆形台肩和模板连接，如图6.18a所示；也可以用螺母紧固，如图6.18b所示。

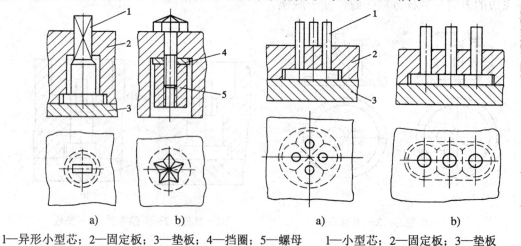

1—异形小型芯；2—固定板；3—垫板；4—挡圈；5—螺母　　1—小型芯；2—固定板；3—垫板

图6.18 异形小型芯的固定方式　　图6.19 多个互相靠近型芯的固定方式

如图 6.19 所示的多个相互靠近的小型芯，如果台肩固定时，台肩发生重叠干涉，可将台肩相碰的一面磨去，将型芯固定板的台阶孔加工成大圆台阶孔或长椭圆形台阶孔，然后再将芯镶镶入。

（3）螺纹型芯的结构设计

螺纹型芯是用来成型塑件内螺纹的活动镶件。螺纹型环也是可以用来固定带螺纹的孔和螺杆的嵌件。成型后，螺纹型芯的脱卸方法有两种，一种是模内自动脱卸，另一种是模外手动脱卸，这里仅介绍模外手动脱卸螺纹型芯的结构及固定方法。

螺纹型芯按用途分为直接成型塑件上螺纹孔和固定螺母嵌件两种，这两种螺纹型芯在结构上有原则上的区别。用来成型塑件上螺纹孔的螺纹型芯在设计时必须考虑塑料收缩率，其表面粗糙度值要小（$R_a < 0.4\ \mu m$），一般应有 0.5°的脱模斜度。螺纹始端和末端按塑料螺纹结构要求设计，以防止从塑件上拧下，拉毛塑料螺纹。固定螺母的螺纹型芯在设计时不考虑收缩率，按普通螺纹制造即可。螺纹型芯安装在模具上，成型时要可靠定位，不能因合模振动或料流冲击而移动，开模时应能与塑件一同取出且便于装卸。螺纹型芯与模板内安装孔的配合公差一般为 H8/F8。

图 6.20 为螺纹型芯的安装形式，其中图 6.20 a、b、c 是成型内螺纹的螺纹型芯，图 6.20d、e、f 是安装螺纹嵌件的螺纹型芯。

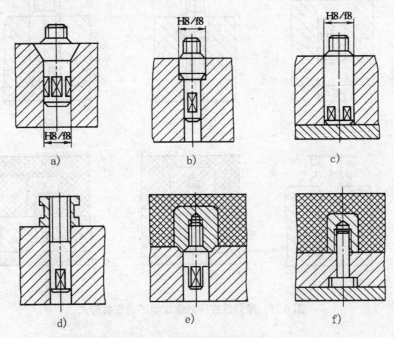

图 6.20　螺纹型芯在模具上的安装形式

图 6.20a 是利用锥面定位和支承的形式;图 6.20b 是利用大圆柱面定位和台阶支承的形式;图 6.20c 是用圆柱面定位和垫板支承的形式;图 6.20d 是利用嵌件与模具的接触面起支承作用,防止型芯受压下沉;图 6.20e 是将嵌件下端以锥面镶入模板中,以增加嵌件的稳定性,并防止塑料挤入嵌件的螺孔中;图 6.20f 是将小直径螺纹嵌件直接插入固定在模具的光杆型芯上,因螺纹牙沟槽很细小,塑料仅能挤入一小段,并不妨碍使用,这样可省去模外脱卸螺纹的操作。螺纹型芯的非成型端应制成方形或将相对应着的两边磨成两个平面,以便在模外用工具将其旋下。

固定在立式注射机的动模部分的螺纹型芯,由于合模时冲击振动较大,螺纹型芯插入时应有弹性连接装置,以免造成型芯脱落或移动,导致塑件报废或模具损伤。图 6.21a 是带豁口柄的结构,豁口柄的弹力将型芯支承在模具内,适用于直径小于 8 mm 的型芯;图 6.21b 台阶起定位作用,并能防止成型螺纹时挤入塑料;图 6.21c 和 6.21d 是用弹簧钢丝定位,常用于直径为 5~10 mm 的型芯上;当螺纹型芯直径大于 10 mm 时,可采用图 6.21e 的结构,用钢球弹簧固定;而当螺纹型芯直径大于 15 mm 时,则可反过来将钢球和弹簧安装于型芯杆内;图 6.21f 是利用弹簧卡圈固定型芯。

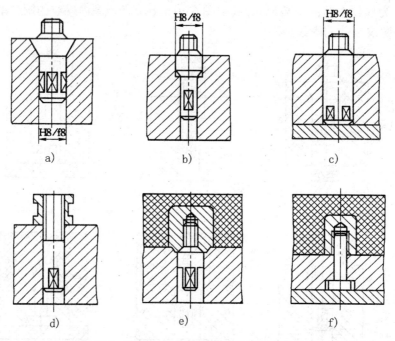

图 6.21 带弹性连接的螺纹型芯的安装形式

## 6.3.2 成型零部件工作尺寸的计算

成型零部件工作尺寸是指成型零部件上直接用来构成塑件的尺寸，主要有型腔、型芯及成型杆的径向尺寸，型腔的深度尺寸和型芯的高度尺寸，型腔和型腔之间的位置尺寸等。在模具的设计中，应根据塑件的尺寸、精度等级及影响塑件的尺寸和精度的因素来确定模具的成型零件的工作尺寸及精度。

**1. 影响塑件成型尺寸和精度的要素**

（1）塑件的收缩率波动

塑件成型后的收缩变化与塑料的品种、塑件的形状、尺寸、壁厚、成型工艺条件、模具的结构等因素有关，所以确定准确的收缩率是很困难的。工艺条件、塑料批号发生的变化会造成塑件收缩率的波动，其塑料收缩率波动误差为

$$\delta_s = (S_{max} - S_{min})L_s \tag{6.1}$$

式中：$\delta_s$——塑料收缩率波动误差，mm；

$S_{max}$——塑料的最大收缩率；

$S_{min}$——塑料的最小收缩率；

$L_s$——塑件的基本尺寸，mm。

实际收缩率与计算收缩率会有差异，按照一般的要求，塑料收缩率波动所引起的误差应小于塑件公差的 1/3。

（2）模具成型零件的制造误差

模具成型零件的制造精度是影响塑件尺寸精度的重要因素之一。模具成型零件的制造精度愈低，塑件尺寸精度也愈低。一般成型零件工作尺寸制造公差值 $\delta_z$ 取塑件公差值 $\Delta$ 的 1/3～1/4 或取 IT7～IT8 级作为制造公差，组合式型腔或型芯的制造公差应根据尺寸链来确定。

（3）模具成型零件的磨损

模具在使用过程中，由于塑料熔体流动的冲刷、脱模时与塑件的摩擦、成型过程中可能产生的腐蚀性气体的锈蚀以及由于以上原因造成的模具成型零件表面粗糙度值提高而要求重新抛光等，均造成模具成型零件尺寸的变化，型腔的尺寸会变大，型芯的尺寸会减小。

这种由于磨损而造成的模具成型零件尺寸的变化值与塑件的产量、塑料原料及模具等都有关系，在计算成型零件的工作尺寸时，对于批量小的塑件，且模具表面耐磨性好的（高硬度模具材料、模具表面进行过镀铬或渗氮处理的），其磨损量应取小值；对于玻璃纤维做原料的塑件，其磨损量应取大值；对于与脱模方向垂直的成型零件的表面，磨损量应取小值，甚至可以不考虑磨损量，而与脱模方向平行的成型零件的表面，应考虑磨损；对于中、小型塑件，模具的成型零件最大磨损可取塑件公差的 1/6，而大型塑件，模具的成型零件最大磨损应取塑件公差的 1/6 以下。

成型零件的最大磨损量用 $\delta_c$ 来表示，一般取 $\delta_c = \Delta/6$。

### (4) 模具安装配合的误差

模具的成型零件由于配合间隙的变化，会引起塑件的尺寸变化。例如型芯按间隙配合安装在模具内，塑件孔的位置误差要受到配合间隙值的影响；若采用过盈配合，则不存在此误差。模具安装配合间隙的变化而引起塑件的尺寸误差用 $\delta_i$ 来表示。

### (5) 塑件的总误差

综上所述，塑件在成型过程产生的最大尺寸误差应该是上述各种误差的总和，即

$$\delta = \delta_s + \delta_z + \delta_c + \delta_i \tag{6.2}$$

式中：$\delta$——塑件的成型误差；

$\delta_s$——塑料收缩率波动而引起的塑件尺寸误差；

$\delta_z$——模具成型零件的制造公差；

$\delta_c$——模具成型零件的最大磨损量；

$\delta_i$——模具安装配合间隙的变化而引起塑件的尺寸误差。

塑件的成型误差应小于塑件的公差值，即

$$\delta \leq \Delta \tag{6.3}$$

### (6) 考虑塑件尺寸和精度的原则

在一般情况下，塑料收缩率波动、成型零件的制造公差和成型零件的磨损是影响塑件尺寸和精度的主要原因。对于大型塑件，其塑料收缩率对塑件的尺寸公差影响最大，应稳定成型工艺条件，并选择波动较小的塑料来减小塑件的成型误差；对于中、小型塑件，成型零件的制造公差及磨损对塑件的尺寸公差影响最大，应提高模具精度等级和减小磨损来减小塑件的成型误差。

## 2. 成型零部件工作尺寸计算

仅考虑塑料收缩率时，计算模具成型零件的基本公式为

$$L_m = L_s(1+S) \tag{6.4}$$

式中：$L_m$——模具成型零件在常温下的实际尺寸，mm；

$L_s$——塑件在常温下的实际尺寸，mm；

$S$——塑料的计算收缩率。

由于多数情况下，塑料的收缩率是一个波动值，常用平均收缩率来代替塑料的收缩率，塑料的平均收缩率为

$$\bar{S} = \frac{S_{max} - S_{min}}{2} \times 100\% \tag{6.5}$$

式中：$\bar{S}$——塑料的平均收缩率。

图 6.22 所示为塑件尺寸与模具成型零件尺寸的关系，模具成型零件尺寸决定于塑件尺寸。塑件尺寸与模具成型零件工作尺寸的取值规定见表 6.2。

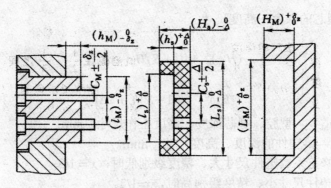

图 6.22 塑件尺寸与模具成型零件尺寸的关系

表 6.2 塑件尺寸与模具成型零件工作尺寸的取值规定

| 序号 | 塑件尺寸的分类 | 塑件尺寸的取值规定 | | 模具成型零件工作尺寸的取值规定 | | |
|---|---|---|---|---|---|---|
| | | 基本尺寸 | 偏差 | 成型零件 | 基本尺寸 | 偏差 |
| 1 | 外形尺寸 $L$、$H$ | 最大尺寸 $L_s$、$H_s$ | 负偏差 $-\Delta$ | 型腔 | 最小尺寸 $L_M$、$H_M$ | 正偏差 $\delta_z/2$ |
| 2 | 内形尺寸 $l$、$h$ | 最小尺寸 $l_s$、$h_s$ | 正偏差 $\Delta$ | 型芯 | 最大尺寸 $l_M$、$h_M$ | 负偏差 $-\delta_z/2$ |
| 3 | 中心距 $C$ | 平均尺寸 $C_s$ | 对称 $\pm\Delta/2$ | 型芯、型腔 | 平均尺寸 $C_M$ | 对称 $\pm\delta_z/2$ |

（1）型腔和型芯的径向尺寸

型腔

$$(L_M)_0^{\delta_z} = [(1+\bar{S})L_s - x\Delta]_0^{\delta_z} \tag{6.6}$$

型芯

$$(l_M)_{-\delta_z}^0 = [(1+\bar{S})l_s + x\Delta]_{-\delta_z}^0 \tag{6.7}$$

式中：$L_M$、$l_M$——型腔、型芯径向工作尺寸，mm；

$\bar{S}$——塑料的平均收缩率；

$L_s$、$l_s$——塑件的径向尺寸，mm；

$\Delta$——塑件的尺寸公差，mm；

$x$——修正系数。塑件尺寸大、精度级别低时，$x=0.5$；

塑件尺寸小、精度级别高时，$x=0.75$。

① 径向尺寸仅考虑受 $\delta_s$、$\delta_z$ 和 $\delta_c$ 的影响；

② 为了保证塑件实际尺寸在规定的公差范围内，对成型尺寸需进行校核。

径向尺寸

$$(S_{\max} - S_{\min})L_s(或 l_s) + \delta_z + \delta_s < \Delta \tag{6.8}$$

(2) 型腔和型芯的深度、高度尺寸

型腔
$$(H_M)_0^{\delta_z} = [(1+\overline{S})H_s - x\Delta]_0^{\delta_z} \tag{6.9}$$

型芯
$$(h_M)_{-\delta_z}^0 = [(1+\overline{S})h_s + x\Delta]_{-\delta_z}^0 \tag{6.10}$$

式中：$H_M$、$h_M$——型腔、型芯深度、高度工作尺寸，mm；
$H_s$、$h_s$——塑件的深度、高度尺寸，mm；
$x$——修正系数塑件尺寸大、精度级别低时，$x=1/3$；
塑件尺寸小、精度级别高时，$x=1/2$。

① 深度、高度尺寸仅考虑受 $\delta_s$、$\delta_z$ 和 $\delta_c$ 的影响；
② 为了保证塑件实际尺寸在规定的公差范围内，对成型尺寸需进行校核。
$$(S_{max} - S_{min})H_s(\text{或}h_s) + \delta_z + \delta_s < \Delta \tag{6.11}$$

(3) 中心距尺寸
$$C_M \pm \frac{\delta_z}{2} = (1+\overline{S})C_s \pm \delta_z \tag{6.12}$$

式中：$C_M$——模具中心距尺寸，mm；
$C_s$——塑件中心距尺寸，mm。

对中心距尺寸的校核如下：
$$(S_{max} - S_{min})C_s < \Delta \tag{6.13}$$

### 6.3.3 模具型腔侧壁和底板厚度的设计

#### 1. 强度和刚度

塑料模型腔壁厚及底板厚度的计算是模具设计中经常遇到的重要问题，尤其对大型模具更为突出。目前常用计算方法有按强度和按刚度条件计算两大类，但实际的塑料模却要求既不允许因强度不足而发生明显变形甚至破坏，也不允许因刚度不足而发生过大变形。因此要求对强度及刚度加以合理考虑。

在塑料注射模注塑过程中，型腔所承受的力是十分复杂的。型腔所受的力有塑料熔体的压力、合模时的压力、开模时的拉力等，其中最主要的是塑料熔体的压力。在塑料熔体的压力作用下，型腔将产生内应力及变形。如果型腔壁厚和底板厚度不够，当型腔中产生的内应力超过型腔材料的许用应力时，型腔即发生强度破坏。与此同时，刚度不足则发生过大的弹性变形，从而产生溢料和影响塑件尺寸及成型精度，也可能导致脱模困难等。可见模具对强度和刚度都有要求。

对大尺寸型腔，刚度不足是主要失效原因，应按刚度条件计算；对小尺寸型腔，强度不够则是失效原因,应按强度条件计算。强度计算的条件是满足各种受力状态下的许用应力。刚度计算的条件则由于模具的特殊性,可以从以下几个方面加以考虑:

(1) 要防止溢料。模具型腔的某些配合面当高压塑料熔体注入时,会产生足以溢料的间隙。为了使型腔不致因模具弹性变形而发生溢料,此时应根据不同塑料的最大不溢料间隙来确定其刚度条件。如尼龙、聚乙烯、聚丙烯、聚丙醛等低粘度塑料,其允许间隙为 0.025~0.03 mm;对聚苯乙烯、有机玻璃、ABS 等中等粘度塑料为 0.05 mm;对聚砜、聚碳酸酯、硬聚氯乙烯等高粘度塑料为 0.06~0.08 mm。

(2) 应保证塑件精度。塑件均有尺寸要求,尤其是精度要求高的小型塑件,这就要求模具型腔具有很好的刚性。

(3) 要有利于脱模。一般来说塑料的收缩率较大,故多数情况下,当满足上述两项要求时已能满足本项要求。

上述要求在设计模具时其刚度条件应以这些项中最苛刻者(允许最小的变形值)为设计标准,但也不应无根据地过分提高标准,以免浪费钢材,增加制造困难。

**2. 型腔和底板的强度及刚度计算**

一般常用计算法和查表法,圆形和矩形型腔壁厚及底板厚度常用计算公式,型腔壁厚的计算比较复杂且烦琐,为了简化模具设计,一般采用经验数据或查有关表格,设计时可以参阅相关资料。

## 6.4 浇注系统设计

### 6.4.1 浇注系统的组成及设计原则

**1. 浇注系统的组成**

**浇注系统**是指模具中由注射机喷嘴到型腔之间的进料通道。普通浇注系统一般由主流道、分流道、浇口和冷料穴四部分组成。

(1) 主浇道。**主浇道**是指从注射机喷嘴与模具接触处开始,到有分浇道支线为止的一段料流通道,它起到将熔体从喷嘴引入模具的作用,其尺寸的大小直接影响熔体的流动速度和填充时间。

(2) 分浇道。**分浇道**是主浇道与型腔进料口之间的一段流道,主要起分流和转向作用,使熔体以平稳的流态均衡地分配到各个型腔。

(3) 浇口。**浇口**也称**进料口**,是指料流进入型腔前最狭窄部分,也是浇注系统中最短的一段,其尺寸狭小且短,目的是使料流进入型腔前加速,便于充满型腔,且又利于封闭型腔口,防止熔体倒流,也便于成型后冷料与塑件分离。

(4)冷料穴。在每个注射成型周期开始时,最前端的料接触低温模具后会降温、变硬称之为**冷料**,为防止此冷料堵塞浇口或影响制件的质量而设置的料穴,冷料穴一般设在主浇道的末端,有时在分浇道的末端也增设冷料穴。

图 6.23a 为安装在卧式或立式注射机上的注射模所用的浇注系统,亦称为**直浇口式浇注系统**,其主流道垂直于模具分型面;图 6.23b 为安装在角式注射机上的注射模所用浇注系统,主流道平行于分型面。

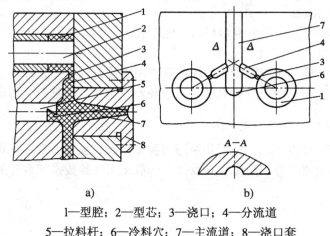

1—型腔;2—型芯;3—浇口;4—分流道
5—拉料杆;6—冷料穴;7—主流道;8—浇口套

图 6.23 注射模的普通浇注系统

2. 浇注系统的设计原则

(1)了解塑料的成型工艺特性。掌握塑料的流动特性以及温度、剪切速率对精度的影响,以设计出合适的浇注系统。

(2)尽量避免或减少产生熔接痕。熔体流动时应尽量减少分流的次数,有分流必然有汇合,熔体汇合之处必然会产生熔接痕尤其在流程长、温度低时,这对塑件强度的影响较大。

(3)有利于型腔中气体的排出。浇注系统应能顺利地引导塑料熔体充满型腔的各个部分,使浇注系统及型腔中原有的气体能有序地排出,避免充填过程中产生紊流或涡流,也避免因气体积存而引起凹陷、气泡、烧焦等塑件的成型缺陷。

(4)防止型芯的变形和嵌件的位移。浇注系统设计时应尽量避免塑料熔体直接冲击细小型芯和嵌件,以防止熔体的冲击力使细小型芯变形或嵌件位移。

(5)尽量采用较短的流程充满型腔。这样可有效减少各种质量缺陷。

(6)流动距离比的校核。对于大型或薄壁塑料制件,塑料熔体有可能因其流动距离过长或流动阻力太大而无法充满整个型腔。

### 3. 流动比的校核

**流动比**也可称流程比,熔体流程长度与厚度之比的校核。显然,流程比越大,充填型腔越困难。在保证型腔得到良好填充的前提下,应使熔体流程最短,流向变化最少,以减少能量的损失。如图 6.24 所示,其中图 6.24b 所示浇口位置,其流程长,流向变化多,充模条件差,且不利于排气,往往造成制品顶部缺料或产生气泡等缺陷。对这类制品,一般采用中心进料为宜,可缩短流程,有利于排气,避免产生熔接痕。图 6.24a 为直接浇口。可克服图 6.24b 中可能产生的缺陷,充满整个型腔。

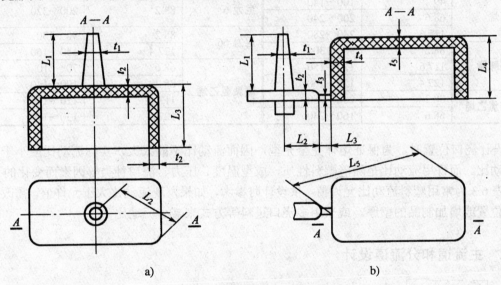

图 6.24 流动距离比计算实例

在确定浇口位置时,必要时应进行流动比的校核,即校核计算流动比,公式如下:

$$S = \sum_{i=1}^{n} \frac{L_i}{t_i} \leq [S] \tag{6.14}$$

式中:$S$——流动距离比;
$L_i$——模具中各段料流通道及各段模腔的长度,mm;
$t_i$——模具中各段料流通道及各段模腔的截面厚度,mm;
$[S]$——塑料的许用流动距离比,见表 6.3。

如图 6.24a 所示,可得

$$S = \frac{L_1}{t_1} + \frac{L_2 + L_3}{t_2}$$

如图 6.24b 所示，可得

$$S = \frac{L_1}{t_1} + \frac{L_2}{t_2} + \frac{L_3}{t_3} + 2\frac{L_4}{t_4} + \frac{L_5}{t_5}$$

表 6.3　部分塑料的注射压力与流动距离比

| 塑料品种 | 注射压力/MPa | 流动距离比 $L/t$ | 塑料品种 | 注射压力/MPa | 流动距离比 $L/t$ |
|---|---|---|---|---|---|
| 聚乙烯 | 49 | 100～140 | 聚酰胺 | 90 | 200～360 |
|  | 68.6 | 200～240 | 聚苯乙烯 | 88.2 | 260～300 |
|  | 147 | 250～280 | 聚甲醛 | 98 | 110～210 |
| 聚丙烯 | 49 | 100～140 | 尼龙 6 | 88.2 | 200～320 |
|  | 68.6 | 200～240 | | | |
|  | 117.6 | 240～280 | 尼龙 66 | 88.2 | 90～130 |
| 聚碳酸脂 | 88.2 | 90～130 | | 127.4 | 130～160 |
|  | 117.6 | 120～150 | 硬聚氯乙烯 | 68.6 | 70～110 |
|  | 127.4 | 120～160 | | 88.2 | 100～140 |
| 软聚氯乙烯 | 88.2 | 200～280 | | 117.6 | 120～160 |
|  | 68.6 | 160～240 | | 127.4 | 130～170 |

设计浇口位置时，为保证熔体完全充型，因而流动比不能太大，实际流动比应小于许用流动比。而许用流动比是随着塑料性质、成型温度、压力、浇口种类等因素而变化的。

表 6.3 为常用塑料流动比允许值，供设计时参考，如果发现流动比大于允许值，需改变浇口位置或增加制品的壁厚。或采用多浇口进料等方式来减少流动比。

## 6.4.2　主流道和分流道设计

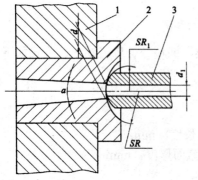

1—定模板；2—主流道衬套；3—注射机喷嘴

图 6.25　主流道形式及其与注射机喷嘴的关系

**1. 主流道的设计**

在卧室或立式注射机用注射模中，主流道垂直于分型面，其结构形式与注射机喷嘴的连接如图 6.25 所示。主流道是熔体最先流经模具的部分，它的形状与尺寸对塑料熔体的流动速度和充模时间有较大的影响，因此，必须使熔体的温度降低和压力损失最小。

（1）主流道设计

由于主流道要与高温塑料熔体及注射机喷嘴反复接触，所以只有在小批量生产时，主流道才在注射模上直接加工，在大部分注射模中，主流道通常设计成可拆卸、可更换的主流道浇口套形式。

为了让主流道凝料能从浇口套中顺利拔出,主流道设计成圆锥形,其锥角 $\alpha$ 为 $2°\sim6°$,小端直径 $d$ 比注射机喷嘴直径大 $0.5\sim1$ mm。由于小端的前面是球面,其深度为 $3\sim5$ mm,注射机喷嘴的球面在该位置与模具接触并且贴合,因此要求主流道球面半径比喷嘴球面半径大 $1\sim2$ mm。流道的表面粗糙度值 $R_a$ 为 $0.08$ μm。

(2)主流道浇口套

主流道浇口套一般采用碳素工具钢如 T8A、T10A 等材料制造,热处理淬火硬度 $53\sim57$HRC。主流道浇口套及其固定形式如图 6.26 所示。

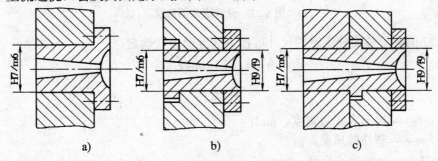

图 6.26  主流道浇口套及其固定形式

图 6.26a 所示为浇口套与定位圈设计成整体形式,用螺钉固定于定模座板上,一般只用于小型注射模,图 6.26b、c 所示为浇口套与定位圈设计成两个零件的形式,以台阶的方式固定在定模座上,其中图 6.26c 所示为浇口套穿过定模座板与定模板的形式。浇口套与模板间的配合采用 H7/m6 的过渡配合,浇口套与定位圈采用 H9/f9 的配合。

定位圈在模具安装调试时应插入注射机定模板的定位孔内,用于模具与注射机的安装定位。定位圈外径比注射机定模板上的定位孔径小 0.2 mm 以下。

**2. 分流道设计**

分流道设计时应使熔体较快地充满整个型腔,流动阻力小,流动中温降尽可能低,同时应能将塑料熔体均匀地分配到各个型腔。

(1)分流道的形状和尺寸

分流道开设在动、定模分型面的两侧或任意一侧,其截面形状应尽量使其**比表面积**(流表面积与其体积之比)小。常用的分流道截面形式有圆形、梯形、U 形、半圆形及矩形等,图 6.27 所示。梯形及 U 形截面分流道加工较容易,且热量损失与压力损失均不大,是常用的形式。

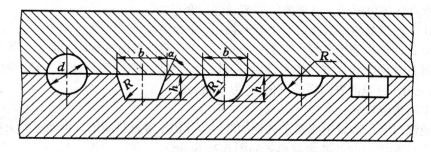

**图 6.27 分流道截面形状**

图 6.27 的梯形截面分流道的尺寸可按下面经验公式确定:

$$b = 0.2654\sqrt{m}\sqrt[4]{L} \tag{6.15}$$

$$h = \frac{2}{3}b \tag{6.16}$$

式中：$b$——梯形大底边宽度，mm；
　　　$m$——塑件的质量，g；
　　　$L$——分流道的长度，mm；
　　　$h$——梯形的高度，mm。

梯形的侧面斜角 $\alpha$ 常取 5°～10°，底部以圆角相连。式 (6.15) 的适用范围为塑件壁厚在 3.5 mm 以下，塑件质量小于 200 g，且计算结果梯形小边长 $b$ 应在 3.2～9.5 mm 范围内合理。按照经验，根据成型条件不同，$b$ 也可在 5～10 mm 内选取。

(2) 分流道的长度

根据型腔在分型面上的排布情况，分流道可分为一次分流道、两次分流道甚至三次分流道。分流道的长度要尽可能短，且弯折少，以便减少压力损失和热量损失，节约塑料的原材和能耗。图 6.28 所示为分流道长度的设计参数尺寸，其中 $L_1$=6～10 mm，$L_2$=3～6 mm，$L_3$=6～10 mm。$L$ 的尺寸根据型腔的多少和型腔的大小而定。

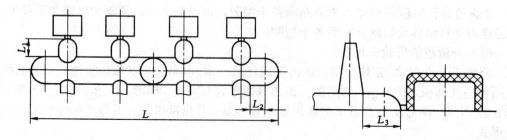

**图 6.28 分流道的长度**

（3）分流道的表面粗糙度

由于分流道中与模具接触的外层塑料迅速冷却，只有内部的熔体流动状态比较理想，因此分流道的表面粗糙度数值不能太小，一般 $Ra$ 值取 0.16 μm 左右，这可增加对外层塑料熔体的流动阻力，使外层塑料冷却皮层固定，形成绝热层。

（4）分流道的布置

分流道常用的布置形式有平衡式和非平衡式两种，这与多型腔的平衡式与非平衡式的布置是一致的。多型腔模具应尽量均衡布置型腔，使熔融塑料几乎同时到达每个型腔的进料口，这样，塑料到每个型腔的压力和温度是相同的，塑件的品质理应相同，如图 6.29a、b 所示。如果各个型腔的分流道长短不同，则远端型腔处的压力与温度较低，塑件可能形成较明显的熔接痕，甚至塑料可能填充不足。分流道非平衡布置如图 6.29c、d 所示。当分流道采用平衡式布置有困难时，可使远端型腔的进料口比近型腔的进料口稍大，即加大进料口的宽度或深度，以求各塑件品质接近。对于流动性差的塑料，要避免采用非平衡式分流道。

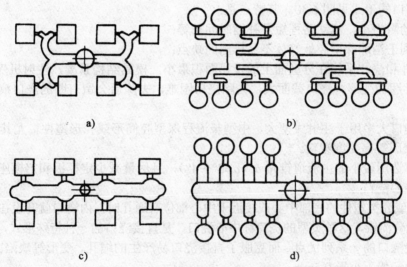

a)、b)平衡式　c)、d)非平衡式

图 6.29　分流道的布置形式

### 6.4.3　浇口设计

1. 浇口的作用

浇口可分成限制性浇口和非限制性浇口两类。

限制性浇口是整个浇注系统中截面尺寸最小的部位，其作用如下：

（1）浇口通过截面积的突然变化，使分流道送来的塑料熔体提高注射压力，使塑料熔体通过浇口的流速有一突变性增加，提高塑料熔体的剪切速率，降低黏度，使其成为理想的流动状态，从而迅速均衡地充满型腔；

（2）对于多型腔模具，调节浇口的尺寸，可以使非平衡布置的型腔达到同时进料的目的；

（3）浇口起着较早固化、防止型腔中熔体倒流的作用；

（4）浇口通常是浇注系统最小截面部分，有利于在塑件后加工中塑件与浇口凝料分离。

非限制性浇口是整个浇注系统中截面尺寸最大的部位，它主要是对中大型筒类、壳类塑件型腔起引料和进料后的施压作用。

2. 浇口的类型

（1）直接浇口

**直接浇口**又称为主流道型浇口，它属于非限制性浇口。这种形式的浇口只适于单型腔模，直接浇口的形式见图 6.30。其特点是：

① 流动阻力小，流动路程短及补缩时间长等；
② 有利于消除深型腔处气体不易排出的缺点；
③ 塑件和浇注系统在分型面上的投影面积最小，模具结构紧凑，注射机受力均匀；
④ 塑件翘曲变形、浇口截面大，去除浇口困难，去除后会留有断的浇口痕迹会影响塑件的美观。

直接浇口大多用于注射成型大、中型长流程深型腔筒形或壳形塑件，尤其适合于如聚碳酸酯、聚砜等高黏度塑料。

设计时选用较小的主流道锥角 $\alpha$（$\alpha=2°\sim4°$），且尽量减少定模板和定模座板的厚度。

（2）中心浇口

当筒类或壳类塑件的底部中心或接近于中心部位有通孔时，内浇口就开设在该孔处，同时中心设置分流锥，这种类型的浇口称**中心浇口**，是直接浇口的一种特殊形式，见图 6.31。它具有直接浇口的一系列优点，而克服了直接浇口易产生的缩孔、变形等缺陷。在设计时，环形的厚度一般不小于 0.5mm。

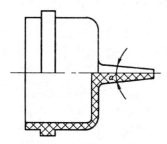

图 6.30　直接浇口的形式

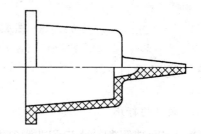

图 6.31　中心浇口的形式

（3）侧浇口

侧浇口一般开设在分型面上，塑料熔体从内侧或外侧充填模具型腔，其截面形状多为矩形（扁槽），是限制性浇口。侧浇口广泛使用在多型腔单分型面注射模上，侧浇口的形式如图 6.32 所示。由于浇口截面小，减少了浇注系统塑料的消耗量，同时去除浇口容易，不留明显痕迹。但是这种浇口成型的塑件往往有熔接痕存在，且注射压力损失较大，对深型腔塑件排气不利。

侧浇口尺寸的计算公式如下：

$$b = \frac{0.6 \sim 0.9}{30}\sqrt{A} \qquad (6.17)$$

$$t = (0.6 \sim 0.9)\delta \qquad (6.18)$$

式中：$b$——侧浇口的宽度，mm；
$A$——塑件的外侧表面积，mm；
$t$——侧浇口的厚度，mm；
$\delta$——浇口处塑件的壁厚，mm。

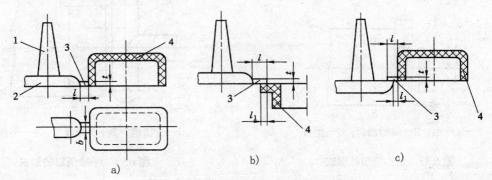

1—主流道；2—分流道；3—侧浇口；4—塑件

**图 6.32 侧浇口的形式**

侧浇口的分类情况如下：

① 侧向进料的侧浇口（图 6.32a），对于中小型塑件，一般深度 $t=0.5\sim2.0$ mm（或取塑件壁厚的 1/3～2/3），宽度 $b=1.5\sim5.0$ mm，浇口的长度 $l=0.7\sim2.0$ mm；

② 端面进料的搭接式侧浇口（6.32b），搭接部分的长度 $l_1 =（0.6\sim0.9）+ 0.5b$，浇口长度 $l$ 可适当加长，取 $l = 2.0\sim3.0$ mm；

③ 侧面进料的搭接式浇口（6.32c），其浇口长度选择可参考端面进料的搭接式侧浇口。

侧浇口的两种变异形式为扇形浇口和平缝浇口。

**扇形浇口**是一种沿浇口方向宽度逐渐增加、厚度逐渐减少的呈扇形的侧浇口，如图 6.33 所示，常用于扁平而较薄的塑件，如盖板和托盘类等。通常在与型腔结合处形成长 $l=1\sim$

1.3mm，$t$=0.25～1.0mm 的进料口，进料口的宽度 $b$ 视塑件大小而定，一般取 6 mm 到浇口处型腔宽度的 1/4，整个扇形的长度 $L$ 可取 6 mm 左右，塑料熔体通过它进入型腔。采用扇形浇口，使得塑料熔体在宽度方向上的流动得到更均匀的分配，使塑件的内应力减小，减少带入空气的可能性，但浇口痕迹较明显。

**平缝浇口**又称薄片浇口，如图 6.34 所示。这类浇口宽度很大，厚度很小，主要用来成型面积较小、尺寸较大的扁平塑件，可减小平板塑件的翘曲变形，但浇口去除比扇形浇口更困难，浇口在塑件上痕迹也更明显。平缝浇口的宽度 $b$ 一般取塑件长度的 25%～100%，厚度 $t$=0.2～1.5mm，长度 $l$=1.2～1.5mm。

（4）环形浇口

对型腔填充采用圆环形进料形式的浇口称**环形浇口**。环形浇口的形式如图 6.35 所示。

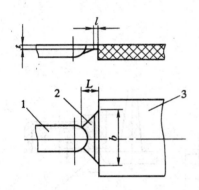

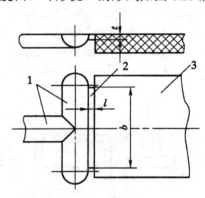

1—分流道；2—扇形浇口；3—塑件　　　　　1—分流道；2—平缝浇口；3—塑件

图 6.33　扇形浇口的形式　　　　　　　　图 6.34　平缝浇口的形式

环形浇口的特点是进料均匀，圆周上各处流速大致相等，熔体流动状态好，型腔中的空气容易排出，熔接痕可基本避免，但浇注系统耗料较多，浇口去除较难。图 6.35a 所示为内侧进料的环形浇口，浇口设计在型芯上，浇口的厚度 $t$=0.25～1.6mm，长度 $l$=0.8～1.8mm；图 6.35b 为端面进料的搭接式环形浇口，搭接长度 $l_1$=0.8～1.2mm，总长 $l$ 可取 2～3 mm。

（5）轮辐式浇口

**轮辐式浇口**是在环形浇口基础上改进而成，由原来的圆周进料改为数小段圆弧进料，轮辐式浇口的形式见图 6.36。这种形式的浇口耗料比环形浇口少得多，且去除浇口容易。这类浇口在生产中比环形浇口应用广泛，多用于底部有大孔的圆筒形或壳形塑件。轮辐浇口的缺点是增加了熔接痕，这会影响塑件的强度。轮辐式浇口尺寸可参考侧浇口尺寸取值。

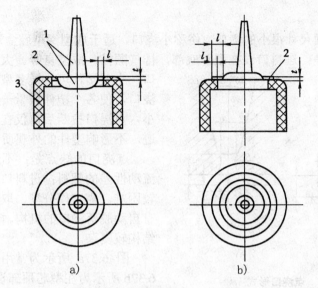

1—流道；2—环形浇口；3—塑件

图 6.35 环形浇口的形式

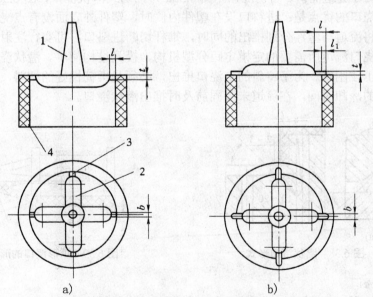

1—主流道；2—分流道；3—轮辐式浇口；4—塑件

图 6.36 轮辐式浇口的形式

### (6) 点浇口

**点浇**是一种截面尺寸很小的浇口，俗称小浇口，适于成型深型腔盒形塑件。

点浇口的优点是：进料口设在型腔底部，排气顺畅，成型良好。大型塑件可设多点浇口；小型塑件可一模多型腔，一型腔一个点浇口，使各个塑件质量一致。进料口直径很小，点浇口拉断后，仅在塑件上留下很小痕迹，不影响塑件的外观质量。

点浇口的缺点是：不适于热敏性塑料及流动性差的塑料；进料口直径受限制，加工较困难。需定模分型，取出浇口，模具应设有自动脱落浇口的机构。模具必须是三板式，结构较复杂。

图 6.37a 所示为常用的点浇口形式，图 6.37b 所示为在型芯顶部设窝结构，可改善流动性，减少剪切应力。

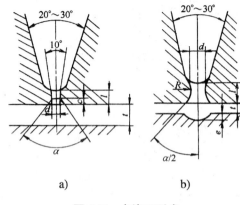

图 6.37 点浇口形式

### (7) 潜伏浇口

**潜伏浇口**又称隧道浇口、自切浇口，图 6.38a 为推切式潜伏浇口，图 6.38b 为拉切式潜伏浇口。潜伏浇口的优点是：进料口设在塑件内侧时，塑件外表面没有点浇口切断痕迹。脱模时，推杆将流道与塑件分别推出的同时，推杆切断进料口，可实行注射机的全自动操作，避免了点浇口流道所需要的定模定距分型机构，模具结构简单。潜伏浇口的缺点是：隧道斜孔的加工较困难。为了将斜的点浇口推出，必须是柔韧性好的塑料，并且要严格掌握塑件在模内的冷却时间，在流道未凝固前及时推出潜伏浇口。

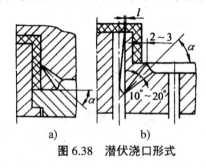

图 6.38 潜伏浇口形式

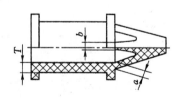

图 6.39 爪形浇口的形式

### (8) 爪形浇口

爪形浇口如图 6.39 所示，爪形浇口加工较困难，通常用电火花成型。型芯可用做分流锥，其头部与主流道有自动定心的作用（型芯头部有一端与主流道下端大小一致），从而避免了塑件弯曲变形或同轴度差等成型缺陷。爪形浇口的缺点与轮辐式浇口类似，主要适用于成型内孔较小且同轴度要求较高的细长管状塑件。

3. 浇口位置的选择原则

(1) 尽量缩短流动距离

浇口位置的选择应保证迅速和均匀地充填模具型腔,尽量缩短熔体的流动距离,这对大型塑件更为重要。

(2) 避免熔体破裂现象引起塑件的缺陷

小的浇口如果正对着一个宽度和厚度较大的型腔,则熔体经过浇口时,由于受到很高的剪切应力,将产生喷射和蠕动等现象,这些喷出的高度定向的细丝或断裂物会很快冷却变硬,与后进入型腔的熔体不能很好熔合而使塑件出现明显的熔接痕。要克服这种现象,可适当地加大浇口的截面尺寸,或采用冲击型浇口(浇口对着大型芯等),避免熔体破裂现象的产生。

(3) 浇口应开设在塑件厚壁处

当塑件的壁厚相差较大时,若将浇口开设在薄壁处,这时塑料熔体进入型腔后,不但流动阻力大,而且还易冷却,影响熔体的流动距离,难以保证充填满整个型腔。从收缩角度考虑,塑件厚壁处往往是熔体最晚固化的地方,如果浇口开设在薄壁处,那厚壁的地方因熔体收缩得不到补缩就会形成表面凹陷或缩孔。为了保证塑料熔体顺利充填型腔,使注射压力得到有效传递,而在熔体液态收缩时又能得到充分补缩,一般浇口的位置应开设在塑件的厚壁处。

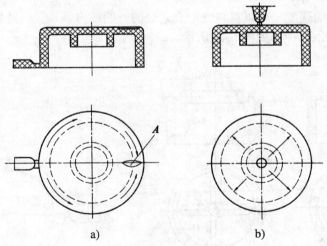

图 6.40 浇口应有利于排气

(4) 浇口位置的设置应有利于排气和补缩

如图 6.40 所示的塑件,图 6.40a 采用侧浇口,在成型时顶部会形成封闭气囊(图中 A

处),在塑件顶部常留下明显的熔接痕;图 6.40b 采用点浇口,有利于排气,塑件质量较好。图 6.41 所示塑件壁厚相差较大,图 6.41a 将浇口开在薄壁处不合理;图 6.41b 将浇口设在厚壁处,有利于补缩,可避免缩孔、凹痕产生。

由于浇口位置的原因,塑料熔体充填型腔时会造成两股或两股以上的熔体料流的汇合。在汇合之处,料流前端是气体且温度最低,所以在塑件上就会形成熔接痕。

熔接痕部位塑件的熔接强度会降低,也会影响塑件外观,在成型玻璃纤维增强塑料制件时这种现象尤其严重。无特殊需要最好不要开设一个以上的浇口,图 6.42a 所示的浇口会形成两个熔接痕,而图 6.42b 所示的浇口仅形成一个熔接痕。

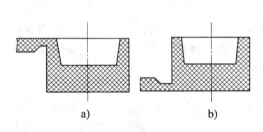

图 6.41 浇口应有利于补缩

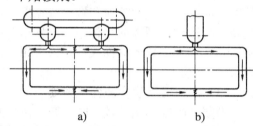

图 6.42 减少熔接痕的数量

(5)减少熔接痕,提高熔接强度

圆环形浇口流动状态好,无熔接痕,而轮辐式浇口有熔接痕,而且轮辐越多,熔接痕就越多,如图 6.43 所示。

为了提高熔接的强度,可以在料流汇合之处的外侧或内侧设置一冷料穴(溢流槽)将料流前端的冷料引入其中,如图 6.44 所示。

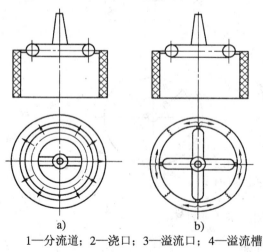

1—分流道;2—浇口;3—溢流口;4—溢流槽

图 6.43 环形浇口与轮辐浇口的熔接痕比较

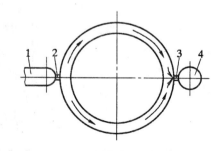

图 6.44 冷料穴

### 6.4.4 冷料穴和拉料杆设计

冷料穴是浇注系统的结构组成之一。冷料穴的作用是容纳浇注系统流道中料流的前部冷料,以免这些冷料注入型腔,主流道冷料穴结构如图 6.23 所示,多型腔模具分型面上的分流道冷料穴如图 6.45 所示。

主流道末端的冷料穴还有便于在该处设置主流道拉料杆的功能。在模具分型时,注射凝料从定模浇口套中被拉出,最后推出机构开始工作,将塑件和浇注系统凝料一起推出模外。

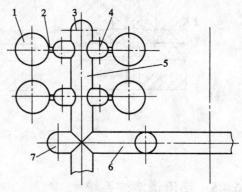

1—型腔;2—浇口;3、7—冷料穴;4—三次分流道;5—二次分流道;6——次分流道分流道

图 6.45 多型腔模具分型面上的分流道冷料

**1. 适于推杆脱模的拉料杆**

该方式适于推杆起模,拉料杆固定在推杆固定板上。图 6.46a 的 Z 字形拉料杆是最常用的一种形式。工作时依靠 Z 字形钩将主流道凝料拉出浇口套,如选择好 Z 形的方向,凝料会由于自重而自动脱落,不需要人工取出。对于图 6.46b 和 6.46c 的形式,在分型时靠动模板上的反锥度穴和浅圆环槽的作用将主流道凝料拉出浇口套,然后靠后面的推杆强制将其推出。

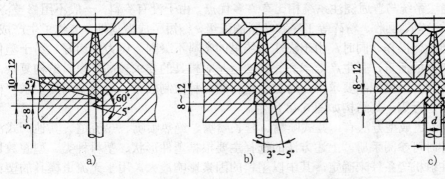

图 6.46 适于推杆脱模的拉料杆

**2. 适于推件板脱模的拉料杆**

该种拉料杆仅适于推件板脱模的拉料杆,其典型的形式是球形头拉料杆,固定在动模板上,如图 6.47a 所示;图 6.47b 所示为锥形头拉料杆,它是头部凹下去的部分将主流道从浇口套中拉出来,然后在推件板推出时,将主流道凝料从拉料杆的头部强制推出;图 6.47c

是靠塑料的收缩包紧力使主流道凝料包紧在中间拉料杆（带有分流锥的型芯）上以及靠环行浇口与塑件的连接将主流道凝料拉出浇口套，然后靠推件板将塑件和主流道凝料一起推出模外，主流道凝料能在推出时自动脱落。

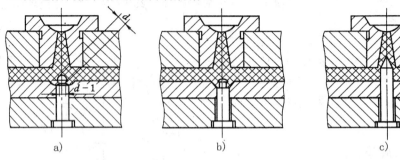

图 6.47　适于推件板脱模的拉料杆

### 6.4.5　热流道浇注系统

利用加热或者绝热以及缩短喷嘴至模腔距离等方法，使浇注系统里的融料在注塑和开模过程中始终保持熔融状态，在开模时只需取出塑件无需取出浇注系统凝料而又能连续生产的模具，叫做**热流道模具**，也称**无流道模具**。该模具的浇注系统称为**热流道浇注系统**或**无流道浇注系统**。

热流道浇注系统与普通浇注系统相比有许多优点。由于没有冷料，一般不用修整浇口，避免了冷料的分割、回收、粉碎等工序和塑料的降级，缩短了成型周期，节约了生产成本，又容易实现自动化操作。同时，由于浇注系统里的塑料不凝固，压力传递好，易于塑件成型，能提高产品的质量，且生产效率高。其缺点是对模具的要求较高，模具结构复杂，成本高，维修困难。温度控制要求高，对加工塑料的品种限制较大，对成型周期要求严格，注塑要求连续进行等。其结构如图 6.48 所示。

常用的热流道成型方法有：井式喷嘴、延长喷嘴、绝热喷嘴、热流道、其他阀式浇口等方式，设计时可参阅手册。上述方法的选择主要根据塑件形状、塑料种类、型腔数目、选用的成型注射机等条件来确定，其中以塑料的因素影响最大。用于无流道模具的塑料最好具有下述性质：

（1）适宜加工的温度范围宽，粘度随温度的变化影响小，在较低温度下具有较好的流动性，在高温下具有良好的热稳定性；

（2）对压力敏感，不加注射压力时不流动，但施以很低的注射压力即可流动；

（3）热变形温度高，塑件在比较高的温度下即可快速固化顶出，以缩短成型周期。

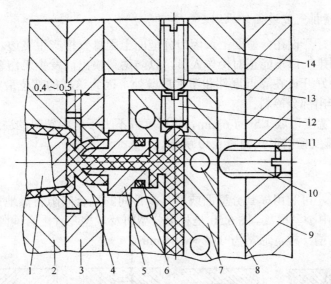

1—型芯；2—定模型腔板；3—浇口板；4—浇口衬套；5—热流道喷嘴；
6—胀圈；7—热流道板；8—加热孔道；9—定模座板；10—定位螺钉；
11—流道密封球；12—压紧螺钉；13—定位螺钉；14—支架型腔

图 6.48 半绝热式喷嘴多型腔热流道注射模

## 6.4.6 排气系统设计

型腔内气体的来源，除了型腔内原有的空气外，还有因塑料受热或凝固而产生的低分子挥发气体。塑料熔体向注射模型腔填充过程中，必须要考虑把这些气体顺序排出，否则，不仅会引起物料注射压力过大，熔体填充型腔困难，造成充不满模腔，而且，气体还会在压力作用下渗进塑料中，使塑件产生气泡，组织疏松，熔接不良。因此在模具设计时，要充分考虑排气问题。

一般来说，对于结构复杂的模具，事先较难估计发生气阻的准确位置。所以，往往需要通过试模来确定其位置，然后再开排气槽。排气槽一般开设在型腔最后被充满的地方。排气的方式有开设排气槽排气和利用模具零件配合间隙排气。

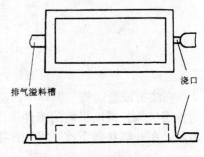

图 6.49 排气槽形式

### 1. 开设排气槽排气应遵循的原则

（1）排气槽最好开设在分型面上，因为分型面上因排气槽产生飞边，易随塑件脱出；

（2）排气槽的排气口不能正对操作人员，以防熔料喷出而发生工伤事故；

（3）排气槽最好开设在靠近嵌件和塑件最薄处，因为这样的部位最容易形成熔接痕，直排出气体，并排出部分冷料；

（4）排气槽的宽度可取 1.5～1.6 mm，其深度以不大于所用塑料的溢边值为限，通常为 0.02～0.04 mm，排气槽的形式如图 6.49 所示。

### 2. 间隙排气

大多数情况下，可利用模具分型面或模具零件间的配合间隙自然地排气，可不另设排气槽。特别是对于中小型模具。图 6.50 是利用分型面及成型零件配合间隙排气的几种形式，间隙的大小和排气槽一样，通常为 0.02～0.04 mm。

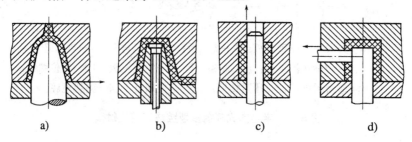

图 6.50　利用分型面或模具零件配合间隙排气

尺寸较深的型腔，气阻位置往往出现在型腔底部，这时，模具结构应采用镶拼方式，并在镶件上制作排气间隙。注意：无论是排气间隙还是排气槽均应与大气相通。一般来说，对于结构复杂的模具，事先较难估计发生气阻的准确位置。

## 6.5　推出机构设计

在注射成型的每一循环中，塑件必须由模具的型腔或型芯上脱出，脱出塑件的机构称为**推出机构**。推出机构的推件动作如图 6.1 所示：在闭模状态下塑件冷却成型，如图 6.1a 所示；在开模状态下推杆将塑件推出模外，如图 6.1b 所示。

### 6.5.1　推出力的计算

注射成型后，塑件在模具内冷却定型，由于体积的收缩，对型芯产生包紧力。塑件要从型芯上脱出,就必须克服因包紧力而产生的摩擦力。对于不带通孔的壳体类塑件,脱模时还必须克服大气压力。

一般而论,塑件在开始脱模时,所需克服的阻力最大,即所需的脱模力最大。脱模力 $F$ 可用下式计算:

$$F = pA(\mu\cos\alpha - \sin\alpha) \tag{6.19}$$

式中:$\mu$——塑料与钢的摩擦系数,聚碳酸酯、聚甲醛取 0.1~0.2,其余取 0.2~0.3;

　　　$p$——塑料对型芯的单位面积上的包紧力,一般情况下,模外冷却的塑件:

　　　　　$p=(2.4\sim3.9)\times10^7$ Pa;模内冷却的塑件 $p=(0.8\sim1.2)\times10^7$ Pa;

　　　$A$——塑件包容型芯的面积;

　　　$\alpha$——脱模斜度。

## 6.5.2 推出机构的分类和设计要求

### 1. 推出机构的分类

推出机构可以按动力来源分类,也可以按模具结构分类。按动力来源分类时有以下几种推出形式:

(1)手动推出机构。**手动推出机构**指当模具分开后,用人工操纵脱模机构使塑件脱出,它可分为模内手工推出和模外手工推出两种。这类结构多用于形状复杂不能设置推出机构的模具或塑件结构简单、产量小的情况。

(2)机动推出机构。依靠注射机的开模动作驱动模具上的推出机构,实现塑件自动脱模。这类模具结构复杂,多用于生产批量大的情况。

(3)液压和气动推出机构。一般是指在注射机或模具上设有专用液压或气动装置,将塑件通过模具上的推出机构推出或将塑件吹出模外。推出机构按照模具的结构特征可分为一次推出机构、定模推出机构、二次推出机构、浇注系统凝料的推出机构、带螺纹塑件的推出机构等。由于单分型面注射模以一次推出机构为主,这里仅介绍一次推出机构,由于篇幅所限,其他较复杂的推出机构请参阅相关文献。

### 2. 推出机构的设计要求

(1)塑件留在动模。在模具的结构上应尽量保证塑件留在动模一侧,因为大多数注射机的推出机构都设在动模一侧。如果不能保证塑件留在动模上,就要将制品进行改形或强制留模,如这两点仍做不到,就要在定模上设计推出机构。

(2)塑件在推出过程中不变形、不损坏。保证塑件在推出过程中不变形、不损坏是推出机构应该达到的基本要求,所以设计模具时要正确分析塑件对模具包紧力的大小和分布情况,用此来确定合适的推出方式、推出位置、型腔的数量和推出面积等。

（3）不损坏塑件的外观质量。对于外观质量要求较高的塑件，推出的位置应尽量设计在塑件内部，以免损伤塑件的外观。由于塑件收缩时包紧型芯，因此推出力作用点应尽可能靠近型芯，同时推出力应施于塑件上强度、刚度最大的地方，如筋部、凸台等处，推杆头部的面积也尽可能大些，保证制品不损坏。

（4）合模时应使推出机构正确复位。推出机构设计时应考虑合模时推出机构的复位，在斜导杆和斜导柱侧向抽芯及其他特殊情况下，有时还应考虑推出机构的先复位问题。

（5）推出机构应动作可靠。推出机构在推出与复位过程中，其工作应准确可靠，动作灵活，容易制造，配换方便。

### 6.5.3 简单推出机构

**简单推出机构**也叫一次推出机构，即塑件在推出机构的作用下，通过一次动作就可脱出模外的形式。它一般包括推杆推出机构、推管推出机构、推件板推出机构、推块推出机构等等，这类推出机构最常见，应用也最广泛。

1. 推杆推出机构

（1）推杆的特点和工作过程

推杆推出机构是最简单、最常用的一种推出机构。由于设置推杆的自由度较大，而且推杆截面大部分为圆形，容易达到推杆与模板或型芯上推杆孔的配合精度，推杆推出时运动阻力小，推出动作灵活可靠，损坏后也便于更换，因此在生产中广泛应用。但是因为推杆的推出面积一般比较小，易引起较大局部应力而顶穿塑件或使塑件变形，所以很少用于脱模斜度小和脱模阻力大的管类或箱类塑件。

如图 6.51 所示，其工作过程是：开模时，当注射机顶杆与推板 5 接触时，塑件由于推杆 3 的支承处于静止位置，模具继续开模，塑件便离开动模 1 脱出模外；合模时，推出机构由于复位杆 2 的作用回复到推出之前的初始位置。

（2）推杆的设计

推杆的基本形状如图 6.52 所示。图 6.52a 为直通式推杆，尾部采用台肩固定，是最常用的形式；图 6.52 b 为阶梯式推杆，由于工作部分较细，故在其后部加粗以提高刚性，一般直径小于 2.5~3 mm 时采用；图 6.52c 所示为顶盘式推杆，这种推杆加工起来比较困难，装配时也与其他推杆不同，需从动模型芯插入，端部用螺钉固定在推杆固定板上，适合于深筒形塑件的推出。

推杆的材料常用 T8A、T10A 等碳素工具钢或 65Mn 弹簧钢等，前者的热处理要求硬度为 50~54HRC，后者的热处理要求硬度为 46~50HRC。自制的推杆常采用前者，而市场上推杆的标准件多为后者的形式。推杆工作端配合部分的粗糙度值 $Ra$ 一般取 0.8μm。

图 6.53 所示为推杆在模具中的固定形式。图 6.53a 是最常用的形式，直径为 $d$ 的推杆，

在推杆固定板上的孔应为 $d+1mm$，推杆台肩部分的直径为 $d+6mm$；图 6.53b 为采用垫块或垫圈来代替图 6.53a 中固定板上沉孔的形式，这样可使加工方便；图 6.53c 推杆底部采用顶丝拧紧的形式，适合于推杆固定板较厚的场合；图 6.53d 用于较粗的推杆，采用螺钉固定。

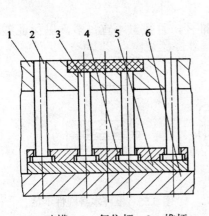

1—动模；2—复位杆；3—推杆；
4—推杆固定板；5—推板；6—动模底板

图 6.51 推杆推出机构

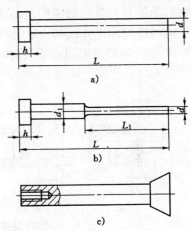

图 6.52 推杆的基本形式

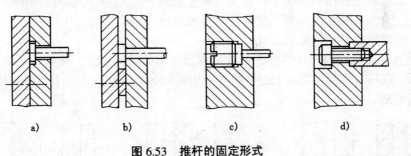

图 6.53 推杆的固定形式

（3）推杆设计的注意事项

① 推杆应选择在脱模阻力最大的地方，因塑件对型芯的包紧力在四周最大，若塑件较深，则应在塑件内部靠近侧壁的地方设置推杆，如图 6.54a 所示，若局部有细而深的凸台或筋，则必须在该处设置推杆，如图 6.54b 所示；

② 推杆不宜设在塑件最薄处，否则很容易使塑件变形甚至破坏，必要时可增大推杆面积来降低塑件单位面积上的受力，如图 6.54c 所示采用顶盘推出；

③ 当细长推杆受到较大脱模力时，推杆就会失稳变形，如图 6.55 所示，这时就必须

增大推杆直径或增加推杆的数量。同时要保证塑件推出时受力均匀,从而使塑件推出平稳而且不变形;

④ 因推杆的工作端面是成型塑件部分的内表面,如果推杆的端面低于或高于该处型面,则在塑件上就会产生凸台或凹痕,影响塑件的使用及美观,因此,通常推杆装入模具后,其端面应与型腔面平齐或高出 0.05~0.1 mm;

⑤ 当塑件各处脱模阻力相同时,应均匀布置推杆,且数量不宜过多,以保证塑件被推出时受力均匀、平稳、不变形。

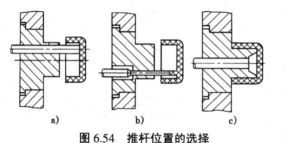

图 6.54 推杆位置的选择　　　　图 6.55 推杆本身刚性不足

2. 推管推出机构

推管推出机构是用来推出圆筒形、环形塑件或带有孔的塑件的一种特殊结构形式,其脱模运动方式和推杆相同。由于推管是一种空心推杆,故整个周边接触塑件,推出塑件的力量均匀,塑件不易变形,也不会留下明显的推出痕迹。

(1) 推管推出机构的结构形式

如图 6.56a 所示的形式的推管是最简单最常用的结构形式,模具型芯穿过推板固定于动模座板。这种结构的型芯较长,可兼作推出机构的导向柱,多用于脱模距离不大的场合,结构比较可靠。

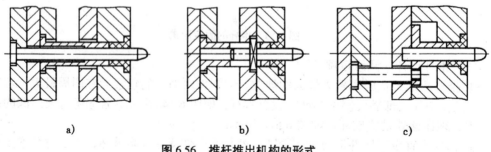

图 6.56 推杆推出机构的形式

图 6.56b 所示的形式是型芯用销或键固定在动模板上的结构。这种结构要求在推管的轴向开一长槽,容纳与销(或键)相干涉的部分,槽的位置和长短依模具的结构和推出距

离而定,一般是略长于推出距离。特点是与上一种形式相比,这种结构形式的型芯较短,模具结构紧凑;缺点是型芯的紧固力小,适用于受力不大的型芯。图 6.56c 所示的形式是型芯固定在动模垫板上,而推管在动模板内滑动,这种结构可使推管与型芯的长度大为缩短,但推出行程包含在动模板内,致使动模板的厚度增加,用于脱模距离不大的场合。

(2)有关推管的配合

推管的配合如图 6.57 所示。推管的内径与型芯相配合,小直径时选用 H8/f7 的配合,大直径取 H7/f7 的配合;外径与模板上的孔相配合,直径较小时采用 H8/f8 的配合,直径较大时采用 H8/f7 的配合。推管与型芯的配合长度一般比推出行程大 3~5 mm,推管与模板的配合长度一般为推管外径的 1.5~2 倍,推管固定端外径与模板有单边 0.5 mm 装配间隙,推管的材料、热处理硬度要求及配合部分的表面粗糙度要求与推杆相同。

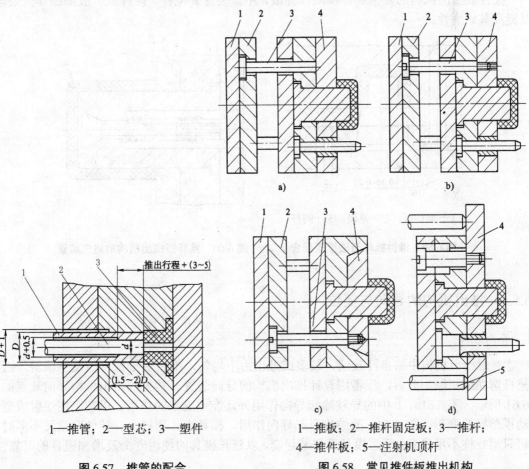

1—推管;2—型芯;3—塑件

图 6.57 推管的配合

1—推板;2—推杆固定板;3—推杆;
4—推件板;5—注射机顶杆

图 6.58 常见推件板推出机构

## 3. 推板推出机构

**推件板推出机构**是在型芯的根部安装了一块与之相配合的推件板，在塑件的整个周边端面上进行推出，其工作过程与推杆推出机构类似。这种推出机构作用面积大，推出力大而均匀，运动平稳，并且在塑件上无推出痕迹，所以常用于推出支承面很小的塑件，如薄壁容器及各种罩壳类塑件。常用的推件板推出机构见图 6.58 所示。

为了减少推件板与型芯的摩擦，可采用图 6.59 所示的结构，推件板与型芯间留有 0.2～0.25mm 的间隙，并用锥面配合，以防止推件板因偏心而溢料。对于大型的深腔塑件或用软塑料成型的塑件，推件板推出时，塑件与型芯间容易形成真空，在模具上可设置进气装置，如图 6.60 所示。

推件板推出机构的复位靠合模动作完成，不需设置复位杆。推件板一般需经淬火处理，以提高其耐磨性。

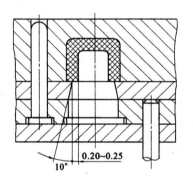

图 6.59 推件板与凸模锥面配合

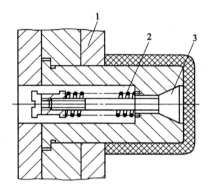

1—推件板；2—弹簧；3—阀杆

图 6.60 推杆板推出机构的进气装置

## 6.5.4 推出机构的导向与复位

### 1. 导向零件

有时推出机构中的推杆较细、较多或推出力不均匀，推出后推板可能发生偏斜，造成推杆弯曲或折断，此时，应考虑设计推出机构的导向装置。常见的推出机构导向装置如图 6.61 所示。图 6.61a、b 中的导柱除起导向作用外还能起支承的作用，以减小在注射成型时动模垫板的变形；图 6.61c 的结构只起导向作用。模具小、顶杆少、塑件产量又不多时，可只用导柱不用导套；反之模具还需装导套，以延长模具的使用寿命及增加模具的可靠性。

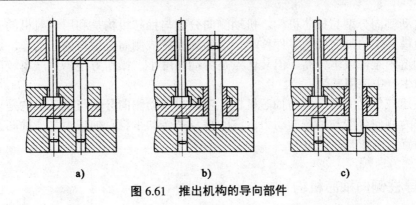

图 6.61 推出机构的导向部件

2. 复位零件

推出机构在开模推出塑件后，为下一次注射成型做准备，需使推出机构复位，以便恢复完成的模腔，所以必须设计复位装置。最简单的方法是在推固定板上同时安装复位杆，也叫回程杆。

复位杆端面设计在动、定模的分型面上。开模时，复位杆与推出机构同时推出；合模时，复位杆先与定模分型面接触，在动模向定模逐渐合拢过程中，推出机构被复位杆顶住，从而与动模产生相对移动直至分型面合拢，推出机构就回复到原来的位置。这种结构中，合模和复位是同时完成的，如图 6.1 中的零件 19 所示。

## 6.6 侧向分型与抽芯机构设计

### 6.6.1 概述

当塑件上具有与开模方向不一致的侧孔、侧凹或凸台时，在脱模之前必须先抽掉侧向成型零件（或侧型芯），否则就无法脱模。这种带动侧向成型零件移动的机构称为**侧向分型与抽芯机构**。

根据动力来源的不同，侧向分型与抽芯机构一般可分为手动、机动和气动（液压）三大类。

（1）手动侧向分型与抽芯机构。**手动侧向分型与抽芯机构**是由人工将侧型芯或镶块连同塑件一起取出，在模外使塑件与型芯分离，这类机构的特点是模具结构简单，制造方便，成本较低，但工人的劳动强度大，生产率低，不能实现自动化。因此适用于生产批量不大的场合。

（2）机动侧向分型与抽芯机构。**机动侧向分型与抽芯机构**是利用注射机的开模力，通过传动件使模具中的侧向成型零件移动一定距离而完成侧向分型与抽芯动作。这类模具结构复杂，制造困难，成本较高，但其优点是劳动强度小，操作方便，生产率较高，易实现自动化，故生产中应用较为广泛。

（3）液压或气动侧向分型与抽芯机构。**液压或气动侧向分型与抽芯机构**是以液压力或压缩空气作为侧向分型与抽芯的动力。它的特点是传动平稳，抽拔力大，抽芯距长，但液压或气动装置成本较高。

### 6.6.2 斜导柱侧向抽芯机构

斜导柱侧向抽芯机构是一种最常用的机动抽芯机构，见图6.62。其结构组成包括：斜导柱3、侧型芯滑块9、滑块定位装置6、7、8及锁紧装置1。其工作过程为：开模时，开模力通过斜导柱作用于滑块，迫使滑块在开模开始时沿动模的导滑槽向外滑动，完成抽芯。滑块定位装置将滑块限制在抽芯终了的位置，以保证合模时斜导柱能插入滑块的斜孔中，使滑块顺利复位。锁紧楔用于在注射时锁紧滑块，防止侧型芯受到成型压力的作用时向外移动。

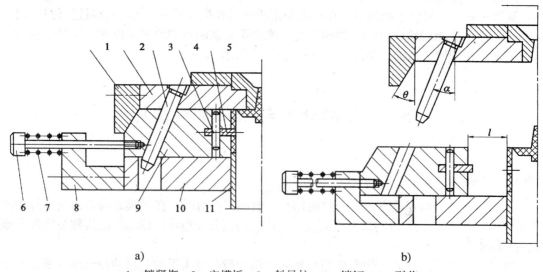

a)      b)

1—锁紧楔；2—定模板；3—斜导柱；4—销钉；5—型芯
6—螺钉；7—弹簧；8—支架；9—滑块；10—动模板；11—推管

**图6.62 单分型面注射模的结构**

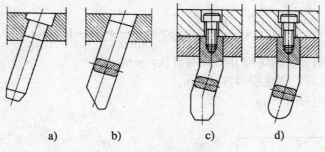

图 6.63 斜导柱形式

1. 斜导柱设计

(1) 斜导柱的结构及技术要求

斜导柱的结构见图 6.63 所示,图 6.63a 是圆柱形的斜导柱,因其结构简单、制造方便和稳定性能好等优点,所以使用广泛;图 6.63b 是矩形的斜导柱,当滑块很狭窄或抽拔力大时使用,其头部形状进入滑块比较安全;图 6.63c 适用于延时抽芯的情况,可作斜导柱内抽芯用;图 6.63d 与图 6.63c 使用情况类似。

斜导柱固定端与模板之间的配合采用 H7/m6,与滑块之间的配合采用 0.5~1 mm 的间隙。斜导柱的材料多为 T8、T10 等碳素工具钢,也可以采用 20 钢渗碳处理,热处理要求 HRC≥55,表面粗糙度 $R_a$≤0.8 μm。

(2) 斜导柱倾角 α

斜导柱倾斜角是决定其抽芯工作效果的重要因素。倾斜角的大小关系到斜导柱所承受弯曲力和实际达到的抽拔力,也关系到斜导柱的有效工作长度,抽芯距和开模行程。倾斜角 α 实际上就是斜导柱与滑块之间的压力角,因此,α 应小于 25°,一般在 12°~25°内选取。

(3) 斜导柱直径 d

根据材料力学,可推导出斜导柱 d 的计算公式为:

$$d = \sqrt[3]{\frac{FL_w}{0.1[\sigma_w \cos\alpha]}} \tag{6.20}$$

式中:$d$——斜导柱直径,mm;

$F$——抽出侧型芯的抽拔力,N;

$L_w$——斜导柱的弯曲力臂(见图 6.64),mm;

$[\sigma_w]$——斜导柱许用弯曲应力,对于碳素钢可取为 140 MPa;

$\alpha$——斜导柱倾斜角。

(4) 斜导柱长度的计算

斜导柱长度根据抽芯距 $S$、斜导柱直径 $d$、固定轴肩直径 $D$、倾斜角 $\alpha$ 以及安装导柱的模板厚度 $h$ 来确定,如图 6.65 所示。

$$L = L_1 + L_2 + L_3 + L_4 + L_5$$
$$= \frac{D}{2}\mathrm{tg}\alpha + \frac{h}{\cos\alpha} + \frac{d}{2}\mathrm{tg}\alpha + \frac{s}{\sin\alpha} + (10 \sim 15)\ \mathrm{mm} \qquad (6.21)$$

式中：$D$——斜导柱固定部分的大端直径，mm；

$h$——斜导柱固定板厚度，mm；

$s$——抽芯距，mm。

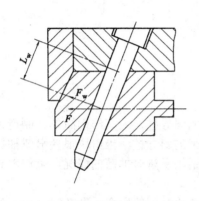

图 6.64 斜导柱的弯曲力臂

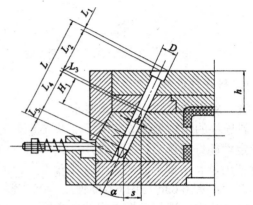

图 6.65 斜导柱长度的确定

2. 滑块设计

（1）滑块形式

滑块分整体式和组合式两种。组合式是将型芯安装在滑块上，这样可以节省钢材，且加工方便，因而应用广泛。型芯与滑块的连接形式如图 6.66 所示，图 6.66a、b 为较小型芯的固定形式；也可采用图 6.66c 的螺钉固定形式；图 6.66d 为燕尾槽固定形式，用于较大型芯；对于多个型芯，可用图 6.66e 所示的固定板固定形式；型芯为薄片时，可用图 6.66f 所示的通槽固定形式。

滑块材料一般采用 45 钢或 T8、T10，热处理硬度 HRC40 以上。

（2）滑块的导滑形式

滑块的导滑形式如图 6.67 所示。图 6.67a、e 为整体式；图 6.67b、c、d、f 为组合式，加工方便。导滑槽常用 45 钢，调质热处理 28～32 HRC。盖板的材料用 T8、T10 或 45 钢，热处理硬度 HRC50 以上。滑块与导滑槽的配合为 H8/f8，配合部分表面粗糙度 $R_a \leq 0.8\ \mu\mathrm{m}$；滑块长度 $l$ 应大于滑块宽度的 1.5 倍，抽芯完毕，留在导滑槽内的长度不小于 $2l/3$。

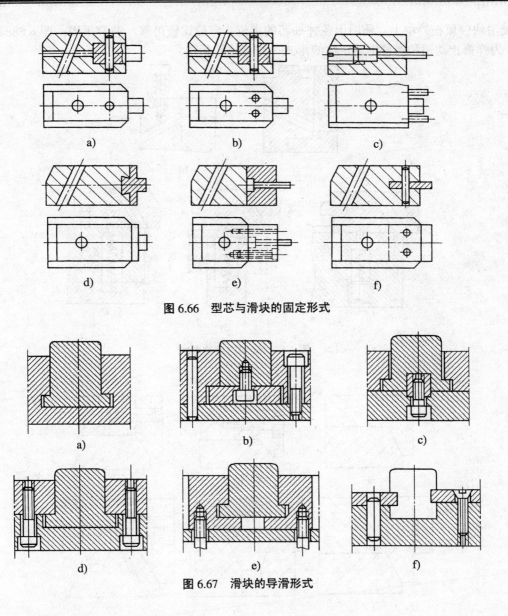

图 6.66 型芯与滑块的固定形式

图 6.67 滑块的导滑形式

**3. 滑块定位装置设计**

滑块定位装置用于保证开模后滑块停留在刚脱离斜导柱的位置上,使合模时斜导柱能准确地进入滑块的孔内,顺利合模。滑块定位装置的结构如图 6.68 所示。图 6.68a 为滑块利用自重停靠在限位挡块上,结构简单,适用于向下方抽芯的模具;图 6.68b 为靠弹簧力使滑块停留在挡块上，适用于各种抽芯的定位，定位比较可靠，经常采用；图 6.68c、d、e 为弹簧止动销和弹簧钢球定位的形式，结构比较紧凑。

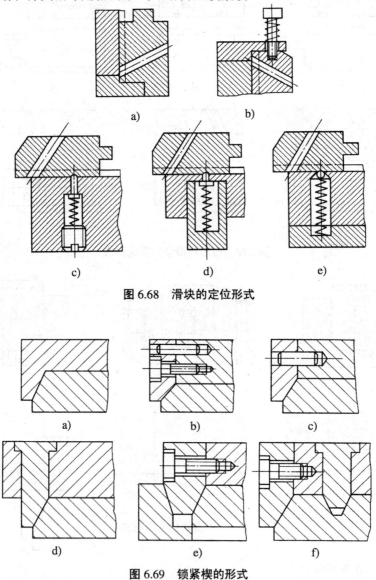

图 6.68　滑块的定位形式

图 6.69　锁紧楔的形式

**4. 楔紧设计**

锁紧楔的作用就是锁紧滑块，以防在注射过程中，活动型芯受到型腔内塑料熔体的压力作用而产生位移。常用的锁紧楔形式如图 6.69 所示。图 6.69a 为整体式，结构牢固可靠，刚性好，但耗材多，加工不便，磨损后调整困难；图 6.69b 形式适用于锁紧力不大的场合，制造调整都较方便；图 6.69c 利用 T 形槽固定锁紧楔，销钉定位，能承受较大的侧向压力，但磨损后不易调整，适用于较小模具；图 6.69d 为锁紧楔整体嵌入模板的形式，刚性较好，修配方便，适用于较大尺寸的模具；图 6.69e、f 对锁紧楔进行了加强，适用于锁紧力大的场合。

## 6.6.3 楔滑块侧向抽芯机构

当塑件的侧凹较浅、抽拔力较大，而抽芯距不太大时，可采用斜滑块侧向抽芯机构。斜滑块侧向抽芯机构的特点是利用推出机构的推力驱动斜滑块的斜向运动，在塑件被推出的同时完成侧向抽芯动作。斜滑块侧向抽芯机构一般可分为外侧分型抽芯和内侧抽芯两种。

**1. 斜滑块外侧分型抽芯机构**

图 6.70 为斜滑块外侧分型抽芯机构。塑件外侧带有侧凹，脱模时，斜滑块 5 受推杆 1 的推动向右运动，同时向两侧分开，分开动作是通过斜滑块上的凸耳在锥模套 4 上的导滑槽中运动来实现的，限位钉 7 用于防止滑块从模套中脱出。该结构的特点是当推杆推动滑块时，塑件的推出和抽芯动作同时进行。

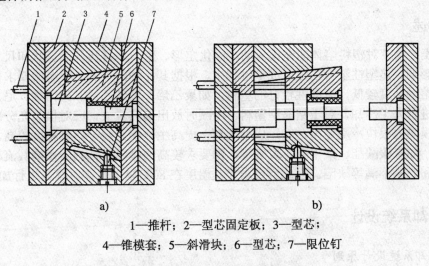

1—推杆；2—型芯固定板；3—型芯；
4—锥模套；5—斜滑块；6—型芯；7—限位钉

**图 6.70 单分型面注射模的结构**

**2. 斜滑块内侧分型抽芯机构**

图 6.71 为斜滑块内侧抽芯机构。开模时推杆 3 推动斜滑块，使其沿着动模板上的斜孔

或中心楔块上的导滑槽运动，同时完成内侧抽芯与推出塑件的动作。

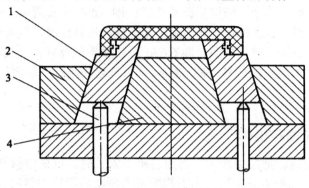

1—斜滑块；2—动模板；3—推杆；4—中心楔块

图 6.71　斜滑块内侧分型抽芯机构

# 6.7　加热与冷却系统设计

## 6.7.1　概述

注射模的温度对塑料熔体的充模流动、固化定形、生产率及塑件的形状和尺寸精度都有重要的影响。热塑性塑料在注射成型过程中，根据其品种的不同，模温的要求也有所不同。对于熔融粘度较低，流动性较好的塑料，如聚乙烯、聚苯乙烯、聚丙烯、尼龙等，需要对模具进行人工冷却，对于结晶型塑料，冷凝时放出的热量大，应对模具充分冷却，以便塑件在模腔内很快冷凝定型，缩短成型周期，提高生产率。对于熔融粘度较高，流动性差的塑料，如聚碳酸酯、聚甲醛、聚砜等，则要求较高的模温，否则会影响其流动性，产生熔接痕和充模不满等缺陷，因此当要求模具温度在 80℃ 以上时需对模具进行加热。

## 6.7.2　冷却系统设计

1. 冷却系统设计原则

（1）冷却水孔应尽量多、孔径应尽量大。如图 6.72 所示，型腔表面的温度与冷却水孔的数量、孔径的大小有直接的关系。图 6.72a 的五个大孔要比图 6.72b 的两个小孔冷却效果好得多，图 6.72a 的模具表面温差较小，塑件冷却较均匀，这样成型的塑件变形小，尺寸精度易保证。

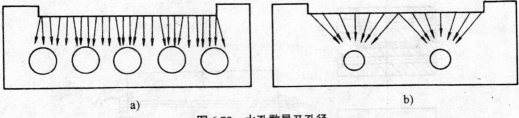

图 6.72 水孔数量及孔径

（2）冷却水道到型腔表面的距离应尽量相等。当塑件壁厚均匀时，冷却水道至型腔表面的距离最好相等，但是当塑件壁厚不均匀时，厚的地方冷却水道至型腔表面的距离应近一些。一般冷却水孔的孔径至型腔表面的距离应大于 10 mm，常用 12～15 mm。

（3）浇口处加强冷却。一般熔融塑料填充型腔时，浇口附近的温度最高，距浇口距离越远温度越低。因此浇口附近应加强冷却，在它的附近设冷却水的入口，而在温度较低的远处只需通过经热交换后的温水即可，如图 6.73 所示。

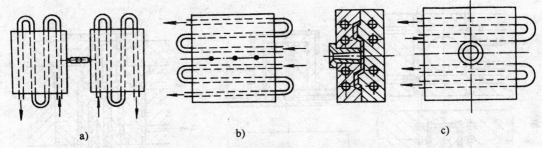

图 6.73 冷却水道的出、入口布局

（4）降低入水与出水的温差。如果冷却水道较长，则入水与出水的温差就较大，这样就会使模具的温度分布不均匀，为了避免这个现象，可以通过改变冷却水道的排列方式来克服这个缺陷。

（5）冷却水道要避免接近熔接痕部位，以免熔接不牢，影响塑件的强度。

（6）冷却水道的大小要易于加工和清理。一般孔径为 8～10mm。

2. 常见冷却系统结构

（1）直流式和直流循环式

如图 6.74 所示，这种形式结构简单，加工方便，但模具冷却不均匀，b 图的冷却效果更差。它适用于成型面积较大的浅型塑件。

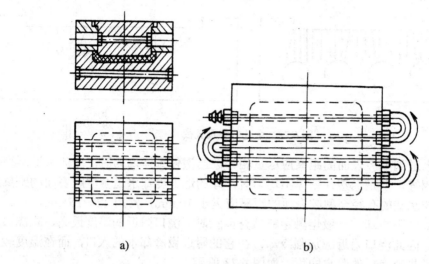

图 6.74 直流式和直流循环冷却装置

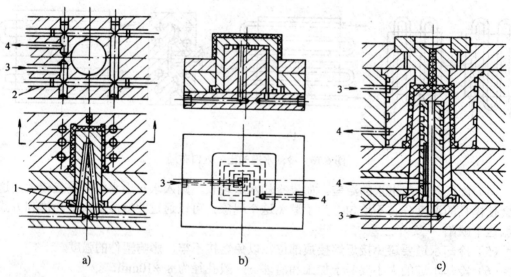

1—密封圈；2—堵塞；3—入口；4—出口

图 6.75 循环式冷却装置

（2）循环式。

如图 6.75 所示，图 6.75a 为间歇循环式，冷却效果较好，但出入口数量较多，加工费时；图 6.75b、c 为连续循环式，冷却槽加工成螺旋状，且只有一个入口和出口，其冷却效果比图 6.75a 稍差。这种形式适用于型芯和型腔。

(3) 喷流式。

如图6.76所示,以水管代替型芯镶件,结构简单,成本较低,冷却效果较好。这种形式既可用于小型芯的冷却也可用于大型芯的冷却。

### 6.7.3 加热系统设计

模具的加热方式有很多,如热水、热油、蒸汽和电加热等。目前普遍采用的是电加热温度调节系统,如果加热介质采用各种流体,那么其设计方法类似于冷却水道的设计,这里就不再赘述,下面是电加热的主要方式。

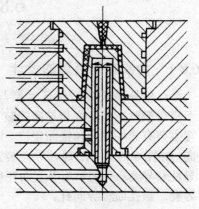

图 6.76 喷流式冷却装置

(1) 电热丝直接加热

将选择好的电热丝放入绝缘瓷管中装入模板的加热孔中,通电后就可对模具进行加热。这种加热方法结构简单,成本低廉,但电热丝与空气接触后易氧化,寿命较短,同时也不太安全。

(2) 电热圈加热。

将电热丝绕制在云母片上,再装夹在特制的金属外壳中,电热丝与金属外壳之间用云母片绝缘,如图6.77所示,将它围在模具外侧对模具进行加热。其特点是结构简单、更换方便,但缺点是耗电量大,这种加热装置更适合于压缩模和压注模。

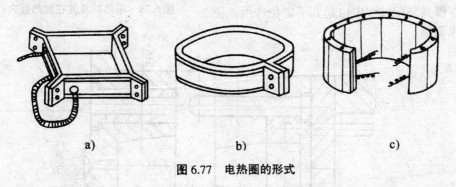

图 6.77 电热圈的形式

(3) 电热棒加热。

电热棒是一种标准的加热元件,它是由具有一定功率的电阻丝和带有耐热绝缘材料的金属密封管组成,使用时只要将其插入模板上的加热孔内通电即可,如图6.78所示。电加热棒加热的特点是使用和安装都很方便。

## 6.8 结构零件的设计

### 6.8.1 合模导向装置的设计

合模导向装置是保证动模与定模或上模与下模合模时正确定位和导向的装置。合模导向装置主要有导柱导向和锥面定位。通常采用导柱导向,如图 6.79 所示。导柱导向装置的主要零件是导柱和导套。有的不用导套而在模板上镗孔代替导套,该孔通称**导向孔**。

**1. 导向装置的作用**

(1) 导向作用。动模和定模(上模和下模)合模时,首先是导向零件接触,引导上、下模准确合模,避免凸模或型芯先进入型腔,保证不损坏成型零件。

(2) 定位作用。直接保证了动模和定模(上模和下模)合模位置的正确性,保证了模具型腔的形状和尺寸的正确性,从而保证塑件精度。导向机构在模具装配过程中也起到了定位作用,便于装配和调整。

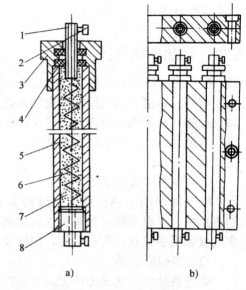

1—接线柱;2—螺钉;3—冒盖;4—垫圈;
5—外壳;6—电阻丝;7—硅砂;8—塞子

**图 6.78 电热棒及其在加热板内的安装**

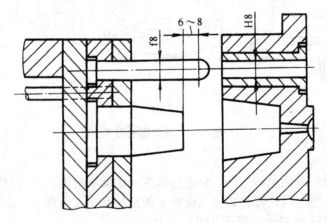

**图 6.79 导柱导向装置**

(3) 承受一定的侧向压力。塑料注入型腔过程中会产生单向侧面压力，或由于成型设备精度的限制，使导柱在工作中承受一定的侧压力。但侧向压力很大时，则不能完全由导柱来承担，需要增设锥面定位装置。

2. 导向装置的设计原则

（1）导向零件应合理地均匀分布在模具的周围或靠近边缘的部位，其中心至模具边缘应有足够的距离，以保证模具的强度，防止压入导柱和导套时发生变形。

（2）根据模具的形状和大小，一副模具一般需要 2~3 个导柱。对于小型模具，通常只用两个直径相同且对称分布的导柱（图 6.80a）；如果模具的凸模与凹模合模时有方位要求，则用两个直径不同的导柱（图 6.80b）或用两个直径相同，但位置错开的导柱（图 6.80c）；对于大中型模具，为了简化加工工艺，可采用三个或四个直径相同的导柱，但数量分布不对称（图 6.80d）或导柱位置对称，但中心距不同（图 6.80e）。

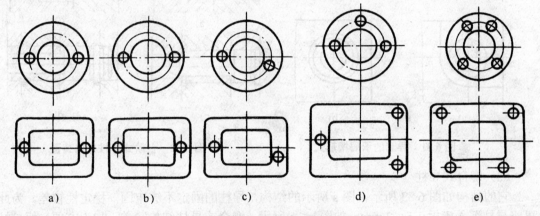

图 6.80 导柱的分布形式

（3）导柱可设置在定模，也可设置在动模。在不妨碍脱模取件的条件下，导柱通常设置在型芯高出分型面的一侧。

（4）当上模板与下模板采用合模加工工艺时，导柱装配处直径应与导套外径相等。

（5）为保证分型面很好地接触，导柱和导套在分型面处应制有承屑槽，一般都是削去一个面（图 6.81a）或在导套的孔口倒角（图 6.81b）。

（6）各导柱、导套（导向孔）的轴线应保证平行，否则将影响合模的准确性，甚至损坏导向零件。

3. 导柱的结构、特点及用途

导柱的结构形式随模具结构大小及塑件生产批量的不同而不同。目前在生产中常用的结构有以下几种。

（1）台阶式导柱

注射模常用的标准台阶式导柱有带头和有肩的两个类，压缩模也采用类似的导柱。图 6.82 为台阶式导柱导向装置。在小批量生产时，带头导柱通常不需要导套，导柱直接与模板导向孔配合（图 6.82a），也可以与导套配合（图 6.82b），带头导柱一般用于简单模具。有肩导柱一般与导套配合使用（图 6.82c），导套内径与导柱直径相等，便于导柱固定孔和导套固定孔的加工，如果导柱固定板较薄，可采用图 6.82d 所示有肩导柱，其固定部分有两段，分别固定在两块模板上。

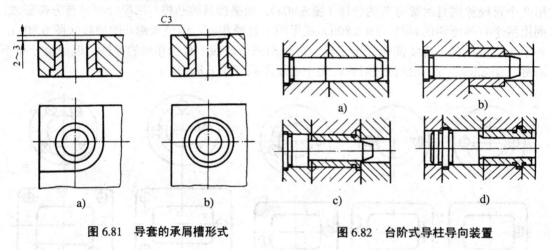

图 6.81　导套的承屑槽形式　　　　图 6.82　台阶式导柱导向装置

（2）铆合式导柱

它的结构如图 6.83 所示，图 a 所示的结构，导柱的固定不够牢固，稳定性较差，为此可将导柱沉入模板 1.5～2 mm，如图 b、c 所示。铆合式导柱结构简单，加工方便，但导柱损坏后更换麻烦，主要用于小型简单的移动式模具。

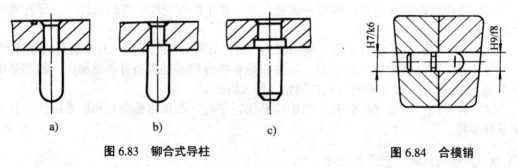

图 6.83　铆合式导柱　　　　　　　图 6.84　合模销

（3）合模销

如图 6.84 所示，在垂直分型面的组合式凹模中，为了保证锥模套中拼块的相对位置的准确性，常采用两个合模销。分模时，为了使合模销不被拔出，其固定端部分采用 H7/K6 过渡配合，另一滑动端部分采用 H9/f9 间隙配合。

**4. 导套和导向孔的结构及特点**

（1）导套

注射模常用的标准导套有直导套和带头导套两大类。它的固定方式如图 6.85 所示，图 a、b、c 为直导套的固定方式，结构简单，制造方便，用于小型简单模具；图 d 为带头导套的固定方式，结构复杂，加工较难，主要用于精度要求高的大型模具。对于大型注射模或压缩模，为防止导套被拔出，导套头部安装方法如图 6.85c 所示；如果导套头部无垫板时，则应在头部加装盖板如图 6.85d 所示。根据生产需要，也可在导套的导滑部分开设油槽。

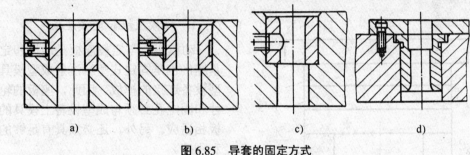

图 6.85 导套的固定方式

（2）导向孔

导向孔直接开设在模板上，它适用于生产批量小、精度要求不高的模具。导向孔应做成通孔（图 6.86b），如加工成盲孔（图 6.86a），则会因孔内空气无法逸出，对导柱的进入有反压缩作用，有碍导柱导入。如果模板很厚，导向孔必须做成盲孔时，则应在盲孔侧壁增加通孔或排除废料的孔，或在导柱侧壁及导向孔开口端磨出排气槽（图 6.86c）。

在穿透的导向孔中，除按其直径大小需要一定长度的配合外，其余部分孔径可以扩大，以减少配合精加工面，并改善其配合状况。

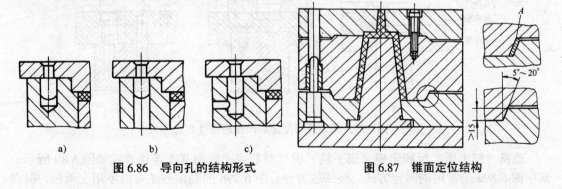

图 6.86 导向孔的结构形式　　　　图 6.87 锥面定位结构

5. 锥面定位结构

图 6.87 为增设锥面定位的模具，适用于模塑成型时侧向压力很大的模具。其锥面配合有两种形式：一种是两锥面之间镶上经淬火的零件 A；另一种是两锥面直接配合，此时两锥面均应热处理达到一定硬度，以增加其耐磨性。

## 6.8.2 支承零件的设计

塑料注射成型模具的支承零件包括动模（或上模）座板、定模（或下模）座板、动模（或上模）板、定模（或下模）板、支承板、垫块等。塑料注射成型模具支承零件的典型组合见图 6.88，塑料模的支承零件起装配、定位及安装作用。

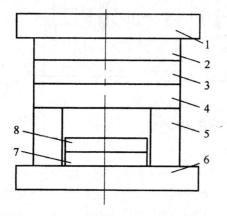

1—定模座板；2—定模板；3—动模板；4—支承板；5—垫板；6—动模座板；7—推板；8—推杆固定板
图 6.88 注射模支承零件的典型结构

1. 动模座板和定模座板

动模座板与定模座板是动模和定模的基座，也是固定式塑料注射成型模具与成型设备连接的模板。因此，座板的轮廓尺寸和固定孔必须与成型设备上模具的安装板相适应。另外，还必须具有足够的强度和刚度。

2. 动模板和定模板

动模板与定模板的作用是固定型芯、凹模、导柱和导套等零件，所以俗称**固定板**。塑料注射成型模具种类及结构不同，固定板的工作条件也有所不同。但不论哪一种模具，为了确保型芯和凹模等零件固定稳固，固定板应有足够的厚度。

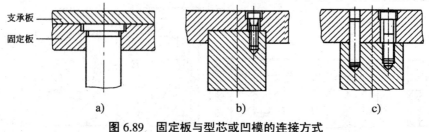

图 6.89 固定板与型芯或凹模的连接方式

动模（或上模）板和定模（或下模）板与型芯或凹模的基本连接方式如图 6.89 所示。其中图 6.89a 是常用的固定方式，装卸较方便；图 6.89b 的固定方法可以不用支承板，但固定板需加厚，对沉孔的加工还有一定要求，以保证型芯与固定板的垂直度；图 6.89c 固定方法最简单，既不要加工沉孔又不要支承板，但必须有足够的螺钉销钉的安装位置，一般用于固定较大尺寸的型芯或凹模。

### 3. 支承板

**支承板**（垫板）是垫在固定板背面的模板。它的作用是防止型芯、凹模、导柱、导套等零件脱出，增强这些零件的稳定性并承受型芯和凹模等传递来的成型压力。支承板与固定板的连接通常用螺钉和销钉紧固，也有用铆接的。

支承板应具有足够的强度和刚度，以承受成型压力而不过量变形。其强度和刚度计算方法与型腔底板的强度和刚度计算相似。现以矩形型腔动模支承板的厚度计算为例说明其计算方法。图 6.90 为矩形型腔动模支承板受力示意图。动模支承板一般都是中部悬空而两边用支架支承的，如果刚度不足将引起塑件高度方向尺寸超差。或在分型面上产生溢料而形成飞边。从图 6.90 看出，支承板可看成受均布载荷的简支梁，最大挠曲变形发生在中线上。应当进行刚度和强度计算。如果动模板（型芯固定板）也承受成型压力，则支承板厚度可以适当减小。如果计算得到的支承板厚度过厚，则可在支架间增设支承块或支柱，以减小支承板厚度。

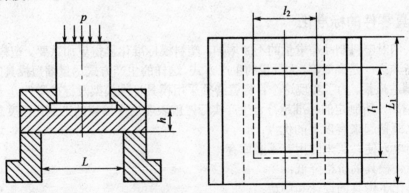

图 6.90 矩形型腔动模支承板受力

支承板与固定板的连接方式如图 6.91 所示，图 6.91a、b、c 三种为螺纹连接，适用于推杆分模的移动式模具和固定式模具，为了增加连接强度，一般采用圆柱头内六角螺钉；图 6.90d 为铆钉连接，适用于移动式模具，它拆装麻烦，维修不便。

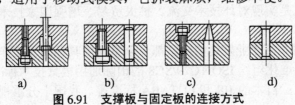

图 6.91 支撑板与固定板的连接方式

#### 4. 垫块

垫块的主要作用是使动模支承板与动模座板之间形成用于推出机构运动的空间和调节模具总高度以适应成型设备上模具安装空间对模具总高的要求。因此,垫块的高度应根据以上需要而定。垫块与支承板和座板的组装方法见图 6.92,两边垫块高度应一致。

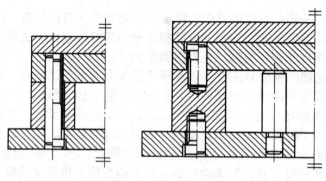

图 6.92 垫块的连接

### 6.8.3 模具零件的标准化

随着人们对塑料制品需求量的不断增加,塑料模标准化显得更加重要。塑料制品加工行业的显著特点之一是高效率、大批量的生产方式。这样的生产方式尽量缩短模具的生产周期,提高模具制造质量。为了实现这个目标就必须采用模具标准模架及标准零件。一个国家的标准化程度越高,所制定的标准越符合生产实际,就表明这个国家的工业化程度越高。

标准化概括起来有以下的优点:

（1）简单方便、买来即用、不必库存;

（2）能使模具的价格降低;

（3）简化了模具的设计和制造;

（4）缩短了模具的加工周期,促进了塑料制品的更新换代;

（5）模具的精度及动作的可靠性得以保证;

（6）提高了模具中易损零件的互换性,便于模具标准化、系列化工作,是开发模具 CAD/CAM 的前提;

（7）模具标准化是实现对外技术交流、扩大贸易、增强国家技术经济实力,必不可少的一项经常性的技术工作。

美国、德国、日本等工业发达的国家都十分重视模具标准化工作,目前世界较流行的标准有:国际模具标准化组织 ISO/TC29/SC8 的国际通用模具技术标准;德国的 DIN 标准;美国 DME 公司标准;日本的 JIS 和 FUTABA 标准等。我国十分重视模具标准化工作,由全国模具标准化技术委员会制订了冲模模架。塑料模模架和这两类模具的通用零件及其技术条件等国家标准。国标的塑模标准大致分为3大类：

（1）基础标准。如塑料成型模具术语标准（GB/T 88461988）、模塑件尺寸公差标准（GB/T 14486－1993）；

（2）产品标准。如大型模架标准（GB/T 12555.1－1990）、中小型模架标准（GB/T 12556.1－1990）；

（3）工艺与质量标准。如精度等级、塑料注射模具零件技术条件（GB/T 4170－1984）、大型模架技术条件（GB/T 12555.2－1990）、中小型模架技术条件（GB/T 12556.2－1990）等。

目前我国的国家标准有：
GB/T 8846－1988 塑料成型模具术语
GB/T 12554－1990 塑料注射模具技术要求
GB/T 12555.1－1990 大型塑料注射模架
GB/T 12556.1－1990 中小型塑料注射模架及技术标准
GB/T 4169.1－1984 塑料注射模零件推杆
GB/T 4169.2－1984 塑料注射模零件直导套
GB/T 4169.3－1984 塑料注射模零件带头导套
GB/T 4169.4－1984 塑料注射模零件带头导柱
GB/T 4169.5－1984 塑料注射模零件有肩导柱
GB/T 4169.6－1984 塑料注射模零件垫块
GB/T 4169.7－1984 塑料注射模零件推板
GB/T 4169.8－1984 塑料注射模零件模板
GB/T 4169.9－1984 塑料注射模零件限位钉
GB/T 4169.10－1984 塑料注射模零件支承柱
GB/T 4169.11－1984 塑料注射模零件圆锥定位件
GB/T 4170－1984 塑料注射模零件技术条件

此外，国内一些生产模具零件的企业还开发了主流道衬套、定位圈、斜导柱、拉料杆等国标暂时没有规定的推荐标准件。

# 6.9 思考题

1. 常用的注射模种类有哪些？注射模的结构包括哪几部分？
2. 面的形状有哪些？如何选择？
3. 模的凹模结构形式有哪些？

4. 型如图 6.93 所示塑件的模具工作部分尺寸。材料为 ABS，收缩率 0.3%～0.8%。

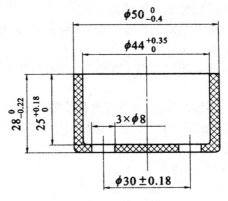

图 6.93　题 4 图

5. 模浇注系统由哪几部分组成？各部分的作用是什么？
6. 流道设计时应注意哪些问题？
7. 常用的分流道截面有哪几种形状？分流道布置的形式有哪两种？各有何优缺点？
8. 常用的浇口形式有哪些？浇口位置选择时应注意哪些问题？
9. 推出机构有哪几种形式？各自的特点和适用场合是什么？
10. 推出机构设计时应注意哪些问题？
11. 为什么要设置推出机构的复位装置？复位装置通常有几种类型？
12. 推管推出机构用在什么场合？
13. 推杆推出机构和推件板推出机构有何不同？
14. 斜导柱侧抽芯机构由哪几部分组成？各部分的作用是什么？
15. 在注射模中，模具温度调节的作用是什么？
16. 冷却水回路布置的基本原则是什么？
17. 合模导向装置的作用是什么？
18. 导向装置选用和设计的原则有哪些？
19. 导柱的结构形式有哪几种？其结构特点是什么？各自用在什么场合？

# 第 7 章　模具制造工艺

　　模具设计完成后,其制造工艺过程的选择是模具质量保证的关键所在。由于工业生产的发展和金属成形新技术的应用,对模具制造技术的要求越来越高,使之趋于复杂化和多样化。模具的制造方法已不再是过去的手工作业和传统的一般机械加工,而是广泛采用电火花成形、数控线切割、电化学加工、超声波加工、激光加工以及成形磨削、数控仿形等现代加工技术。本章主要对模具的加工工艺、工艺特点和制造过程进行综述。具体的加工方法,可参考机制类机械制造基础的相关教材资料。

## 7.1　模具的生产过程及特点

　　现代工业产品的生产过程系统包括:生产技术准备过程、基本生产过程、辅助生产过程、生产服务过程。以上这些过程又具体体现在:技术准备工作;生产准备工作;原材料的采购、运输、保管;毛坯的再加工和改制;产品零、组件的加工和检验;产品的装配、调试、检验;产品的装饰、包装、运输等工作。

　　现代工业产品的生产过程也是企业的人力、物力、财力、信息的转化过程。任何一个产品的形成,都是许多企业共同劳动的成果。在今天,随着生产组织的专业化和产品的标准化程度的提高,各个企业间互相协作和共同依存的关系比以往都显得突出和重要。同样,在一个企业内部也是如此,某一车间生产的"成品"往往是其他车间组织生产的"原材料"。模具的生产过程和其他工业产品的生产过程一样,都是指由原材料开始经过加工转变为成品的全部过程。

### 7.1.1　模具的生产过程

　　在非模具专业生产企业中(产品专业厂),模具作为工艺装备的一部分,在基本产品生产系统中,模具属于辅助生产过程,是保证基本产品生产不可缺少的组成部分。而在模具专业生产企业中,模具作为企业的基本产品,模具的生产过程始终贯穿于企业的全部生产过程中。

　　模具的种类很多,按照 GB7635-87 规定,包括冲压模、塑料模、锻造模、铸造模。

粉末冶金模、橡胶模、无机材料成型模（玻璃成型模、陶瓷成型模等）拉丝模等等。每种模具的结构、要求和用途不同，它们都有特定的生产过程。但是同属模具类，它们的生产过程又都具有共性的特点。因此模具的生产过程又可以划为5个主要阶段：生产技术准备；材料的准备；模具零件、组件的加工；装配调试和试用鉴定等。它们的关系和内容如图7.1所示。

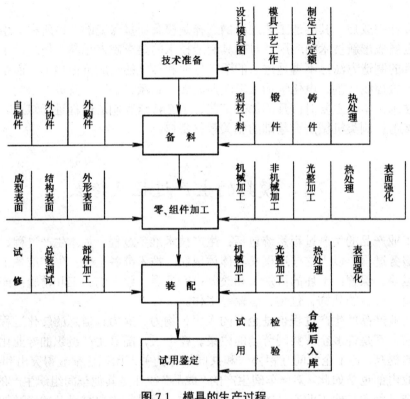

图 7.1 模具的生产过程

1. 技术准备

（1）设计模具图

在进行模具设计时，首先要尽量多收集信息，并认真地加以研究，然后再进行模具设计。否则，即使是设计出的模具功能优良，精度很高，也不一定能符合要求，所完成的设计并不一定是最佳设计。所要收集的信息有：

① 来自营业方面的信息最重要，包括制品产量（月产量和总产量等）；制品单价；模具价格和交货期；被加工材料的性质及供应方法；将来的市场变化等；

② 所要加工制品的质量要求、用途以及设计修正、改变形状和公差的可能性；

③ 生产部门的信息，包括使用模具的设备性能、规格、操作方法以及技术条件；

④ 模具制造部门的信息，包括加工设备及技术水平等；

⑤ 标准件及其他外购件的供应情况等。

模具制造过程所需的图纸有：

① 装配图。如果模具设计方案及其结构已经确定，就可以绘制装配图；

② 零件图。零件图要根据装配图绘制，使其满足各种配合关系，并注明尺寸公差及表面粗糙度，有的还要写明技术条件，标准件不必画零件图。

（2）模具工艺工作

根据模具设计图纸制定模具工艺路线。

（3）分析估算工时费用与模具价格

在接受模具制造的委托时，首先要根据制品零件图样或实物，分析研究将采用模具的套数、模具结构及主要加工方法，然后进行模具估算，估算的内容包括：

① 模具费用。指材料费、外购零件费、设计费、加工费、装配调整及试模费等。必要时，还要估算各种加工方法所用的工具及其加工费等，最后得出模具制造价格；

② 交货期。估算完成每项工作的时间，并决定交货期；

③ 模具总寿命。估算模具的单次寿命以及经多次简单修复后的总寿命在不发生事故的情况下，模具的自然寿命；

④ 制品材料。制品规定使用的材料性能、尺寸大小、消耗量以及材料的利用率等；

⑤ 所用的设备。了解应用模具的设备性能、规格及其附属设备。

在进行模具估算时，只注意模具费用及交货期是不够的。一个优秀的模具技术人员，应该对模具制造和试模过程中可能出现的问题以及制成后的使用情况有充分的了解和估计。

### 2. 备料、坯料准备

选定模具生产过程所需的各种原材料、外协件、外购件与标准件。坯料准备是为各模具零件提供相应的坯料。其加工内容按原材料的类型不同而异。对于锻件或切割钢板要进行六面加工，除去表面黑皮，将外形尺寸加工到要求，磨削两平面及基准面，使坯料平行度和垂直度符合要求。直接应用标准模块，则坯料准备阶段不需要再做任何加工，是缩短制模周期的最有效方法。模具设计人员应尽可能选用标准模块。在不得已的情况下，对标准模块进行部分改制加工。若基准面发生变动，则需重新加工出基准面。

### 3. 零、组件加工

每个需要加工的零件，都必须按图样要求制订其加工工艺（填写工艺卡），然后分别进行粗加工、半精加工、热处理及精修抛光。

模具零件的形状加工任务是按要求对坯料进行内外形状的加工。例如，按冲裁凸模所需形状进行外形加工，按冲裁凹模所需形状加工型孔、紧固螺栓及销钉孔。又如按照注塑模型芯的形状进行内、外形状加工,或按型腔的形状进行内形加工。

热处理是使经初步加工的模具零件半成品达到所需的硬度。

模具零件的精加工是对淬硬的模具零件半成品进一步加工,以满足尺寸精度、形状精度和表面质量的要求。针对精加工阶段材料较硬的特点,大多数采用磨削加工和精密电加工方法。

4. 装配

模具装配的任务是将已加工好的模具零件及标准件按模具总装配图要求装配成一副完整的模具。在装配过程中,需对某些模具零件进行抛光和修整。试模后还需对某些部位进行调整和修正。使模具生产的制件符合图样要求。模具能正常地连续工作后,模具加工过程才结束。在整个模具加工过程中还需对每一道加工工序的结果进行检验和确认,才能保证装配好的模具达到设计要求。

5. 试用鉴定

装配调整好的模具,还需要安装在机器设备上(冲床、注射机等)进行试模。检查模具在运行过程中是否正常,所得到的制品形状尺寸等是否符合要求。如有不符合要求的则必须拆下来加以修正,以便再次试模,直到完全能正常运行并能加工出合格的制品后检验入库。

在上述生产过程中,生产技术准备阶段是整个生产的基础,对于模具的质量、成本、进度和管理都有重大的影响。

在模具加工过程中,毛坯、零件和组件的质量保证和检验是必不可少的环节,在模具生产中通过"三检制"的实施保证合格制件在生产线上流转。在模具加工过程中,相关工序和车间之间的转接是生产连续进行所必要的,在转接中间和加工不均衡所造成的等待和停歇是模具生产中的突出问题,作为模具生产组织者应该将这部分时间降低到最小程度。同时在确定生产周期上要充分地考虑。

## 7.1.2 模具的生产及工艺特点

严格来说,模具制造也属机械制造的研究范畴,但一个机械制造能力较强的企业,未必都能承担模具制造任务,更难保证制造出高质量的模具。因为模具生产制造难度较大,与一般机械制造相比,有许多特点。

1. 模具生产特点

模具作为一种特殊的工艺装备,其生产制造工艺具有以下几个特点:

(1) 加工精度高,形状复杂

模具的工作部分一般都是二维或三维的复杂曲面,而不是一般机械加工的简单几何体,需应用各种先进的加工方法才能保证加工质量。复杂模具由数百上千个零件组成，价格最高的竟达每套几百万元。不仅零件具有较高的尺寸精度，还有较高的形状和位置精度要求。这类复杂模具目前仍然主要依赖进口，例如汽车工业的一些模具。

精密模具的尺寸精度往往达 μm 级，因此在可能的条件下往往采用选配的方法保证配合间隙。一般来说，模具工作部分的制造公差都应控制在 ±0.01 mm 以内，有的甚至要求在微米级范围内；模具加工后的表面不仅不允许有任何缺陷，而且工作部分的表面粗糙度都要求小于 0.8 μm。

（2）模具材料

材料优异，硬度高，不仅加工难度大，而且需合理安排加工工艺。模具的主要零件多采用优质合金钢制造，特别是高寿命模具，常采用 Cr12、CrWMn 等莱氏体钢制造。这类钢材从毛坯锻造、加工到热处理均有严格的要求，因此加工工艺的编制就更加不容忽视。热处理变形也是加工中需认真对待的问题。

（3）单件生产

模具不是直接使用的产品，而是为生产产品而制造的工艺装备，这就使模具生产具有单件小批生产的特点。通常，生产某一个制品，一般都只需要一两副模具，所以模具制造一般都是单件生产。每制造一副模具，都必须从设计开始，大约需要一个多月甚至几个月的时间才能完成，设计、制造周期都比较长。

（4）生产周期短

目前由于新产品更新换代的加快和市场的竞争，客观上要求模具生产周期越来越短。模具的生产管理、设计和工艺工作都应该适应客观要求。

（5）模具生产的成套性

当某个制件需要多副模具来加工时，各副模具之间往往互相牵连和影响。只有最终制件合格，这一系列模具才算合格，因此在生产和计划安排上必须充分考虑这一特点。

（6）试模和试修

由于模具生产的上述特点和模具设计的经验性，模具在装配后必须通过试冲或试压，最后确定是否合格。同时有些部位需要试修才能最后确定。因此在生产进度安排上必须留有一定的试模周期。

（7）模具加工向机械化、精密化和自动化发展

目前产品零件对模具精度的要求越来越高，高精度、高寿命、高效率的模具越来越多。而加工精度主要取决于加工机床精度、加工工艺条件、测量手段和方法。目前精密成型磨床、CNC 高精度平面磨床、精密数控电火花线切割机床、高精度连续轨迹坐标磨床以及三维坐标测量机的使用越来越普遍，使模具加工向高技术密集型发展。

2. 模具的工艺特点

由于我国模具加工的技术手段还普遍偏低，同时又有上述生产特点，当前我国模具制

造上的工艺特点主要表现如下：

（1）模具加工上尽量采用万能通用机床、通用刀量具和仪器，尽可能地减少专用二类工具的数量；

（2）在模具设计和制造上较多的采用"实配法"、"同镗法"等，使得模具零件的互换性降低，但这是保证加工精度，减小加工难度的有效措施。今后随着加工技术手段的提高，互换性程度将会提高；

（3）在制造工序安排上，工序相对集中，以保证模具加工质量和进度，简化管理和减少工序周转时间。

## 7.2 模具制造工艺

### 7.2.1 模具制造机床与工装

根据构成模具零部件的种类和技术要求；根据各类模具零部件加工、热处理、精饰加工工艺和模具装配与试模工艺要求，模具制造用机床和工装可综合陈述如下：

1. 标准、通用零部件制造设备

为满足模具制造的适时需求，配购和性能、精度与互换性要求，需进行批量、规模型生产，则需采用高精、高效制造、加工机床与工装。

（1）板件加工。常采用可自动换刀、以镗铣为主的数控机床，进行平面粗铣、精铣和板上孔系的钻、镗加工；采用精密立磨，进行板件平面精密磨削，用以保证各面间的位置精度；或采用专用坐标镗床，进行板件上孔系的精密加工，以保证孔间、孔对板面之间的位置精度；

（2）导柱、导套等圆柱形和套形件加工。常采用数控车床，进行内、外圆及相关端面的车削加工；常采用内、外圆面的精密磨削加工，以保证外圆、孔径及其间的位置精度；常采用内孔研磨机，对导套内孔进行精密研磨。当采用数控机床或加工中心进行标准、通用零件加工时需采用为机床所配通用性强的夹具。模架装配时，则需采用相应夹具与压机相配合，以压装导柱、导套于模板孔内。

2. 模具成型制造设备

根据模具件加工工艺过程，可参见下节，其常用机床有：

（1）数控铣床或加工中心，常组成模具CAD/CAM成型模成型加工系统；

（2）电火花成型机床及其加工工艺系统；

(3) 电火花线切割机床及其工艺系统;
(4) 成形磨削机床及其加工工艺系统;
(5) 精密、坐标磨床及孔系加工工艺系统。

以上成型件常用在加工机床及其加工工艺系统中，所用夹具，可参考机制类机械制造基础相关教材资料。

**3. 模具装配用装备**

模具装配时常需进行三种作业：
(1) 构件之间的定位与连接;
(2) 尺寸精度与参数的调节与修配;
(3) 试模。

进行这些作业时，常需使上、下模或定动模脱开或进行翻转，劳动量大，中大型模具需用起重机辅助。为此，在装配时常采用具有以上功能，减小劳动量的冲模装配机和进行成型模装配与试模的"研配机"。

## 7.3 思考题

1. 简述模具的成产过程。
2. 模具的生产及工艺过程有哪些特点？

# 第 8 章 模具装配工艺

## 8.1 模具装配与装配方法

### 8.1.1 模具装配及其技术要求

**1. 模具装配及其工艺过程**

模具是专用成型工具,是专用技术产品,所以必须进行专门设计与制造。而模具装配却是模具制造工艺全过程的最后工艺阶段,包括装配、调整、检验和试模等工艺内容。

按照模具合同规定的技术要求,将加工完成、符合设计要求的零件和购配的标准件,按设计的工艺进行相互配合、定位与安装、联接与固定成为模具的过程,称为**模具装配**。

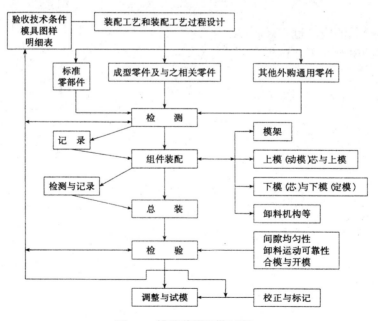

图 8.1 模具装配工艺过程

模具装配按其工艺顺序进行初装、检验、初试模、调整、总装与试模成功的全过程，称为**模具装配工艺过程**，如图 8.1 所示。

2. 模具装配工艺要求

模具装配时要求相邻零件，或相邻装配单元之间的配合与联接均需按装配工艺确定的装配基准进行定位与固定，以保证其间的配合精度和位置精度，从而保证凸模（或型芯）与凹模（或型腔）间能精密、均匀地配合和定向开合运动，以及其他辅助机构（如卸料、抽芯与送料等）运动的精确性。因此，评定模具精度等级、质量与使用性能技术要求为：

（1）通过装配与调整，使装配尺寸链的精度能完全满足封闭环（冲模凸、凹模之间的间隙）的要求；

（2）装配完成的模具，其冲压、塑料注射、压铸出的制件（冲件、塑件、压铸件）完全满足合同规定的要求；

（3）装配完成的模具使用性能与寿命，可达预期设定的、合理的数值与水平。

模具的使用性能与寿命同模具装配精度和装配质量有关。但是，也与制件材料、尺寸（如小孔、窄槽则易损）也有关系；与配用的成形设备有关，如冲模配用的冲床精度与刚度不良，则影响到冲模凸、凹模之间间隙的变化和模具的导向精度等。另外，其性能与寿命还与使用、维护有关，如使用环境的温度、湿度、润滑状态等。所以，模具性能与寿命是一项综合性评价模具设计与制造水平的指标。

## 8.1.2 模具装配方法

模具是由零、部件构成的成型工具。而这些零、部件的加工，由于受工艺条件与水平的限制，都存在加工误差，将会影响装配精度。因此，研究模具装配工艺、提高装配工艺技术水平，是确保模具装配精度与质量的关键工艺措施。现将在不同生产方式、条件和水平情况下，在长期模具装配实践中创造出的模具装配方法来分别进行分析与讨论。

1. 互换装配法

所谓**互换装配法**是在装配时，装配尺寸链的各组成环（零件），不需经过选择或改变其大小或位置，即可使相邻零件和装配单元进行配合、定位与安装、联接与固定成模具，并使之能保证达到封闭环的精度要求。此即为**互换装配法**。因此，互换装配法的工艺条件为：

（1）采用保证装配尺寸链中规定的各组成环零件尺寸精度，控制其加工误差在允许的范围以内，即使相邻零件和装配单元无需经过修理、调整或选配即可直接进行装配并达到装配后的封闭环精度要求；

（2）采用高精密加工工艺与机床，使经过加工后的模具零件能达到机床标定的加工精度以提高模具零件或装配单元的精度，使其尺寸与形位误差达到互换性精度等级；

（3）采用精密、可靠的装配工艺装备和检测仪器，使零件和装配单元的尺寸、形位误差定量化、数字化、文件化。

控制零件加工误差，使零件均达到互换性要求的基础上，进行批量、大批量标准冲模模架、标准注塑模架等标准模架的生产，采用互换装配法，具有很大的技术和经济价值。

采用精密加工工艺，控制、保证零件尺寸、形状与位置加工误差达到互换性精度与质量要求；控制、保证模板上的定位、导向等孔系加工精度与质量，是采用互换装配法装配模具的必要条件。而采用互换装配法装配模具，则是保证模具精度、质量和性能，以及缩短模具制造周期的最佳方法。

2. 分组互换装配法

（1）装配原理与技术特点

将装配尺寸链各组成环，即按设计精度加工完成的零件，按其实际尺寸大小分成若干组，同组零件可进行互换性装配，以保证各组相配零件的配合公差都在设计精度允许的范围内。

分组装配法具有以下技术特点：

① 按规定，其加工误差范围可以适当放宽，则可降低零件加工技术要求，具有很好的经济性；

② 由于互换性水平低，不宜用于大批量生产方式。只能用于小批量生产或加工水平较低的状态；

③ 相配零件因故失效后，配件困难。

（2）模具装配中的应用

**分组互换装配法**，实际上是一种在分组互换的条件下进行选择装配的方法，因此，也是模具装配中的一种辅助装配工艺。

分组互换装配法是模架装配中的常用方法，如冲模模架由于品种、规格多、批量小；同时，若生产装备和加工工艺水平不高，则常对模架中的导柱与导套配合采用分组互换装配法，以提高其装配精度、质量和装配效率。但同时，需对导柱与导柱固定端与模座孔的配合精度作出保证与要求。否则，必将引起导柱与导套间的导向间隙产生变化，影响模架装配精度与质量。这说明提高模架零件加工工艺与装备水平，以保证零件互换性精度，对于保证模架批量或以上规模的装配精度与质量而言，是必须的。

针对用户要求，模具则需进行专门设计与制造。但是，由于模具标准件生产规模和水平的提高，市场供应标准零、部件的品种、规格已很齐全。因此，从市场选择适用于模具装配的配件，已成为保证模具装配精度的重要方法。如需从市场选配多对不同规格的圆凸凹模副。则需经测量，选配凸、凹模之间的配合间隙，均符合模具设计、装配要求的圆凸凹模副，以供装配。此为符合互换性要求，进行选择装配的方法。

3. 修配与调整装配法

（1）修配法

是指在装配时，修磨指定零件上的所留修磨量，即去除尺寸链中补偿环的部分材料，以改变其实际尺寸，达到封闭环公差和极限偏差要求，从而能保证装配精度的方法，即称**修配装配法**。

修配装配法，一般是在零件加工工艺与加工设备水平不高、标准化水平低、采用传统生产方式条件下的主要装配方法。此法具有以下特点：

① 可放宽零件制造公差，加工要求较低。为达到封闭环精度，需采用磨削、手工研磨等方法，以改变补偿环尺寸，使达到封闭环公差要求；

② 修配零件与修配面应只与本项装配精度有关，而不与其他装配项目相关的零件或修配面；

③ 选择易于拆装、修配面不大的零件；

④ 需配备技艺高的模具装配钳工，即模具装配精度、质量与使用性能将取决于装配钳工的技艺，因此，模具装配工艺过程质量以及生产计划等都难以控制。

（2）调整装配法

装配时采用调整方法，以改变补偿环的实际尺寸或位置，使达到封闭环所要求的公差与极限偏差。一般，常采用螺栓、斜面、挡环、垫片或联接件之间的间隙作为补偿环。经调节后使达到封闭环要求的公差和极限偏差。

（3）传统装配方法的继承与改进

修配法、调整法是装配模具的基本方法，也是传统方法，即使模具零、部件加工与制造，使用高效、精密机床与工艺，能达到互换性尺寸、形状与位置精度，而在装配过程中、试模后，对模具装配尺寸链中的补偿环，甚至成型件进行修配与调整也将不可避免。只是手工修配量将尽可能减少到最低，或将由先进修配、调整工艺所替代。因此，在学习、掌握和继承传统模具装配方法的基础上，研究中小型精密模具和大型模具的装配方法、装配工艺与装配工装，以改进传统装配方法与工艺，掌握高超装配工艺与技能。

超精模具的修配工艺。有许多模具的凸凹模的尺寸、形状、位置误差，或级进模的步距误差需 ≤0.002 mm，甚至达到"零"误差。如，汽车车灯塑料灯罩，其成形加工用精密塑料注射模型芯是采用六角形棒拼合而成。由于光学性能要求，六角棒的加工误差需 ≤0.002 mm。

例如电机定、转子片级进冲模，要求寿命高，适用于 400～1800 次/min 高速冲，其凸模与凹模拼块的尺寸、形状、位置精度、要求达到"零"误差，使可以进行完全互换。再如，电影胶卷上两边的方孔与电影机主轴上的齿形轮配合带动以××m/s 速度放映，则要求方孔间距精度极高。因此，所用精密冲孔模的凸、凹模尺寸、形状精度与步距精度均需达 0.00$x$mm 以下。

可见，如此高的精度，现有精密加工机床将无法达到。因此，只能在配备高倍放大投影仪和相关检测仪器条件下，依赖模具装配钳工的精湛技艺进行手工研磨，即采用修配装配法来完成超精研配工作。

## 8.2 模具零件的连接方法

模具零件的连接方法随模具零件结构及加工方法不同、工作时承受压力的大小不等有许多种。下面介绍常用的几种。

（1）紧固件法。紧固件连接法如图 8.2 所示。图 8.2a 为大型模具零件的连接，连接时采用销钉定位，螺钉一般采用 2～4 个；图 8.2b 为螺钉吊紧固定方式，凸模与固定板按 H7/m6 配合，螺钉视凸模大小可采用 1～4 个；图 8.2c 和图 8.2d 适用于截面形状复杂，几何尺寸较小的凸模连接。其中圆柱销孔可采用线切割的方法加工，凸模与固定板按 H7/m6 或 H7/n6 配合。

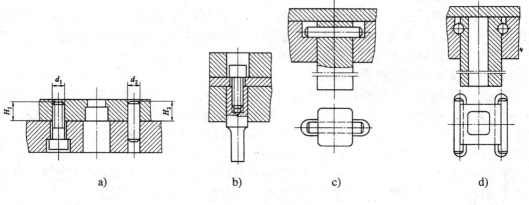

图 8.2 紧固件法

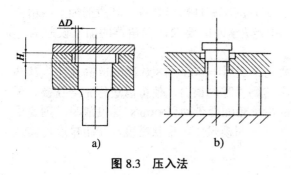

图 8.3 压入法

（2）压入法。压入法如图 8.3 所示。凸模利用端部台阶轴向固定，与固定板按 H7/m6 或 H7/n6 配合。压入法经常用于截面形状较规则（如圆形、方形）的凸模连接，台阶尺寸一般为 $\Delta D = 1.5～2.5$ mm，$H = 3～8$ mm，且 $H > \Delta D$。压入法连接方便、可靠，连接精度较高，装配过程如图 8.3b 所示，将凸模固定板架在两等高块上，用压机将凸模压入，压入时要随时检查凸模的垂直度，压入后应将凸模尾端与固定板配磨平。

（3）铆接法。铆接法如图 8.4 所示，它主要用于连接强度要求不高的场合，由于工艺过程比较复杂，此类方法应用越来越少。生产中已被反铆法（挤紧法）代替，如图 8.5 所示。其操作过程如下：首先在凸模上沿外轮廓开一条槽，槽深可视模具工作情况确定，然后将模具装入固定板，最后，环绕凸模将固定板材料挤紧凸模。

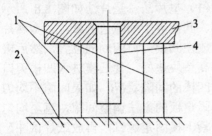 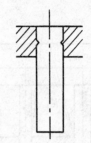

1—等高垫块；2—平台；3—固定板；4—凸模

图 8.4　铆接法　　　　　　　　　　图 8.5　反铆法

（4）热套法。热套法如图 8.6 所示。它主要用于固定凹模和凸模拼块以及硬质合金模块。当连接只起固定作用时，其配合过盈量要小些，当要求连接有预应力作用时，其配合过盈量要大些，过盈量控制在（0.001～0.002）$D$ 范围。对于钢质拼块一般不预热，只是将模套预热到 300～400℃保持 1 小时，即可热套；对于硬质合金模块应在 200～250℃预热，模套在 200～250℃预热后热套。一般在热套后继续进行型孔的精加工。

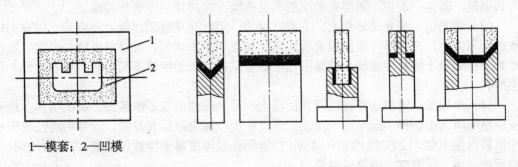

1—模套；2—凹模

图 8.6　热套法　　　　　　　　　　图 8.7　焊接法

（5）焊接法。焊接法如图 8.7 所示。主要应用于硬质合金模。焊接前要在 700～800℃进行预热，并清理焊接面，再用火焰钎焊或高频钎焊，在 1000℃左右焊接，焊缝为 0.2～0.3 mm，焊料为黄铜，并加入脱水硼砂。焊后放入木炭中缓冷，最后在 200～300℃，保温 4～6 小时去应力。

## 8.3 模具间隙的控制方法

与一般机械产品不同，间隙是模具特有的结构参数，间隙或大或小、均匀与否，直接影响到模具的工作质量，所以如何控制好模具间隙是模具装配过程中一个非常重要的环节，控制间隙的方法有以下几种。

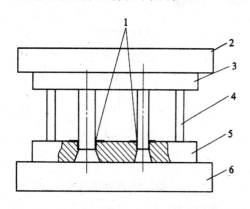

1—垫片；2—上模座；3—凸模固定板；
4—等高垫块；5—凹模；6—下模座

**图 8.8 圆形小型芯的固定形式**

（1）垫片法。垫片法如图 8.8 所示。将厚薄均匀、其值等于间隙值的纸片、金属片或成形工件，放在凹模刃口四周的位置，然后慢慢合模，将等高垫块垫好，使凸模进入凹模刃口内，观察凸、凹模的间隙状况。如果间隙不均匀，用敲击凸模固定板的方法调整间隙，直至均匀为止，然后拧紧上模固定螺钉，再放纸片试冲，观察纸片冲裁状况，直至把间隙调整到均匀为止，最后将上模座与固定板夹紧后同钻、同铰定位销孔，然后打入圆柱销。这种方法广泛应用于中小冲裁模，也适用于拉深模、弯曲模等，也同样适用于塑料模等壁厚的控制。

（2）镀铜法。对于形状复杂、凸模数量又多的冲裁模，用上述方法控制间隙比较困难，这时可以将凸模表面镀上一层软金属（如镀铜等）。镀层厚度等于单边冲裁间隙值，然后按上述方式调整、固定、定位。镀层在装配后不必去除，在冲裁时会自然脱落。

（3）透光法。**透光法**是将上、下模合模后，用灯光从底面照射，观察凸、凹模刃口四周的光隙大小，来判断冲裁间隙是否均匀，如果间隙不均匀，再进行调整、固定、定位。这种方法适合于薄料冲裁模，对装配钳工的要求较高。如用模具间隙测量仪表检测和调整更好。

（4）涂层法。**涂层法**是在凸模表面涂上一层如磁漆或氨基醇酸漆之类的薄膜，涂漆时应根据间隙大小选择不同粘度的漆，或通过多次涂漆来控制其厚度，涂漆后将凸模组件放于烘箱内在 100～120℃烘烤 0.5～1 小时，直到漆层厚度等于冲裁间隙值，并使其均匀一致，然后按上述方法调整、固定、定位。

（5）工艺尺寸法。工艺尺寸法如图 8.9 所示。在制造冲裁凸模时，将凸模长度适当加长，其截面尺寸加大到与凹模型孔呈滑配状。装配时，凸模前端进入凹模型孔，自然形成冲裁间隙，然后将其固定、定位，再将凸模前端加长段磨去即可。

（6）工艺定位器法。工艺定位器法见图 8.10 所示。装配之前，做一个二级装配工具即工艺定位器如图 8.10a 所示。其中 $d_1$ 与冲孔凸模滑配，$d_2$ 与冲孔凹模滑配，$d_3$ 与落料凹模滑配，$d_1$、$d_2$ 和 $d_3$ 尺寸应在一次装夹中加工成形，以保证三个直径的同心度。装配时利用工艺定位器来保证各部分的冲裁间隙如图 8.10b 所示。工艺定位器法也适用于塑料模等壁厚的控制。

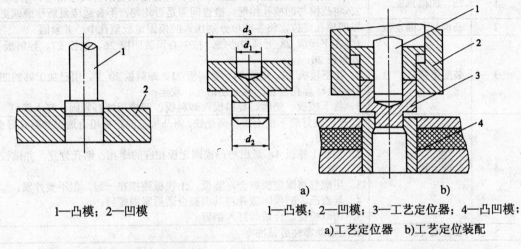

1—凸模；2—凹模

图 8.9 工艺尺寸法控制间隙

1—凸模；2—凹模；3—工艺定位器；4—凸凹模；
a) 工艺定位器　b) 工艺定位装配

图 8.10 工艺定位器法

（7）工艺定位孔法。**工艺定位孔法**即是在凹模和固定凸模的固定板上相同的位置上加工两工艺孔，装配时，在定位孔内插入定位销以保证间隙的方法，如图 8.11 所示。该方法简单方便，间隙容易控制，适用于较大间隙的模具，特别是间隙不对称的模具（例如单侧弯曲模）。加工时可将工艺孔与型腔一次割出。

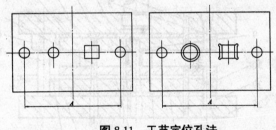

图 8.11 工艺定位孔法

## 8.4 模具装配实例

### 8.4.1 冲裁模实例

如图 8.12 所示，连续模装配工艺见表 8.1。

表 8.1 连续模装配工艺

| 序号 | 工 序 | 工 序 说 明 |
|---|---|---|
| 1 | 凸、凹模预配 | 1. 装配前检查各凸模以及凹模是否符合图纸要求的尺寸精度、形状；<br>2. 将凸模与凹模孔相配，检查间隙是否均匀。不合适应重新修磨或更换 |
| 2 | 凸模装入固定板 | 以凹模孔定位，将各凸模分别压入凸模固定板型孔中，并紧固 |
| 3 | 装配下模 | 1. 在下模板 28 上画中心线，按中心预装凹模 26、垫板 27、导料板 21 卸料板 20；<br>2. 在下模板 28、垫板 27、导料板 21、卸料板 20 上，用已加工好的凹模分别复印螺孔位置，并分别钻孔、攻丝；<br>3. 将下模板、垫板、导料板、卸料板、凹模用螺钉紧固，打入销钉 |
| 4 | 装配上模 | 1. 在已装好的下模上放等高垫铁，将凸模与固定板组合通过卸料孔导向，装入凹模；<br>2. 预装上模板 4，画出与凸模固定板相应的螺孔、销孔位置，并钻铰螺钉、销孔；<br>3. 用螺钉将固定板组合，垫板、上模板连接在一起，但不要拧紧；<br>4. 复查凸、凹模间隙并将其调整合适后紧固螺钉；<br>5. 切纸检查，合适后打入销钉 |
| 5 | 装辅助零件 | 装配辅助零件后试冲 |

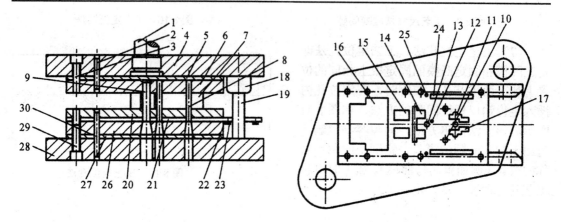

1—模柄；2、25、30—销钉；3、23、29—螺钉；4—上模板；5、27—垫板；6—凸模固定板；7—侧刃凸模；8～15、17—冲孔凸模；16—落料凸模；18—导套；19—导柱；20—卸料板；21—导料板；22—托料板；24—挡块；26—凹模；28—下模板

图 8.12 冲模装配实例

## 8.4.2 注射模实例

如图 8.13 所示，注射模装配工艺见表 8.2。

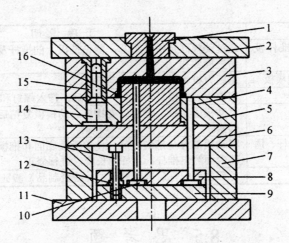

1—浇口套；2—定模板；3—定模；4—复位杆；5—动模固定板；6—垫板；
7—支撑板；8—推板；9—推板垫板；10—顶件杆；11—动模板；12—顶板导套；
13—推板导柱；14—导柱；15—导套；16—动模型芯

图 8.13 注射模装配实例

表 8.2 连续模装配工艺

| 序号 | 工 序 | 工 序 说 明 |
|---|---|---|
| 1 | 精修定模 | 1. 定模经锻、刨后，磨削 6 面，下、上平面留修磨余量；<br>2. 画线加工型腔，用铣床铣型腔或用电火花加工型腔，深度按要求尺寸增加 0.2mm；<br>3. 用油石修整型腔表面 |
| 2 | 精修动模型芯及动模固定板型孔 | 1. 按图纸将预加工的动模型芯精修成型，钻铰顶杆孔；<br>2. 按画线加工动模固定板型孔，并与型芯配合加工 |
| 3 | 同镗导柱、导套孔 | 1. 将定模、动模板固定板叠合在一起，使分型面紧密接触，然后夹紧镗削导柱、导套孔；<br>2. 镗导套、导柱孔的台肩 |
| 4 | 复钻各螺孔、销孔及推杆孔 | 1. 定模 3 与定模板叠合在一起，夹紧复钻螺孔、销孔；<br>2. 动模固定板、垫板、支撑板、动模板叠合夹紧，复钻螺孔、销孔 |
| 5 | 动模型芯压入动模固定板 | 1. 将动模型芯压入固定板并配合紧密；<br>2. 装配后型芯外露部分要符合图纸要求 |
| 6 | 压入导住、导套 | 1. 将导套压入定模；<br>2. 将导柱压入动模固定板；<br>3. 检查导柱、导套配合的松紧程度 |
| 7 | 磨安装基面 | 1. 将定模 3 上基面磨平；<br>2. 将动模固定板下基面磨平 |

(续表)

| 序号 | 工 序 | 工 序 说 明 |
|---|---|---|
| 8 | 复钻推板上的推杆及顶杆孔 | 通过动模固定板及型芯,复钻推板上的推杆及顶杆孔。卸下后再复钻垫板各孔 |
| 9 | 将浇口套压入定模板 | 用压力机将浇口套压入定模板 |
| 10 | 装配定模部分 | 定模板、定模复钻螺孔、销孔后,拧入螺钉和敲入销钉紧固 |
| 11 | 装配动模 | 将动模固定板、垫板、支撑板、动模板复钻后拧入螺钉,打入销钉固紧 |
| 12 | 修正推杆、复位杆、顶杆长度 | 将动模部分全部装配后,使支承板底面和推板紧贴于动模板。自型芯表面测出推杆、顶杆的长度,进行修正 |
| 13 | 试模与调整 | 各部位装配完后进行试模,并检查制品,验证模具质量状况 |

# 8.5 思考题

1. 模具的装配方法有哪些?各有什么特点?
2. 模具零件有哪些连接方法?
3. 模具装配时,怎样控制模具的间隙?

# 参 考 文 献

1. 党根茂,骆志斌,李集仁. 模具设计与制造. 西安:西安电子工业出版社,1995
2. 李奇,朱江涛,江莹. 模具构造与制造. 北京:清华大学出版社,2004
3. 张荣清. 模具设计与制造. 北京:高等教育出版社,2003
4. 陈剑鹤. 模具设计基础. 北京:机械工业出版社,2003
5. 袁国定. 模具结构设计. 北京:机械工业出版社,2004
6. 陈锡董,靖颖怡主编. 冲模设计应用实例. 北京:机械工业出版社,1999
7. 成虹. 冲压模具工艺与模具设计. 北京:高等教育出版社,2002
8. 徐政坤. 冲压模具设计与制造. 北京:化学工业出版社,2003
9. 薛翔. 冲压模具与制造. 北京:化学工业出版社,2004
10. 翁其金,徐新成. 冲压工艺及冲模设计. 北京:机械工业出版社,2004
11. 涂光祺. 冲模设计. 北京:机械工业出版社,2002
12. 付丽,张秀棉. 塑料模具设计制造与应用实例. 北京:机械工业出版社,2002
13. 齐卫东. 塑料模具设计与制造. 北京:高等教育出版社,2004
14. 付宏生,刘京华. 注塑制品与注塑模具设计. 北京:化学工业出版社,2003
15. 许发樾. 模具制造工艺与装备. 北京:机械工业出版社,2003
16. 孙凤勤. 模具制造工艺与装备. 北京:机械工业出版社,1999
17. 郭铁良. 模具制造工艺学. 北京:高等教育出版社,2002
18. 陈锡栋. 实用模具技术手册. 北京:机械工业出版社,2002